Carl-Auer

Die Reihe Management/Organisationsberatung

Die heutige Gesellschaft ist eine organisierte Gesellschaft. Man muss schon lange suchen, um überhaupt noch Bereiche zu finden, die nicht von Organisationen geprägt sind. Unternehmen jedweder Größe und Eigentumsform, Verwaltungen, Schulen, Gerichte, Krankenhäuser, Universitäten, Kirchen, Verbände, Parteien, Vereine etc. – allesamt übernehmen sie gesellschaftliche Funktionen und bestimmen unser Leben. Die Fülle an Aufgaben, die unter den Bedingungen zunehmender Globalisierung und Digitalisierung gleichzeitig zu erfüllen sind, wie auch die Bandbreite an Organisationskonzepten und Führungsansätzen, mit denen der komplexe Alltag bewältigt werden soll, stecken das Feld ab, in dem Management und Beratung mehr oder weniger wirksam werden.

Die Zeiten, in denen es einfache Antworten auf die vielfältigen Fragen zur Überlebenssicherung einer Organisation und auch zur Steuerung tagtäglicher Entscheidungsprozesse gab, sind seit Langem vorüber. Der Komplexität, mit der heute alle konfrontiert sind, die in verantwortlichen Funktionen in und mit Organisationen arbeiten – Führungskräfte, Manager und Organisationsberater etc. –, wird man mit Rezeptwissen nicht mehr gerecht. Hier setzen die neuere Systemtheorie und mit ihr die Reihe Management/Organisationsberatung im Carl-Auer Verlag an. Beide liefern Konzepte und »Landkarten«, die auch im unübersichtlichen Terrain von Wirtschaft und Organisation Orientierung ermöglichen und Handlungsfähigkeit sicherstellen.

Das Ziel der Reihe ist es, empirisch gehaltvolle Forschungen über die Prozesse des Organisierens wie auch theoretisch angemessene Führungs- und Beratungsansätze zu präsentieren. Zugleich sollen bewährte Methoden einer system- und lösungsorientierten Praxis im Kontext von Organisationen überprüft und neue Ansätze entwickelt werden.

Torsten Groth
Herausgeber der Reihe
Management/Organisationsberatung

Joana Krizanits

Leadership – Management – Führung

Die essenziellen Konzepte
vom Industriezeitalter
zur klimaneutralen Gesellschaft

2024

Themenreihe: »Management und Organisationsberatung«
hrsg. von Torsten Groth
Reihengestaltung: Uwe Göbel
Umschlaggestaltung: B. Charlotte Ulrich
Umschlagmotiv: © Joana Krizanits
Satz: Verlagsservice Hegele, Heiligkreuzsteinach
Printed in Germany
Druck und Bindung: CPI books GmbH, Leck

MIX
Papier | Fördert gute Waldnutzung
FSC® C083411

Erste Auflage, 2024
ISBN 978-3-8497-0522-0 (Printausgabe)
ISBN 978-3-8497-8478-2 (ePUB)

Bibliografische Information der Deutschen Nationalbibliothek:
Die Deutsche Nationalbibliothek verzeichnet diese Publikation in der Deutschen Nationalbibliografie; detaillierte bibliografische Daten sind im Internet über http://dnb.d-nb.de abrufbar.

Informationen zu unserem gesamten Programm, unseren Autoren und zum Verlag finden Sie unter: **https://www.carl-auer.de/**.
Dort können Sie auch unseren Newsletter abonnieren.

Carl-Auer Verlag GmbH
Vangerowstraße 14 • 69115 Heidelberg
Tel. +49 6221 6438-0 • Fax +49 6221 6438-22
info@carl-auer.de

Inhalt

Vorwort

»You can't use an old map to see a new land.«

Gary Hamel

Was ist *Führung,* was *gute* Führung? Unzählige populärwissenschaftliche Bücher handeln diese Fragen, meist normativ und appellativ, ab. Consultants und die akademische Managementlehre bieten eine ebenso unüberschaubare Anzahl an Theorien und Konzepten an. Der gemeinsame Nenner: Die *eine* Antwort gibt es nicht.

Die Kernbegriffe der Managementlehre haben einen weiten Bedeutungshof. Unter *Manager*[1] lässt sich vom Verwalter über den Macher, den General Manager bis zum Entrepreneur alles verstehen, und auch das Rollenspektrum des charismatischen *Leaders* reicht vom transzendierenden Führer bis zum Betreiber einer profanen operativen Agenda. Der zentrale Begriff der *Vision* spitzt sich für Menschen aus Mitteleuropa auf den persönlichen Traum, die Offenbarung eines oder einer Berufenen oder, polemisch, eine Spiegelung heißer Luft zu; in der US-amerikanischen Managementlehre können damit überragende Utopien genauso gemeint sein wie Weitblick, Vorstellung/Vorstellungskraft, Voraussicht oder ein konkreter Zukunftsentwurf.

Führung als eine zentrale Funktion in Organisationen oszilliert zwar gleichbleibend zwischen Management – der Arbeit an den Strukturen der Organisation – und Leadership – der Kunst der Menschenführung. Die konkreten Herausforderungen und Aufgabengebiete an beiden Polen haben sich in den vergangenen hundert Jahren aber immer wieder paradigmatisch verändert. Sie legen Zeugnis ab über dahinterliegende mentale Modelle, jene grundsätzlichen, gesellschaftlich tradierten Wirklichkeitszugänge, die bestimmen, was jeweils in Organisationen als Problem bestimmt wird und mit welchen Lösungen ein solches zu prozessieren sei.

1 Aus Gründen der besseren Lesbarkeit verzichte ich in diesem Buch meist darauf, geschlechterspezifische Formulierungen zu verwenden. Personenbezogene Bezeichnungen in der männlichen grammatischen Form beziehen sich in der Regel auf alle Geschlechter. Zitierte Auszüge wurden sprachlich nicht verändert.

Führung im *Industriezeitalter* fokussiert Produktivität; man perfektioniert Arbeitsteilung und Rationalisierung, bis der Human-Relations-Ansatz weitere Stellhebel zur Steigerung der Produktivität auftut. Im Wettbewerb auf veränderten Absatzmärkten setzt Führung im *Konsumzeitalter* auf Marketing, Strategie und Innovation, auf Entscheidungsprozesse nach dem Modell des Operations Research und auf Managementsysteme, allen voran das Management by Objectives (MbO), bis die Faszination des charismatischen Leaders als Garant für Zukunft und Entwicklung Platz greift. Im *Change-Zeitalter* braucht es Change-Leadership für das unermüdliche Re-Design der Organisationsstrukturen bis ins Feinstoffliche und für eine atemlose Rennstrecke um den Erdball. Die *Postmoderne* setzt auf gemeinschaftliche Führungsarbeit und selbstorganisierende Organisationen; im Übergang erodieren Strukturen und Rollen. In der *Transformation zur klimaverträglichen Gesellschaft* sind die ersten rechtlichen Pflöcke für eine neues, nachhaltiges Wirtschaftsmodell eingeschlagen, die mittel- und langfristigen Ziele gesetzt. Der Umbau wird kein Business-Modell unberührt lassen, wenn es werden soll, was es werden muss: eine »Große Transformation«, wie seinerzeit die von der Agrar- zur Industriegesellschaft.

Ziel dieses Buches ist es, die maßgeblichen Managementkonzepte der letzten hundert Jahre aus Wissenschaft und Bestsellerliteratur zusammenzutragen, kurz anzureißen – ausführliche Definitionen finden sich ja auf Knopfdruck bei Wikipedia – und an ihren Zeitgeist zurückzubinden.

Denn diese Zugänge haben sich als ein Amalgam in Strukturen eingeschrieben – in die Verfasstheit der Organisation und in unsere Stereotype über Führen. In diesen Strukturen reproduzieren sie sich und fesseln die Funktion Führung in einer rekursiven Zeitschleife. Wie lässt sich der »genetische Code« im Management umschreiben bzw. neu schreiben? Welche Herausforderungen bringt das begonnene Paradigma der Großen Transformation zur klimaverträglichen Gesellschaft für Organisationen und Führung? Wie wird sich die Rolle von Wirtschaft im Konzert der Funktionssysteme ändern, welches grundlegende Wirtschaftsmodell wird – nach Rationalisierung und Fortschritts-Wegwerf-Ökonomie – nun den Neoliberalismus ablösen?

Eine anregende Lektüre!

Wien, im Januar 2024
Joana Krizanits

1 Führen im Industriezeitalter

Denken und Handeln im Industriezeitalter sind vom *mentalen Modell des Rationalitätsglaubens* geprägt. Der Rationalitätsglaube ist durch das Wunder der großen Maschinen – automatische Webstühle und Eisenbahnlokomotiven – in die Vorstellungswelt der Menschen getreten und manifestiert sich täglich in Fabrikhallen, die bislang unvorstellbare Mengen an Gütern in gleichbleibender Qualität hervorbringen. Kern des Rationalitätsglaubens ist die Überzeugung, der Mensch könne durch zweckmäßiges Vorgehen Wunder vollbringen, wie sie sonst nur höhere Mächte herbeiführen, ja, dass ein zweckmäßiges, effektives Vorgehen per se als Bollwerk gegen schicksalhafte Willkür dienen könne. Genau das ist die Erfahrungswelt breiter Massen zu Beginn des Industriezeitalters: Die zu Hungerlöhnen in Heimarbeit fertigenden Menschen können durch die Arbeit in Manufakturen und Fabriken der erpresserischen Willkür ihrer vormaligen Verleger,[2] breite Massen dem verheerenden Elend entkommen.

1832 veröffentlicht Charles Babbage sein Buch »On the Economy of Machinery and Manufactures«, in dem er die Aufspaltung eines Arbeitsprozesses in Teile mit unterschiedlichen Qualifikationserfordernissen empfiehlt, um den maximal möglichen Output jenes Teils mit dem höchsten Qualifikationserfordernis als Basis für die Konfiguration der anderen Arbeitsbeiträge zu setzen. Durch dieses *Babbage-Prinzip* lassen sich die Produktivität erhöhen und in der Folge die Lohnkosten senken. Denn das ist nun, im beginnenden Industriezeitalter, vor dem Hintergrund des allgemeinen Mangels an Waren und nach der gesellschaftlichen Erfindung der Manufaktur, später der Fabrik, das Kernproblem für Führung: Arbeit so zu organisieren, dass eine immer höhere Produktivität dabei herauskommt.

Bis in die 1960er-Jahre verläuft das Verständnis von Führen entlang der Dichotomie von ingenieurwissenschaftlicher Rationalisierung einerseits und Humanisierung der entfremdeten Arbeit andererseits: Der ingenieurtechnische Ansatz sieht den Hebel zur Steigerung der Produktivität in der immer weitergehenden Arbeits-

2 Im vorindustriellen Verlagssystem fertigten die Menschen Waren in Heimarbeit, welche Kaufleute, die Verleger, ihnen abkauften und weiterverkauften.

teilung, Mechanisierung und Kraftübertragung durch Maschinen; der Human-Relations-Ansatz setzt auf die Gestaltung der Beziehungen, um die Leistungsbereitschaft der Menschen in einer durch Arbeitsteilung und sinnentleerte Routine zunehmend entfremdeten Arbeitswelt zu steigern.

Von der Wende ins 20. Jahrhundert bis in die 1960er-Jahre prägt sich die Warenwirtschaft mit Massenproduktion und Massenkonsum engmaschig aus und manifestiert sich in der *Industriegesellschaft* mit ihrer typischen, streng abgegrenzten, sozialen Schichtung.

1.1 Der ingenieurtechnische Ansatz

Die Pioniere des ingenieurtechnischen Ansatzes sind Henry Ford und Alfred Sloan, die Rollenmodelle für Führung im Industriezeitalter, Frederick Winslow Taylor und sein Scientific Management sowie Henri Fayol und seine generellen Funktionen der Administration. Gemeinsam ist ihren Zugängen, dass mit dem Verständnis von Management als technokratische Ingenieurwissenschaft ein Verständnis von Organisationen als triviale, berechenbare Maschinen verbunden ist.

1.1.1 Rollenmodelle für den Chief Executive Officer (CEO)

Den Sprung vom Scientific Management zur Massenproduktion erzielt Henry Ford 1914 mit der Einführung der *Fließbandproduktion,* die er der Praxis in den Chicagoer Schlachthöfen abgeschaut hat. Sein Verständnis von Führung und Organisationen in der Gesellschaft wird noch heute *Fordismus* genannt.

Henry Ford erschafft das Managementkonzept der *Vision,* den Zukunftsentwurf für den Zweck einer Organisation, der weit über deren Grenzen in die Gesellschaft hineinreicht. Die im Proletariat lebenden Arbeitermassen sollen mit dem Automobil aus dem Elend der Städte ins Grüne fahren und sich daran erfreuen können. Dazu war es notwendig, dass sie sich ein Automobil leisten konnten; umgekehrt ist durch Massenkonsum die Massenproduktion gewährleistet. Das *Standardmodell T* kommt 1908 auf den Markt und verkauft sich in den kommenden 15 Jahren 15 Mio. mal. Ford zahlt seinen Arbeitern überdurchschnittlich hohe Löhne und führt den Achtstundentag ein. Er gibt einen Teil der durch Skaleneffekte *(economies of scale)* erzielten Gewinnmarge an sie weiter, sodass der Preis für das Modell T schließlich ca. 7.000 US-Dollar auf Wertbasis des Jahres 2008 beträgt.

Alfred Sloan, von 1920 bis 1937 Vorstand von General Motors, überträgt den ingenieurtechnischen Ansatz von der Gestaltung der Produktionsabläufe auf die Optimierung von Prozessen und Strukturen der Gesamtorganisation. So führt er die *Dezentralisierung* von Unternehmensbereichen ein, die *Spartenorganisation,* und im Management die Spezialisierung in verschiedene Verantwortungsbereiche, meist Technik, Administration und Verkauf.

Die Ingenieure Ford und Sloan werden zum Inbegriff erfolgreichen US-amerikanischen Managements.

1.1.2 Management als System statt Born Captains of Industry

Das Babbage-Prinzip betrifft einen Kernaspekt der Arbeitsteilung, die Frederick Winslow Taylor 80 Jahre später in »The Principles of Scientific Management« (1911) weiter ausbaut. In *Bewegungsstudien* analysiert Taylor Arbeitsabläufe und teilt sie in kleinste Abschnitte gleichförmiger Verrichtungen, die er standardisiert und optimiert. Auf dieser – wissenschaftlichen – Basis ermittelt er für einen gegebenen Arbeitsplatz das *Pensum* und den Stücklohn. Bekannt ist Taylor für eine weitere Art der Arbeitsteilung: die *Trennung von Hand- und Kopfarbeit:* Den auf bestimmte Arbeitsfunktionen spezialisierten White-Collar-Angestellten werden Planung, Disposition und Kontrolle über die Arbeitsprozesse übertragen und den Blue-Collar-Arbeitern die Ausführung derselben.

Taylor nimmt in Anspruch, mit *Scientific Management* nicht nur die Produktivität der Arbeit in der Fabrikhalle zu steigern, sondern ein *Management als System* entwickelt zu haben, das die unberechenbaren autokratischen *»born captains of industry«* ablösen werde. Die Debatte um Führung als Persönlichkeitsmerkmal und die Frage, ob dieses angeboren oder erlernbar sei, sei damit hinfällig. Aufgaben des Managements seien die Gestaltung der Arbeitsbedingungen, die Standardisierung von Arbeitsmethoden und die Durchsetzung verstärkter Kooperation, um Effizienz zu erreichen. Taylors Managementsystem umfasst auch die Beschreibung jedes Aufgabenbereichs in einem Anforderungsprofil und die gezielte Personalauswahl und Personalentwicklung dafür.

1.1.3 Die Vermessung der Administration

Eine ähnliche Analyse und Optimierung, wie Taylor sie für die Fabrikarbeit schuf, nimmt der französische Bergbauingenieur Henri Fayol 1916 für die *Administration* von Organisationen vor. In seinem Werk »Administration Industrielle et Générale« definiert er fünf Funktionen, die Führung zu erfüllen habe: Vorschau und Planung, Organisation des Aufgabenvollzugs, Koordination, Kontrolle und die Leitung. Ein Unternehmen soll nach 14 Prinzipien geführt werden, darunter die Prinzipien der Arbeitsteilung, der angemessenen Mischung von Zentralisation und Dezentralisation, der unternehmerischen Initiative u. a. m.

Die von Fayol vorgestellten Funktionen von Führung werden später von Luther Gulick zum *POSDCoRB-Modell* ausgearbeitet; demnach bestehen die wesentlichen Aufgaben des Managements im Planen, Organisieren, Anleiten *(directing)*, Koordinieren *(coordinating)*, Reporting und Budgetieren.

1.1.4 Plan-Do-Check-Act – der PDCA-Managementkreis

In der Tradition des ingenieurwissenschaftlichen Zugangs zu Führung steht auch der *PDCA-Kreis,* der von den US-amerikanischen Physikern Walter Andrew Shewhart und William Edwards Deming in den 1950ern entwickelt wird. Das Akronym PDCA steht für Plan-Do-Check-Act und bedeutet, dass die Ziele eines Tätigkeitslaufs zu planen, die Zielerreichung nach der Ausführung die Ergebnisse zu überprüfen und Abweichungen von der Planung durch geeignete Maßnahmen auszusteuern sind.

Dieser Regelkreis soll Lernen und Verbesserung fördern. Für Deming, der als Berater zur Unterstützung des Wiederaufbaus der Nachkriegswirtschaft nach Japan geschickt wird, ist die Implementierung des PDCA-Kreises an jedem Abschnitt eines Produktionsablaufs der Hebel zum umfassenden Qualitätsmanagement (siehe S. 47).

In der Managementlehre wird der PDCA-Kreis bald zum Modell jeglichen Führungshandelns; er wird noch heute als *der Managementkreislauf* gelehrt. Ähnlich, aber nicht auf Sachziele, sondern auf die Mitarbeitenden ausgerichtet, ist der *Führungskreis,* der aus Vorgeben, Motivieren, Organisieren, Kontrollieren und Sanktionieren der Arbeitsaufgaben bestehen soll.

1.1.5 REFA und Industrial Engineering

Durch die Aufnahme der Methode der Bewegungsstudien wird 1924 in Deutschland der *Reichsausschuss für Arbeitszeitermittlung* (REFA) gegründet, der bis heute die Arbeitsplatzgestaltung durch Verbesserung von Arbeitsverfahren, -methoden und -bedingungen betreibt. Über Jahrzehnte liegt der Fokus auf der Rationalisierung von Produktionsabläufen. Als »Verband für Arbeitsgestaltung, Betriebsorganisation und Unternehmensentwicklung e. V.« bildet er außerdem Fachkräfte im Bereich der *Betriebsorganisation* aus, eine Abteilung, die die Aufgabe hat, zum Zweck der Wettbewerbsfähigkeit die Produktivität in Produktion und Verwaltung ständig zu verbessern.

Streng in Nachfolge von Taylors Scientific Management steht auch das *Industrial Engineering*, das Prozesse im Unternehmen – wie Führungs-, Kern- und Supportprozesse – parametrisiert, Performance-Ziele und Standards sowie Lenkungsmaßnahmen bei Abweichungen definiert und so ein laufendes Produktivitätsmonitoring und -management betreibt. Zum zentralen Aufgabengebiet der Arbeitsplatzgestaltung gehören Arbeitsvorbereitung, Zeitwirtschaft, Entgeltgestaltung und generell die Gestaltung von Arbeitssystemen, die Mensch, Material und Maschine verbinden.

1.2 Der Human-Relations-Ansatz

Schon 1916 stellt Chester Barnard eine Führungs- und Organisationstheorie vor, die den späteren *Human-Relations-Ansatz* vorwegnimmt und dabei viel umfassender und differenzierter ausgreift als Douglas McGregor 1960 in seinem Bestseller »The Human Side of Enterprise«, der bis heute unser Verständnis von Führung maßgeblich prägt.

1.2.1 Die Funktionen von Führung

1938 veröffentlicht Chester Barnard – selbst CEO bei AT&T – mit »The Functions of the Executive« eine erste integrierte Organisations- und Managementtheorie. Barnard versteht Organisationen als Kooperationssysteme menschlichen Handelns, die nur überleben können, wenn sie effektiv ihre Zielsetzungen verwirklichen und dazu effizient die Motivation ihrer Mitarbeitenden erschließen. Damit Kooperation entsteht, müssen Führungskräfte den Sinn und Zweck der Organisation und ihre Ziele formulieren, diese den Menschen vermitteln und deren Engagement gewinnen.

Die wesentliche Führungsaufgabe besteht darin, für *effektive Kommunikation* zu sorgen, d. h. für klare Kommunikationskanäle, auf die jede und jeder Zugriff hat, und für kurze, direkte Kommunikationswege. Autorität und Durchsetzungsvermögen erlangen Führungskräfte nur durch Kompetenz und indem sie ihre Mitarbeitenden mit Respekt behandeln und motivieren – z. B. durch Überzeugung und Anreize. Anreize können materieller oder nicht materieller Art sein, wie die Möglichkeit, sich hervorzutun, Stolz auf Erreichtes zu verspüren, Teil eines größeren Ganzen und mit anderen verbunden zu sein.

1.2.2 The Human Side of Enterprise

Als Ausgangspunkt zu dem vom McGregor explizierten Human-Relations-Ansatz gelten die Beleuchtungsstudien in den Hawthorne-Werken und Maslows Bedürfnishierarchie. In der Managementliteratur nicht so explizit beleuchtet, aber umso einflussreicher im Hinblick auf das Verständnis von Führung und Organisationen im Human-Relations-Ansatz sind Kurt Lewins bahnbrechende Studien zu Gruppendynamik, Action Research und Change. Die Erkenntnisse daraus speisten den Diskurs über Gruppennormen und Leistung und »gute« Führung.

Vor diesem Hintergrund differenziert sich ab Anfang der 1950er-Jahre der Human-Relations-Ansatz aus, der Organisationen als Orte beziehungsbasierten sozialen Handelns in Gruppen versteht und die Erfolgsfaktoren von Führung in der Befriedigung menschlicher Bedürfnisse nach Individualität, sozialer Zugehörigkeit und Arbeitszufriedenheit durch Selbstverwirklichung sieht – alles zu erreichen durch einen angemessenen Führungsstil, auf den Führungskräfte in eigenen Schulungen trainiert werden können.

So setzt der Human-Relations-Ansatz den Rahmen für die bald beginnende systematische Managementausbildung, für die *Organisationsentwicklung* und für eine aus der Sozialpsychologie abgeleitete Organisationstheorie.

1.2.3 Die Hawthorne-Studien und Maslows Bedürfnishierarchie

Die Beleuchtungsstudien in den Hawthorne-Werken, die ab Mitte der 1920er-Jahre in klassischer Ingenieurstradition die Einflüsse technischer Arbeitsplatzausstattungen (hier der Beleuchtung) auf die Produktivität am Fließband messen sollen, führen Anfang der 1930er-Jahre zu einer Erleuchtung ganz anderer Art: Als leistungsbestimmend erweisen sich soziale Beziehungen, informelle Gruppennormen und die wohlwollende Aufmerksamkeit, die Führungskräfte ihren Mitarbeitenden entgegenbringen. Dieser letzte Faktor, der sogenannte *Hawthorne-Effekt,* bewirkt auch eine anhaltende Motivationssteigerung der Mitarbeitenden und deren loyale Bindung an das Unternehmen.

1943 publiziert Abraham Maslow seine Theorie der *Bedürfnishierarchie.* Sie geht von der Prämisse aus, dass Menschen durch ein angeborenes Wachstumspotenzial angetrieben sind, ihr höchstes Ziel, Selbstverwirklichung, zu erreichen – vorausgesetzt, darunter liegende Bedürfnisebenen wie physiologische Bedürfnisse z. B. nach Nahrung, Schutz vor Kälte usw. sowie Sicherheitsbedürfnisse und darauffolgend soziale Bedürfnisse nach Zugehörigkeit und Austausch sind erfüllt. Ab 1954 überträgt Douglas McGregor Maslows Modell der Bedürfnishierarchie auf die Arbeitswelt.

1.2.4 Lewins Studien zu Gruppendynamik, Action Research und Change

1939 veröffentlicht der in die USA emigrierte Sozialpsychologe Kurt Lewin gemeinsam mit Ralph White und Ronald Lippitt seine Studien über die Auswirkungen eines demokratischen und eines autoritären sozialen Klimas auf die Arbeit und Leistung von Gruppen. Diese Studien markieren den Ausgangspunkt für drei große Innovationen Lewins, die bis heute grundlegend für das Verständnis von Führung und Beratung sind: die *Gruppendynamik* als neue wissenschaftliche Disziplin, die Methode des *Action Research* und Lewins *Change-Modell.*[3]

1945 wird am Massachusetts Institute of Technology (MIT) das Research Center for Group Dynamics gegründet, um in sechs Programmbereichen Grundlagenforschung zur Gruppendynamik zu betreiben: Gruppenproduktivität, Kommunikation und Einflussnahme, Gruppenmitgliedschaft und soziale Wahrnehmung, Intergroup-Beziehungen, Gruppenmitgliedschaft und Anpassungsverhalten sowie Training von Führungskräften und Verbesserung von Gruppenprozessen mit dem speziellen Fokus auf der Einführung von Veränderungen und dem Umgang mit Widerständen.

3 Siehe Marrows Biografie von Lewin.

Der letzte dieser Programmbereiche führt 1946 zur Gründung der National Training Laboratories (NTL). Dort werden Ausbilder und Führungskräfte mit der *T-Gruppen-Methode* für erfahrungsbasiertes Lernen trainiert, um typische Prozesse, Strukturen und Dynamiken in Kleingruppen zu verstehen. Die Leistung einer demokratisch interagierenden Gruppe beim Lösen komplexer Aufgaben liegt höher als die beste Einzelleistung ihrer Mitglieder. Bis Kleingruppen diesen *Gruppenvorteil* erreichen können, durchlaufen sie typische Reifungsphasen mit spezifischen Zusammenarbeitsmustern, die Bruce W. Tuckman (1965) *Forming, Storming, Norming* und *Performing* nannte.

Der Methode der Gruppendynamik ist die Entdeckung von *Feedback* zu verdanken. Zufällig beobachtete man, dass Teilnehmende auf Aussagen, die ihr eigenes Verhalten betrafen, wie auf einen »gewaltigen elektrischen Stromstoß«[4] reagierten. Feedback auf und Selbstbewertungen von Verhalten wurden bald als zentrale Intervention in den Gruppendynamik-Trainings eingerichtet – mit dem Ergebnis, dass die Teilnehmenden durch Feedback und Reflexion ihrem eigenen Verhalten gegenüber sensibler und veränderungsbereiter werden.

Lewins Methode des Action Research verortet sich im *symbolischen Interaktionismus* der Chicagoer Soziologieschule, der besagt, dass Menschen mit ihren Handlungen nicht auf die Dinge selbst, sondern auf die Bedeutungen reagieren, die sie den Dingen zuschreiben. Diese *Bedeutungszuschreibungen* handeln sie in *sozialen Interaktionen* in einem Prozess gemeinsamer Wirklichkeitsinterpretationen aus. Action Research ist ein methodisches Vorgehen, das diesen Zusammenhang umdreht: Durch Schaffung geeigneter Interaktionsräume kommen Betroffene zusammen, um die Muster ihrer Handlungen und der dahinter liegenden kollektiven Deutungsmuster zu ergründen, und zu neuen, angemesseneren Deutungs- und Handlungsoptionen zu finden. Um Veränderungen in Einstellungen und Verhalten zu erzielen, gilt also: Verschiedenste *Betroffene* von einem Thema in demokratischen Kommunikationsprozessen bei Problemdefinition und -lösungsfindung *beteiligen.*

1946 erhält Kurt Lewin den Auftrag, wirksame Methoden für die Bekämpfung religiöser und rassistischer Vorurteile zu entwickeln. Sein daraus entstandenes *Change-Modell* ist seither die Grundlage für

4 vgl. Marrow 1977, S. 230.

die Gestaltung von geplantem Wandel (siehe S. 88). Es basiert auf einem dreistufigen Prozess:

- In der »*Defreeze*«-*Phase* müssen Trägheit und Widerstand überwunden und das bestehende Mindset expliziert werden.
- Die »*Move*«-*Phase* ist eine Transition: Bestehende Handlungsmuster lösen sich auf, ohne dass noch klar ist, welche neuen Muster an ihre Stelle treten werden.
- Letztere kristallisieren sich erst in der »*Freeze*«-*Phase* heraus, in der sich ein neues Mindset festigt.

Lewin beschreibt mit seiner *Hockeyschläger-Kurve* den für Change typischen, anfänglichen Abfall in der Systemleistung, dem erst später ein Anstieg der Systemleistung über das Ausgangsniveau folgt. Diese Kurve ist bis heute die – in der Regel nicht zitierte – Grundlage der meisten Change-Konzepte.

1.2.5 Theorie X, Y, Z

Vor dem Hintergrund der damals bewegenden Frage, was der richtige Führungsstil sei, wurde aus Douglas McGregors 1960 erschienenem Buch »The Human Side of Enterprise« vor allem die Unterscheidung der Menschenbilder über Mitarbeitende, die *Theorie X* und die *Theorie Y*, rezipiert.

McGregors *Theorie X* übernimmt die Prämissen des Taylorismus und geht davon aus, dass der Mensch eine angeborene Abneigung gegen Arbeit hat und Leistung verweigert. Dieser ziehe Routineaufgaben vor, scheue sich vor Verantwortung, entwickle keinen Ehrgeiz bezüglich der Ergebnisse seiner Arbeit. Die Führung eines solchen Mitarbeitenden setze die detaillierte Vorgabe und nachgehende Kontrolle jedes seiner Handlungsschritte voraus; ohne Zwang, Regeln und Sanktionierung durch Vorgesetzte würden Mitarbeitende keine effiziente Arbeitsleistung bringen. Die *Theorie Y* übernimmt die Prämissen von Maslows Bedürfnismodell: Menschen seien von Natur aus leistungswillig, sie besäßen Kreativität, Arbeit sei eine Quelle für soziale Zugehörigkeit, die Befriedigung von Ich-Bedürfnissen und das Streben nach Selbstverwirklichung. Angemessene Führung setze Ziele und sorge für eine Arbeit, die Herausforderungen berge, eigenständige Gestaltungsmöglichkeiten und einen hohen Grad an Eigeninitiative und Selbstbestimmung der Mitarbeitenden ermögliche.

McGregor wurde vorgeworfen, dass die Theorie Y eine unrealistische normative Vorgabe sei. 1964 schlug er deshalb eine Synthese in Form der *Theorie Z* vor, die William Ouchi 1981 aufgreift, um darin den damals hippen japanischen Managementstil zu verpacken: Mitarbeitende wollen Teil eines Kollektivs und an Entscheidungen beteiligt sein, dann seien sie hoch motiviert und hochproduktiv. Gute Führung sorge für intakte soziale Beziehungsgefüge, verzichte auf formale Regelungen, zeige Interesse und setze sich – durch *Management by Wandering around* – mit den Fakten des Alltags auseinander.

McGregor hatte mit seinen Stereotypisierungen darauf hinweisen wollen, wie eng das Menschenbild einer Führungskraft über *die* Mitarbeitenden deren Führungsverhalten prägt, was in der Folge zu einer Bestätigung des Menschenbildes und zu einem rekursiven Kreislauf zwischen Annahmen und sich selbst erfüllenden Prophezeiungen führt. Edgar Schein nimmt diese ursprüngliche Absicht McGregors auf und stellt – der historischen Entwicklung folgend – vier Sets von *»managerial assumptions about humans«* (Annahmen von Führungskräften über das Wesen des Menschen) jeweils entsprechende Konsequenzen für Führung und Organisation gegenüber:

Das Bild vom Mitarbeitenden als *»rational economic man«*, das weitgehend deckungsgleich mit dem der Theorie X ist, wird von dem des *»social man«* abgelöst, dem Menschen in sozialen Beziehungen und Bindungen, das dem Human-Relations-Ansatz entspricht.

Darauf folgt das Konzept des *»self-actualizing man«*, das weitgehend mit dem der Theorie Y übereinstimmt, und schließlich das des *»complex man«*. Letzteres besagt, dass Menschen vielfältige, situationsabhängige und miteinander interagierende Motive besitzen und je nach Lebenssituation andere Motivlagen aufweisen.

Der *psychomaterielle Kontrakt* zwischen Organisation und Mitarbeitenden solle deshalb herausfordernde Aufgaben zu Beginn der Organisationszugehörigkeit vorsehen und in späten Lebensabschnitten einen Tausch von Loyalität gegen Fürsorge anbieten. Grundsätzlich solle Arbeit so gestaltet sein, dass sie für die Mitarbeitenden eine Entwicklungsstrecke bietet, in der diese neue Fähigkeiten entwickeln und ausbauen können.

1.2.6 Führungsstilforschung

Auch andere Autoren plädieren bald für einen mitarbeiter- bzw. kontextbezogenen Führungsstil. So Robert Tannenbaum und Warren H.

Schmidt, die 1958 ihr *Führungskontinuum* vorstellen, das autoritäre, patriarchalische, beratende, konsultative, partizipative, delegative und demokratische Führung unterscheidet. Je nach Art des Problems oder der Situation sowie abhängig von Kompetenz und Engagement der Mitarbeitenden sollen Führungskräfte den angemessenen Führungsstil wählen.

Einen ähnlichen Zugang entwickeln Paul Hersey und Kenneth Blanchard 1969 mit ihrem *Modell des situativen Führens.* Je nach *Reifegrad* der Mitarbeitenden – eine Resultante aus Motivation und Fähigkeit – soll die Führungskraft mit einer von vier idealtypischen *Kombinationen von Sach- und Personenorientierung* reagieren, die die Autoren Dirigieren, Überzeugen, Partizipieren und Delegieren nennen.

1964 stellen Robert Blake und Jane Mouton ihr Buch »The Managerial Grid: The Key to Leadership Excellence« vor. Das *Managerial Grid* ist eine Tabelle, die insgesamt neun Ausprägungen von *Sachorientierung* mit neun Ausprägungen von *Personenorientierung* zu unterschiedlichen Führungsstilen kombiniert:

- Führungsstil 1,1 »Überlebensmanagement« galt als der schlechteste, der weder auf die Mitarbeitenden noch auf die Ergebnisse Wert legt,
- Stil 1,9 »Glacéhandschuh-Methode« verfolgt freundliche zwischenmenschliche Beziehungen, vernachlässigt dabei die Ziele,
- Stil 9,9 »Teammanagement« sollte als bester Führungsstil immer angestrebt werden.

Einfluss auf die Wahl eines Führungsstils haben die Situation und die Organisation, in der sich die Mitarbeitenden befinden sowie die Persönlichkeit, Werthaltungen und Einstellungen der Führungskraft.

Mit lizensierten Trainingsprogrammen zu Gruppendynamik und Managerial Grid beginnen die ersten systematischen Maßnahmen der *Managemententwicklung,* die Führungskräfte für die Kunst der Führung von Gruppen qualifizieren sollen.

1.2.7 Die Organisationsentwicklung und ihr Verständnis von Organisationen

Der Erkenntnis, dass soziale Beziehungen, Einstellungen und Gruppennormen leistungsbestimmende Faktoren sind, folgt bald das Unterfangen, mithilfe des Dreigestirns von Action Research, Change-Modell und Gruppendynamik solche Normen, Einstellungen und sozialen Handlungsmuster in Organisationen zu ergründen und gezielt zu verändern.

In diesem Umfeld entsteht gegen Ende des hier abgegrenzten Industriezeitalters die *Organisationsentwicklung*. Diese Form der Unternehmensberatung tritt an, um vor dem Hintergrund entfremdender Arbeit und Hierarchiebarrieren die Effizienz der Organisation zu steigern. Die Betroffenen sollen mit ihrem Wissen die Prozesse verbessern und die Arbeit humaner machen, vor allem durch Verbesserung der internen Kooperation; die konkreten Ziele bzw. Potenziale der Verbesserung emergieren im Laufe der Interaktionsprozesse der Betroffenen (siehe S. 20), d. h. während des Beratungsprozesses.

Der neuen Disziplin der Organisationsentwicklung ist ein *eigenes Verständnis von Organisationen* hinterlegt, das Richard Beckhard (1969) so expliziert: Gruppen sind die Bausteine von Organisationen; ihre Beziehungsprozesse und -dynamiken bestimmen das Verhalten der Organisationsmitglieder. Entwicklungsziele für eine gesunde Organisation sind offene Kommunikation, gegenseitiges Vertrauen und Selbstvertrauen innerhalb und zwischen den Hierarchiestufen, Abbau von Konkurrenz, Aufbau von Kooperation. Entscheidungen sollen von denjenigen getroffen werden, die im Besitz der Information sind – nicht von einem bestimmten Rollenträger oder einer bestimmten Hierarchiestufe. Organisationen, Organisationseinheiten und Individuen richten ihr Verhalten immer an Zielen aus. Kontrolle dient der Messung zwischendurch; sie dürfe nicht die Grundlage für Führungsstrategien sein. Menschen unterstützen die Lösungen, die sie mitentwickelt haben, sie sollen deshalb als Betroffene bei Veränderungen beteiligt werden.

Die Organisationsentwicklung überträgt in ihrem Verständnis von Organisationen Konzepte aus Individualpsychologie und Psychiatrie und versteht sich als präskriptiv bzw. normativ. Organisationen mit *geistiger Gesundheit* weisen nach Beckhard folgende drei Merkmale auf: Identität, indem die Organisationsziele von den Mitarbeitenden verstanden und geteilt werden, Anpassungsfähigkeit, indem sie durch Erfahrungslernen und Problemlösungen ihre Umgebung meistern, und Realitätsorientierung als Fähigkeit, die eigene Lage in der Welt korrekt wahrzunehmen. Warren Bennis – wie Beckhard Gruppendynamiker der ersten Stunde – hebt hervor, dass sie dabei ähnlich vorgehen wie Wissenschaftler: Sie zeigen Forschergeist, reflektieren Probleme, sind bereit, zu experimentieren und Ideen zu testen, und sie teilen eine Kultur, die »Rationalität, Vielseitigkeit, Individualität, Gemeinsamkeitsgrad und Selbstlosigkeit« pflege und keine andere Autorität als eine wissenschaftliche anerkenne (vgl. Bennis 2008; Krizanits 2016).

1.3 Fazit: Führung im Industriezeitalter

Im Portfolio der Führungsaufgaben nimmt die unmittelbare Mitarbeiterführung im Industriezeitalter nach dem Layout der Arbeitsabläufe den größten Teil der Tätigkeiten ein. Die Menschen sind damals nicht weniger kreativ und initiativ als heute, müssen aber auf ihre Funktionen als Mitarbeitende »zugerichtet« werden, von ihnen werden lediglich Leibeskraft und Ausdauer für fragmentierte Routinetätigkeiten gebraucht, dies aber in vorgeschriebener Menge bei konstantem Output. In der typischen frühindustriellen Arbeitssituation »shopfloor« (in der Produktionshalle bzw. am Fließband) gibt es für die meisten Menschen tatsächlich kaum eine Quelle für Arbeitszufriedenheit außer der der sozialen Anerkennung; andere Motivationsfaktoren wie befriedigende Arbeitsinhalte, Leistung, Erfolg, Verantwortung, Aufstieg und Wachstum sind dort schlicht nicht gegeben.

Mit den Führungstheorien des Scientific Management und des Human-Relations-Ansatzes sind also, zumindest im Mittelmanagement und auf Shopfloor-Level, tatsächlich die wesentlichen Gestaltungsfelder bespielt.

1.3.1 Zwei Seiten derselben Münze

Bei allen inhaltlichen Unterschieden teilen der ingenieurtechnische und der Human-Relations-Ansatz zentrale Annahmen und Prämissen; diese unterschiedlichen Zugänge sind also nicht als Gegensätze zu verstehen, sondern vielmehr als zwei Seiten derselben Münze.

So plädieren die Vertreter des Scientific Management wie die des Human-Relations-Ansatzes z. B. gleichermaßen dafür, dass sich die Interessen von Mitarbeitenden und Arbeitgebern zur Deckung bringen lassen, und zwar durch Produktivitätssteigerungen. Ein Weg zur Produktivitätssteigerung führt über die ingenieurwissenschaftliche und ein anderer über die humane Gestaltung von Arbeit. Beide

Ansätze setzen auf ein und dasselbe Warenwirtschafts- und Gesellschaftsmodell, in dem sich bei stetiger Übernachfrage jederzeit genug Reichtum erarbeiten lässt, der zum Nutzen der Unternehmer und Arbeitenden verteilt werden kann.

Der Fantasieraum zu diesem Gesellschaftsmodell ist durch Fords Vision der *Massenproduktion* in Verbindung mit dem *Massenkonsum* geöffnet worden. Unter der Prämisse, dass die der Massenproduktion zugrunde liegenden Produktivitätssteigerungen durch die humane Gestaltung von Arbeit erzielt werden, baut der Human-Relations-Ansatz Fords Vision zur Utopie der Erfüllung höchster existenzieller menschlicher Bedürfnisse aus – gemessen an Maslows Bedürfnispyramide. Das ist kein Zufall, denn in diesem Zeitalter speist sich der Antrieb von Millionen Menschen aus spürbarem Mangel und dem Wunsch, diesem zu entkommen und gesellschaftlich aufzusteigen. Es gibt wenige Narrative, die so oft und so variantenreich erzählt werden, wie das vom Aufstieg des Tellerwäschers vom Proletariat in die Mittelschicht.

Gerade diese zentrale Erzählung vom Überschreiten sozialer Schichtgrenzen verweist aber auf die streng hierarchische soziale Ordnung der Industriegesellschaft, in der den klar segmentierten gesellschaftlichen Gruppen eindeutige Lebensentwürfe zugewiesen sind. Diese verlaufen entlang den Leitplanken sozialer Normen; Ausbruchversuche werden zwar thematisiert, finden aber entweder ein Happy End im Sinn der Normvorgaben oder ein Scheitern der Ausbrechenden an elterlichen oder religiösen Autoritäten nach dem Motto »Denn sie wissen nicht, was sie tun«.

Die interne Organisationswelt ist im Industriezeitalter genauso trennscharf in Hierarchieebenen geschichtet wie die Gesellschaft außen. Beide Ansätze, der ingenieurtechnische und der Human-Relations-Ansatz, arbeiteten sich am Thema Hierarchie ab: Der eine zieht immer neue Hierarchieebenen ein, der andere tritt an, um Hierarchie abbauen.

Wie stark soziale Grenzen das Denken und Handeln von Führungskräften damals bestimmen, illustrieren die Bemühungen, Manager im Rahmen von Trainings zur Hinterfragung von Stereotypen anzuleiten. In Klaus Antons »Praxis der Gruppendynamik« (1976) finden sich bezeichnende Übungen dazu. So sollen Teilnehmer z. B. aus zehn Fotos von Frauen »vom ersten Eindruck her und möglichst rasch« diejenige auswählen, die eine Kindsmörderin und

Diebin sein könnte.[5] Nur vor diesem Hintergrund solcher damals allgemein üblicher Stereotypbildungen lässt sich Tragweite des Diskurses um Führungskonzepte wie die der Theorie X und Y ermessen.

1.3.2 Warum wir noch heute auf das Führungs- und Organisationsverständnis des Industriezeitalters zurückgreifen

Die Konzepte der Theorie X und Y sind heute noch fixer Inhalt von Lehrbüchern und Managementausbildungen, obwohl kaum eine Führungskraft das Menschenbild der Theorie X vertreten würde. Noch immer ist an Universitäten von Führungsstilen die Rede, vom eigenschaftstheoretischen oder situativen Ansatz, vom Managementkreis. Kurz, wann immer wir Führung vermitteln wollen, greifen wir bis heute zu den Theorien und Bildern, die uns das Industriezeitalter hinterlassen hat. – Warum ist das so?

Die Führungsansätze des Industriezeitalters prägen früh Strukturen – in Organisationen, professionalen Netzwerken, in Ausbildung und Lehre und in der aufkommenden Fachliteratur – die diese Ansätze ihrerseits fortschreiben.

Der Verein Deutscher Ingenieure (VDI) nimmt sich schon 1921 des Scientific Management an. Der REFA, 1924 als »Reichsausschuss für Arbeitszeitermittlung« gegründet, erweitert ab den 1960ern sein ursprüngliches Portfolio der Rationalisierung um Methoden für die »menschengerechte Arbeitsgestaltung« und ist heute hauptsächlich in Ausbildung und Lehre tätig. Das Industrial Engineering hat seinen fixen Platz in den Studienplänen der Ingenieurwissenschaften und der Managementlehre.

Mitte der 1940er-Jahre ruft Alfred Sloan die erste universitäre Managementausbildung am MIT ins Leben; er sponsert dort 1950 die später nach ihm benannte *Alfred Sloan School of Management*, an der sich seitdem so gut wie alle US-Managementgurus lernend oder lehrend die Klinke in die Hand geben. Einer der ersten ist Douglas McGregor, der dort 1960 den Human-Relations-Ansatz bekannt macht.

Mit den ersten Managementtrainings in Gruppendynamik und Führungsstilen entsteht auch ein Trainer- und Beratermarkt im

5 Antons, S. 183 f.

neuen Feld der Organisationsentwicklung. Große Organisationen holen sich das Know-how gleich ins Haus: Am Ende des Industriezeitalters haben sie eigene Funktionsbereiche eingerichtet: die in der Tradition des ingenieurtechnischen Rationalisierungsansatzes stehende Betriebsorganisation und die in der Tradition des Human-Relations-Ansatzes stehende Organisationsentwicklung.

Besonders bedeutend für die Perpetuierung der Führungsansätze aus dem Industriezeitalter ist das geschriebene Wort. Ein Großteil der Fach- und Populärliteratur über Führung wird von wenigen Personen aus dem engen Kreis der Gruppendynamiker um Kurt Lewin und aus den Netzwerken, die sie in der nächsten Generation am MIT flechten, verfasst. Douglas McGregor, Gruppendynamiker der ersten Stunde, half Kurt Lewin, dort 1944 das Center for Group Dynamics zu gründen; er rekrutiert Richard Beckhard, Warren Bennis und Edgar Schein in den Kreis der ersten Gruppendynamiker.

Nach Lewins frühem Tod – er starb Anfang 1947 – bleibt McGregor lebenslanger Mentor des 20 Jahre jüngeren Bennis, der allein 27 Bücher über Führung schreibt, die sich millionenfach verkaufen. McGregor und Beckhard entwickeln und verbreiten die Organisationsentwicklung als Beratungsansatz. Edgar Schein hat über Jahrzehnte den Lehrstuhl für Organisationspsychologie und Management an der Alfred Sloan School of Management inne. Er und Chris Argyris – ebenfalls ein Gruppendynamiker der ersten Stunde – sind später am MIT Mentoren für Peter Senge und dessen Team um die »lernende Organisation«.

McGregors »The Human Side of Enterprise« aus dem Jahr 1960 – wird 2001 von der Academy of Management zum viertwichtigsten Buch des 20. Jahrhunderts gewählt. Bennis, Schein und Argyris werden vom weltweiten Management-Ranking Thinkers 50 in die »Hall of Fame« der Managementgurus gewählt.

1.3.3 Wie hilfreich sind diese Führungskonzepte heute?

Produktivitätssteigerungen, der Fokus des Industriezeitalters, machen bis heute eine zentrale Aufgabe von Führung aus: Die Produktivität einer Organisation ist Schlüsselindikator für Kapitalgeber, Hebel im Wettbewerb und – über die Preise – Nutzen für Verbraucher. Produktivitätsvorteile werden heute erzielt über optimierte Arbeitsabläufe, Standorte mit Billiglöhnen und externalisierte Infrastruktur- und Transportkosten bei weltweiten Warenströmen.

Die einzelnen Führungskonzepte des Industriezeitalters muten heute meist als aus der Zeit gefallen an. Einige sind zudem regelrecht gefährlich: Ein Führungsverhalten nach dem PDCA-Kreis, das auf Übereinstimmung mit Planung abstellt, ist in komplexen, nicht planbaren Kontexten kontraindiziert: Gerade die kleinen Abweichungen, die man ausbügelt, können Vorboten von Turbulenzen und Kippeffekten sein und müssen höchste Aufmerksamkeit finden (siehe S. 139).

Das Verständnis von Organisation im Human-Relations-Ansatzes schmeckt nach Zeitgeist, tönt für manche Entscheider naiv und irritiert im normativen Anspruch. Andererseits sehen Studien aus Hirnforschung und dem Bereich des salutogenen Führens die Stellgrößen für soziale Kooperation, Gesundheit und Leistungsmotivation tatsächlich ähnlich. In ihrer Reduzierung von Führung auf die unmittelbare Mitarbeiterführung und die Dichotomie von Sach- und Personenorientierung bleiben die Human-Relations-Ansätze aber hinter der Komplexität heutiger Herausforderungen an Führung zurück.

2 Management und Leadership im Konsumzeitalter

Von Anfang der 1970er- bis Ende der 1980er-Jahre lässt sich ein Paradigma abgrenzen, das hier *Konsumzeitalter* genannt wird; es bringt eine Fülle grundlegender Veränderungen in Gesellschaft, Wirtschaft und Organisationen mit sich. Auf Ebene der Gesellschaft lassen sich die Entwicklungen in einem Bogen von der Konsumgesellschaft zur Wegwerfgesellschaft, zur Dienstleistungsgesellschaft und schließlich zur Wissensgesellschaft spannen. Auf gesättigten Märkten nimmt sich die Wirtschaft zunehmend selbst zum Zweck. Im Verdrängungswettbewerb bilden Organisationen die zunehmende Komplexität in ihren internen Umwelten ab: Sie differenzieren immer neue Funktionen, Prozesse, Systeme aus. Führung wird zu einer eigenen Expertise, die in einem sich schnell drehenden Seminarmarkt und in den neuen MBA-Ausbildungen vermittelt wird. Gegen Ende des Konsumzeitalters etabliert sich eine neue Dichotomie: die *Unterscheidung zwischen Managern und Leadern.*

Das Narrativ des Konsumzeitalters verherrlicht die *Entfaltung des Individuums* und den *grenzenlosen Fortschritt* sowie das Narrativ des Industriezeitalters den Aufstieg des Tellerwäschers.

2.1 Rahmenbedingungen für Organisationen und Führung im Konsumzeitalter

Ein nie gekannter ungebremster Fortschritt in Wissenschaft, Technik und sozialen Umwelten prägt ein *mentales Modell des Fortschrittglaubens* mit der tiefen Überzeugung einer gerichteten, stetig »besser werdenden« Entwicklung, in der es nur eine Frage der Zeit ist, bis Expertinnen und Experten schließlich jede Art von Problem lösen, ja der Überzeugung, jedes Problem sei ein Problem technischer Natur – ein Denken, wie es sich z. B. in der Atomkraftdebatte manifestiert.

2.1.1 Veränderungen in Wirtschaft und Gesellschaft

Ende der 1960er-Jahre gehen die Wirtschaftswunderjahre in Europa zu Ende; Verkäufermärkte werden zu *Käufermärkten*, in denen die Käufer die Regeln des Marktes diktieren. Nun hat nicht mehr jedes Produkt seinen Preis, vielmehr bewegen sich die Preise vergleichbarer Verbrauchsgüter – Preis wird zum Wettbewerbsfaktor. Gleichzeitig wird eine Fülle neuer Produkte in die Märkte und Haushalte gespült. Die ersten Einkaufszentren entstehen und lösen samstags Pilgerströme in die neuen Konsumtempel aus. Nach dem Motto »Haste was, biste was« macht Konsum gesellschaftlichen Status käuflich.

Von der Konsumgesellschaft geht es mit Siebenmeilenstiefeln in die Wegwerfgesellschaft. Schon Alfred Sloan hatte bei General Motors die *Planned Obsolescence* erfunden, das eingebaute Ablaufdatum von Produkten. Haltbarkeit wird zum Thema im öffentlichen Diskurs, denn wenn Produkte lange halten, könne es nicht genug Konsum geben. Mythen machen die Runde, vom unzerreißbaren Nylonstrumpf beispielsweise, der längst erfunden, aber in einen Tresor gesperrt worden sei, weil sonst niemand mehr Nylonstrümpfe kaufen würde. Textilien, Schuhe, Geräte – bald wird immer weniger repariert; Wegwerfen und mit gutem Gewissen neu Kaufen wird zur Maxime.

Technischer Fortschritt lässt völlig neue Branchen entstehen, wie Unterhaltungselektronik, Foto, Büromaschinen, Farbfernseher, Stereo- und HiFi-Anlagen. Fotoapparate, Taschenrechner und Digitaluhren halten Einzug in die Haushalte. In Organisationen kommt die elektronische Schreibmaschine auf den Schreibtisch, der erste wuchtige Kopierer aufs Stockwerk, die erste EDV-Anlage auf eine eigens statisch verstärkte und gekühlte Etage.

Im Verdrängungswettbewerb werden Produkte nachgeahmt oder gleich plagiiert; sie verlieren ihre Einzigartigkeit, die man durch Markenbildung wieder zurückgewinnen will. Im Ringen um Kundinnen und Kunden werden immer neue Dienstleistungen mit den physischen Produkten mitgeliefert. Überhaupt etabliert sich ein Handel mit Dienstleistungen, die volkswirtschaftliche Bedeutung des Dienstleistungssektors steigt, bald spricht man von der *Dienstleistungsgesellschaft*.

Bei der Herstellung eines durchschnittlichen Industrieprodukts macht der Rohstoffanteil nur mehr 2 % der gesamten Kosten aus; die anderen 98 % entfallen auf Wissen, Dienstleistungen, Organisation. Möglich wird dies durch rasante Technologiesprünge in der IT, angetrieben durch die exponentiell wachsende Speicherkapazität der elektronischen Chips. Neue Fertigungsverfahren mit aberwitzigen Produktivitätssteigerungen beschwören das Schreckgespenst menschenleerer Produktionshallen herauf. Ein unglaublicher Fortschritt auf allen Gebieten lässt die Halbwertzeit von Wissen schrumpfen; in der *Wissensgesellschaft* entstehen neue Bilder von der Arbeitswelt der Zukunft und ihrem Repräsentanten, dem *Knowledge Worker* oder Wissensarbeiter.

2.1.2 Der Mitarbeitende – das Individuum

Ende der 1960er-Jahre rufen die *antiautoritäre Bewegung* in Europa und die Hippiebewegung in den USA zum Aufstand gegen Autoritäten und Hierarchie in Wissenschaft und Politik auf, verbunden mit der Forderung nach demokratischer Kommunikation und einem selbstbestimmten Leben.

Soziale Schichtungen, Normen und Stereotype kommen in Fluss. Die Gesellschaft wird pluralistisch und damit unüberschaubar; in den neuen Disziplinen der *Demoskopie* und *Trendforschung* beginnt sie, sich selbst zu beobachten, und findet überraschende Phänomene wie die Hausfrau, die im Nerzmantel beim Discounter einkaufen geht.

Die Antibabypille bringt mit der sexuellen Revolution den endgültigen Abgesang auf enge Moralvorstellungen und proklamiert den *Hedonismus* als Weltanschauung. Auf die »Babyboomer« folgen geburtenschwache Jahrgänge; die »DINKs« (Double Income, No Kids), pendeln zwischen Karriere und »Cocooning«, dem vollständigen Rückzug in die eigene Privatsphäre; ab den späten 1980er-Jahren berichten Trendradars laufend über immer neue gesellschaftliche Kohorten.

2.1.3 Management Fads und die Professionalisierung der Organisation

Der Sturm auf Autoritäten und Hierarchie bleibt auch in den Organisationen nicht ohne Folgen; weltweit werden Manager dazu ausgebildet, ihr Führungsverhalten zu demokratisieren.

Ein schnell drehender Seminarmarkt etabliert sich, angetrieben von der in Europa entstehenden Branche der Unternehmensberatung. Auf Symposien und in Seminaren halten sich Führungskräfte über die neuesten Management- und Organisationskonzepte, über die in Wirtschaftsjournalen berichtet wird, auf dem Laufenden.

Wohl deshalb, weil sie einander in so schneller Folge ablösen, werden diese Konzepte lange Zeit abfällig als *fads* bzw. *Managementmoden* bezeichnet. Tatsächlich spiegelt der schnelle Reigen der Konzepte das rasante Entwicklungstempo wider, das Organisationen hinlegen müssen, um wettbewerbsfähig zu bleiben. Die meisten der »Moden« hinterlassen Spuren in Organisationen. Denn Organisationen implementieren, was sie für nützlich oder – weil es die anderen ja auch tun – für notwendig halten. So differenzieren sie immer neue Aufbaustrukturen, Funktionen, Systeme, Prozesse und Politiken aus. Damit professionalisieren sie nicht nur ihren Aufgabenvollzug, sie rüsten sich auch mit mehr Perspektiven und »Stimmen« aus für ihre *Selbst- und Fremdbeobachtung;* so werden auch Organisationen quasi pluralistisch.

Damit beginnt die atemberaubende Professionalisierung der Organisation, die sich bis heute beschleunigt und fortsetzt und inzwischen Organisationen aller Art – vom Krankenhaus über die Universität, die NGOs bis zur Rechtsanwaltskanzlei erfasst hat. Während die Organisation der Industriegesellschaft über 60 Jahre lang mit der stetigen Verbesserung der Produktions- und Führungsfunktion das Auslangen fand, wandelt sich die Organisation im Konsumzeitalter binnen 20 Jahren zu einem ausgefeilten Regelwerk.

2.1.4 Zeit der Gurus

Vor dem Zweiten Weltkrieg füllten angeblich alle Managementbücher zusammen gerade einmal ein bescheidenes Bücherregal; nun entsteht eine eigene, schier unüberschaubare Managementliteratur. Alles scheint sich zu verkaufen: infantilisierende Fabeln von Mäusen, Delfinen, Pinguinen, Fröschen u. a. m., trivialisierende Rezepte vom Ein-Minuten-Manager, von Machiavelli bis Sun Tsu und gewichtige Werke über die Zunft des Managements, die Regeln des Wettbewerbs, die Befähigung von Organisationen, Spitzenleistungen zu erbringen. Es wird zur Sitte, dass CEOs ihren »Direct Reports« die Bestseller unter den Weihnachtsbaum legen.

Die wichtigsten Themenbereiche betreffen Peter Druckers Pionierkonzepte von Marketing, *Management by Objectives* (MbO) und *General Management*, die Methoden der strategischen Unternehmensplanung, Modelle für das »richtige« Organisationslayout, die »*Soft Factors*«, die Organisationen zu Spitzenleistungen befähigen, und ein einsetzender Boom des Themas Leadership.

2.2 Peter Drucker, der Vater des Managements

Peter Drucker gilt als Begründer der modernen Managementlehre, als erster *Managementguru* und gemeinhin als »Vater des Managements«. Nach seiner Emigration aus Österreich bzw. Deutschland verfasst er in den USA 39 Bücher, die in 36 Sprachen übersetzt werden. Er schreibt über die Zukunft der Industriegesellschaft, sagt das Verschwinden der Blue-Collar-Worker voraus und führt schon 1959 das Konzept des *Wissensarbeiters* in der Informationsgesellschaft ein. Er betont die Bedeutung der Nichtregierungsorganisationen – und prägt damit den Begriff der *NGO* – als dritter Sektor neben Privatwirtschaft und staatlichen Institutionen, legt 1969 die Basis für das *New Public Management* und sieht angesichts der ungeheuren Kapitalakkumulation und der kurzfristigen Anlagestrategien der US-Versicherungen einen »speculator's capitalism« bzw. den *Finanzmarktkapitalismus* voraus. Er schreibt über die asiatische Wirtschaftsmacht, über Ökologie, die *postindustrielle Gesellschaft,* den Wertewandel in Politik, Wirtschaft und Gesellschaft. Allen Bereichen verordnete er mehr *Innovationen* und *Entrepreneurship.*

2.2.1 Marketing, Innovation, MbO und die föderale Organisation

Marketing, Innovation und Unternehmertum – und nicht Profitstreben – sind für Drucker die Schlüssel für den wirtschaftlichen Erfolg eines Unternehmens.

Aphorismen von Peter Drucker zur neuen Funktion des Marketings und zu Innovation

»The purpose of a business is to create a customer.«

»Business has only two functions – marketing and innovation. All the rest are costs.«

»The aim of marketing is to make selling unnecessary.«

»The best way to predict the future is to create it.«

»The entrepreneur always searches for change, responds to it, and exploits it as an opportunity.«

Er versteht *Marketing*[6] als die wesentliche strategische Funktion des Unternehmens, als Kern einer ganzheitlichen, marktorientierten

6 Drucker sprach in ersten Seminaren am österreichischen Hernstein Institut von *Markä-tting* (Aussage der damaligen Institutsleiterin Helga Stattler).

Unternehmensführung, die dem Kompass der Fragen folgt: Was ist unser Geschäft, und was sollte es sein? Wer ist der Kunde? Worin besteht der Wert, der Nutzen für den Kunden? Was wird bzw. was soll zukünftig unser Business sein?

Bereits 1954 stellt Drucker sein *Management by Objectives* (MbO) – das Führen mit Zielen – vor: Von den lang- und mittelfristigen Unternehmenszielen sind periodenbezogene allgemeine Bereichs- und Abteilungsziele abzuleiten, die kaskadenartig bis auf die Ebene der Arbeitsplätze heruntergebrochen, operationalisiert und in Zielvereinbarungsgesprächen zwischen Führungskraft und Mitarbeitenden vereinbart werden. *Zielvereinbarungen* sollen *SMART* sein:

- **S**pecific, d. h. auf Handlungsebene operationalisiert,
- **M**easurable, d. h. messbar,
- **A**ttractive, attraktiv im Sinne von herausfordernd,
- **R**ealisable, d. h. grundsätzlich erreichbar,
- **T**imeable, mit Zeithorizonten versehen.

Zielsetzungen sind nicht nur vertikal über die Hierarchieebenen zu kaskadieren, sie sind auch horizontal, d. h. über die verschiedenen Funktionsbereiche hinweg, zu integrieren. Mit einem solchen Gebäude von Zielvereinbarungen hat ein Unternehmen für die kommende Periode die Prämissen, die Handeln und Entscheiden organisationsweit koordinieren.

MbO ist für Drucker der Kern von Führung. Denn Ziele geben Mitarbeitenden mehr Freiräume und Verantwortung als Anweisungen und Kontrolle; sie wirken sinnstiftend, weil die Mitarbeitenden ihren Beitrag zum Unternehmenserfolg erkennen. Ein MbO mit hohen Leistungsvorgaben, systematischer Leistungsbewertung, angemessenen Belohnungen und einem transparenten Karrieresystem sei die Grundlage für ein gutes Betriebsklima.

MbO ist auch der Transmissionsriemen für eine *Mitarbeiterführung als Tauschprozess:* Durch Übergabe von Verantwortungen und Entwicklungschancen motivieren Manager den »ganzen Menschen« und setzen dessen Produktivität frei. Wenn Unternehmen ihren Mitarbeitenden zudem vermitteln, dass sie »als Individuum für die Gesellschaft zählen« und »Gerechtigkeit durch Chancengleichheit erfahren«, würden Mitarbeitende sich für die Ziele einsetzen und Verantwortung dafür übernehmen.

Der Grundsatz weitgehend eigenständigen Handelns im Rahmen verbindender Zielsetzungen soll sich nach Drucker in der Aufbaustruktur der Organisation abbilden:

- Das Prinzip der *föderalen Dezentralisierung*[7] gibt eigenständigen *Produktsparten* mit unabhängigen Märkten möglichst viel Autonomie, z. B. in Form von eigener Profit-and-loss-Rechnung;
- das Prinzip der *funktionalen Dezentralisierung* führt die Managementverantwortung für mehrere Sparten innerhalb der Hierarchie der jeweiligen Funktionsbereiche – z. B. Produktion, Verkauf, Marketing, Personal usw. – vom Shopfloor bis zum Board of Directors zusammen.

2.2.2 Die Führungskraft – ein Amalgam aus Entrepreneur und General Manager

In seinem Verständnis von Führung referenziert Drucker auf zwei Rollenstereotype: auf den *Entrepreneur*[8] und auf das von ihm selbst geschaffene Rollenprofil des *General Managers.*

In Planung und Handeln soll das Management sich davon lösen, auf die Aufs und Abs wirtschaftlicher Entwicklungen zu reagieren, und handeln nach dem Motto: »The best way to predict the future is to create it«. Die Entscheidungen und Handlungen des *Unternehmers* wurzeln dabei »felsenfest« in Prinzipien; er führe nicht nur durch Wissen, Kompetenzen und Fertigkeiten, sondern durch Visionen, Mut, Verantwortung und Integrität.

Gleichzeitig sieht Drucker Führung als eine eigene *Praxis,* als ein Handwerk mit Attributen von Kunst und Profession. Gutes Management sei im Grunde die *professionelle Expertise,* als Generalist jede Art von Problemen lösen und Entscheidungen treffen zu können. Dieses *General Management* sei erlernbar und dann in allen Arten von Organisationen gleichermaßen mit Erfolg zu praktizieren. Es setzt allgemeines Fachwissen über alle Unternehmensbereiche und methodisches Vorgehen bei Problemlösungen voraus.

Konkret sollen Führungskräfte bei Entscheidungsfindungen der Methode des *Operations Research* folgen, bei der in einer umfassen-

7 Die Metapher der Föderation wird in der US-amerikanischen Managementtheorie als Analogie verwendet, um das Organisationsprinzip der weitgehend autonomen und doch durch gemeinsame Ziele bzw. Regierung verbundenen »Federal States« (Bundesstaaten) auf wirtschaftliche Zusammenhänge zu übertragen.

8 Der 20 Jahre ältere Joseph Schumpeter ging in Wien bei den Druckers ein und aus.

den Analyse ein Problem erst in all seinen Facetten definiert wird, um in einem nächsten Schritt verschiedene Lösungsoptionen zu entwickeln, bevor schließlich eine Option ausgewählt und umgesetzt wird. Im Nachgang sollen Manager ihre Erfahrungen analysieren, um ihre Performance zu verbessern.

2.2.3 Manager als Führungskaste

Gemeinsam ist beiden Rollenstereotypen – dem des Entrepreneurs und dem des General Managers – das Verständnis von Führungskräften als kontextunabhängige solitäre Entscheider, Problemlöser und Macher, ein Grundverständnis, das auch das mentale Modell transportiert, jedes Problem sei lösbar und alles machbar, wenn nur der richtige Managementprofi am Ruder sitzt. Dieses Grundverständnis von Führung macht den Kern von Druckers Managementlehre aus.

Dazu kommt seine Überzeugung von der *staatstragenden Rolle von Unternehmen*. Nach Drucker haben Unternehmen den Zweck, die Gesellschaft mit Produkten und Gütern zu versorgen. Für ihn ist das *Unternehmen* das »Organ für wirtschaftliches Wachstum«; sein Sinn und Zweck beruhen auf dem Wert, den es für den Kunden stiftet. Die Rolle des Managements bestehe darin, aus materiellen und Humanressourcen ein produktives Business zu schaffen, ein Ganzes, das mehr ist als die Summe der Teile, das einen Output bringt, der mehr Wert hat als die Summe der Ressourcen, die hineingesteckt wurden.

Mit diesem »Glaubensbekenntnis« wird Drucker nicht nur zum Guru; er legt auch die ideologische Basis dafür, wie Management und wirtschaftliche, politische und gesellschaftliche Verhältnisse in wechselseitiger Rahmensetzung und Einflussnahme aufeinander bezogen sein sollen. Dabei lehnt er sich weit aus dem Fenster: 1973 vertritt er die These, es gebe in der modernen Gesellschaft keine andere *Führungskaste* außer den *Managern*. Wenn nicht die Manager der großen Institutionen, speziell der Unternehmen, Verantwortung für das Allgemeinwohl übernähmen, könne oder wolle das niemand sonst tun.[9] Diese Hybris spiegelt sich fortan in einem öffentlichen Personenkult um »Manager«, wie sie sich z. B. in der rituellen Kür des »Mann des Jahres« von Wirtschaftsjournalen manifestiert, und in Überlegenheits- und Machtattitüden Wirtschaftstreibender gegen-

9 Drucker (1973, S. 325): »[...] that in modern society there is no other leadership group but managers. If the managers of our major institutions, and especially of business, do not take responsibility for the common good, no one else can or will.«

über Politik und Gesellschaft in der Durchsetzung eigener Interessen.

2.2.4 Mit dem MBA in die Managementkarriere

Peter Drucker hat die Welt des Managements vermessen, seine Landkarte gilt bis heute weltweit. Sein Buch »The Practice of Management« wurde von der Academy of Management zum drittwichtigsten Buch des 20. Jahrhunderts gewählt.

Mit Drucker wird Management zu einer eigenen Disziplin an Universitäten. Ab den 1970ern entsteht eine unüberschaubare Peripherie an Business Schools, die bald auch in Europa universitäre *MBA-Ausbildungen* anbieten, wobei der Titel »Master of Business Administration« dem Umstand geschuldet ist, dass zu Beginn der ersten Managerausbildungen – z. B. 1921 an der Harvard University – Führung als Administration (siehe S. 16) verstanden worden war. Drucker selbst entwickelt an der Claremont Graduate University – 1987 umbenannt in »Peter F. Drucker Graduate School of Management« – den ersten »Executive MBA Course« Kaliforniens. Er verlässt zu diesem Zweck die Ostküste und lehrt dort noch im Alter von 92 Jahren.

MBA-Ausbildungen decken in ihrem Syllabus typischerweise umfassend Inhalte aus allen Funktionsbereichen der Unternehmung ab und setzen auf die Lernmethode von Fallstudien, um Manager für das Treffen von Entscheidungen in der Methode des Operations Research zu trainieren.

In den 1970er- und 1980er-Jahren ist ein MBA-Abschluss ein Eintrittsticket in eine Managementkarriere. MBA-Abschlüsse sorgen in Europa wesentlich für eine Akademisierung der oberen und mittleren Managementebenen, denn damals sind viele Führungskräfte noch über die duale Ausbildung in die Unternehmen gekommen und dann in »Kaminkarrieren« oder als Familienmitglieder in Leitungsfunktionen aufgestiegen.

2.3 Von strategischer Unternehmensplanung

Mit der Sättigung der Absatzmärkte und dem neuen Paradigma der Käufermärkte müssen Organisationen sich der Frage stellen, wovon sie morgen leben werden. Die Antwort auf dieses Problem ist für

Drucker die neue Funktion des Marketings, das nicht nur Instrumente zur Absatzförderung bereitstellt, sondern in seinem strategischen Kern Kundenbedürfnisse erspüren und kreieren soll.

Organisationen benötigen aber auch eine Funktion, die aus der Zukunft eine operationalisierbare Agenda ableitet, die sich in kaskadierbare Unternehmensziele münzen lässt und Entscheidungsprämissen bereitstellt, um vorausschauend Ressourcen zu allokieren. Das ist die neue Funktion der *Unternehmensstrategie,* die in Organisationen unter der Bezeichnung *strategische Unternehmensplanung* als Stabsabteilung zur Geschäftsleitung, später als eigener Bereich im Controlling eingerichtet wird. Name und Einbettung der Funktion offenbaren die Prämissen des mentalen Modells, mit dem das Grundproblem gelöst werden soll: Die Zukunft lasse sich – wie ein beliebiger Arbeitsablauf – planen, es komme dabei nur auf die richtige Expertise an. Die aufkommende Managementfachliteratur zum Thema Strategie sucht nach den besten Methoden für die Planung der Zukunft.

2.3.1 Methoden der Corporate Strategy

Strategie hat seit jeher die doppelte Bedeutung: *was* das Unternehmen anstrebt und *wie* es zur Erreichung dieses Was vorgehen will. So hat schon Alfred Chandler (1962) die Aufgabe der *Corporate Strategy* definiert: die Festlegung langfristiger Ziele, die Ableitung zweckmäßiger Handlungen und die damit zusammenhängende Ressourcenallokation.

Als Begründer des strategischen Managements gilt Harry Igor Ansoff, der 1965 mit seinem Buch »Corporate Strategy« – auf Deutsch »Management-Strategie« – einen kompakten und gleichwohl hochdifferenzierten Fahrplan für den *Strategieentwicklungsprozess* herausgibt, der heute noch jedem Manager empfohlen werden kann. Ansoff definiert Strategie als die neuen *Entscheidungsregeln* und -richtlinien, die den Prozess der Entwicklung der Organisation und das *»organizational behavior«* leiten sollen.

Der Umfang eines gesamten *Strategieentwicklungsprozesses* beinhaltet Instrumente für die Analyse der Unternehmensposition durch eine *Mitbewerbsanalyse,* häufig erweitert durch eine *Branchenstrukturanalyse* nach Michael Porter. Bei sehr grundlegenden Strategieprozessen wird mit *Szenarien* gearbeitet, die ab Mitte der 1970er-Jahre Verbreitung finden. Wie die Umwelten werden auch die Stärken und Schwächen der eigenen Organisation untersucht, meist mittels *SWOT-Analyse*[10] oder (später) anhand von Porters *Wertkettenanalyse*. Ein weiteres, praktisch immer eingesetztes Instrument sind *Portfolien*, meist Produktportfolien; das bekannteste ist die *BCG-Matrix*.

Die im Konsumzeitalter als *strategische Planung* praktizierte Strategiearbeit wird von Stäben vorbereitet, vom Topmanagement verabschiedet und dann über die Organisation ausgerollt. Der gesamte strategische Planungsprozess wird dabei allerdings nur selten durchlaufen. In der Regel findet man mit SWOT-Analysen und einigen Portfolien – die z. B. strategische Erfolgs- oder Engpassfaktoren abbilden – das Auslangen.

Auf Basis dieser Analysen werden Unternehmensstrategie und Unternehmensziele formuliert. Das ist die Grundlage für die Ableitung der Funktionsstrategien und der Ziele für die Funktionsbereiche – für Verkauf, Produktion, Entwicklung, HR usw. Dann geht es die Hierarchie abwärts, um im *Strategy-Deployment* die allgemeinen Ziele kaskadenartig in immer konkretere Ziele herunterzubrechen und in das MbO einzupflegen.

Für große Unternehmen in relativ stabilen Umwelten bedeutet Strategiearbeit in der Praxis meist lediglich Weiterschreiben von Businessplänen, die die einmal grundsätzlich getroffenen strategischen Ausrichtungen periodisch aktualisieren.

Das Controlling verantwortet diesen Prozess in der Form des jährlichen Planungs- und Budgetierungsprozesses und übernimmt – neben den oder statt der Strategiestäbe – immer häufiger auch die inhaltliche Ausgestaltung der Entscheidungsvorlagen an das Topmanagement. Diese neue Funktion wird ab den 1970ern in allen großen Unternehmen im Rechnungswesen etabliert, um mit einem eigenen »Management Accounting« – auf Basis der *Kostenrechnung* und des regelmäßigen *Soll-Ist-Vergleichs* beim Grad der Zielerreichung – wie ein *Lotse* den Entscheidungsträgern laufend Kennzahlen zu liefern.

2.3.2 Die Auswahl der »richtigen« Strategie

Wie aber kommt nun das Management zu den »richtigen« Strategien? Diese Frage beflügelt die Forschung und die entstehende Managementliteratur.

10 Akronym für »Strengths« (Stärken), »Weaknesses« (Schwächen), »Opportunities« (Chancen) und »Threats« (Risiken).

Ansoff (1988) fordert Manager auf, die jeweils praktizierte strategische Ausrichtung und Praxis mit der möglichen Entwicklung eines Unternehmens zu vergleichen, um die *strategische Lücke* zu finden, die durch neue Produkte, Technologien, Märkte usw. zu schließen sei. In seiner »Produkt-Markt-Matrix«, kreuztabelliert er bestehende und zukünftige Produkte mit heutigen und neuen Märkten und leitet vier prototypische *Wachstumsstrategien* – Marktdurchdringung, Produktentwicklung, Marktentwicklung, Diversifikation – ab, deren Kosten und Erfolgswahrscheinlichkeiten das Management in seiner Strategiearbeit bewerten soll.

Eines der am häufigsten angewandten Strategiewerkzeuge ist die von der Boston Consulting Group entwickelte *BCG-Matrix*, in der die eigenen Produkte auf den Koordinaten *Marktwachstum* und *relativer Marktanteil* im Vergleich zu Hauptkonkurrenten abgetragen werden. Die Matrix weist vier Quadranten mit jeweils einer empfohlenen *Normstrategie* aus: Für *»poor dogs«* gilt: desinvestieren, für *»question marks«*: investieren, wenn die Mittel dafür vorhanden sind, sonst desinvestieren, für *»stars«*: investieren und für *»cash cows«*: abschöpfen.

Die BCG-Matrix und die aus ihr abgeleiteten *Normstrategien* beruhen auf zwei Prämissen: Erstens, dass mit zunehmender Produktionsmenge Profite durch Massenfertigung – *Economies of Scale* – erzielt werden, und zweitens, dass jedes Produkt eine idealtypische *Lebenszykluskurve* aufweist, wonach es in der Einführungsphase einen schwachen Absatz hat, der in der Wachstumsphase ansteigt, in der Reifephase die obere Spitze einer Sigmoidkurve erreicht, bevor er in der Abschwung-Phase wieder nachlässt. Beide Prämissen galten für die Leitbranchen des Konsumzeitalters, z. B. für Haushalts- und Konsumgüter.

Sehr einflussreich sind auch die von Michael Porter (1980) entwickelten Konzepte. Er unterscheidet *drei* generische *Normstrategien auf Geschäftsfeldebene:* Die Kostenführerschaftsstrategie – die Normstrategien der BCG basieren auf einer implizit hinterlegten Kostenführerschaftsstrategie –, die Differenzierungsstrategie und die Nischenstrategie. Jede dieser grundsätzlichen Strategieoptionen birgt Risiken und Wettbewerbschancen. Um die eigene Grundstrategie zu wählen, soll ein Unternehmen erst eine *Branchenstrukturanalyse* vornehmen, um die Dynamiken der *five forces* zu verstehen: die Intensität des Wettbewerbs zwischen dem Unternehmen und seinen Konkurrenten, das Bedrohungspotenzial durch neue Anbieter, die Verhandlungsstärke der Lieferanten und der Abnehmer sowie das Bedrohungspotenzial durch substituierende Produkte. Ein Unternehmen soll sich auf eine der drei Wettbewerbsstrategien festlegen, weil eine Position des »stuck in the middle« (zwischen zwei Stühlen) Paradoxien für Entscheidungen über Ressourcenallokation aufspanne.

Porters Normstrategien und ihre Basis, die Branchenstrukturanalyse

- Die *Kostenführerschaftsstrategie* setzt auf an den Kunden weiterzugebende niedrigste Kosten durch Optimierung von Produktion und Beschaffung.
- Die *Differenzierungsstrategie* setzt auf ein vom Kunden wahrgenommenes Alleinstellungsmerkmal im Wettbewerb.
- Die *Nischenstrategie* konzentriert sich auf wenige bestimmte Schwerpunkte – Produkte, Kundengruppen, Märkte.

Die Five Forces in einer Branche

1) Intensität des Wettbewerbs zwischen Unternehmen und Konkurrenten
2) Bedrohungspotenzial durch neue Anbieter
3) Verhandlungsstärke der Lieferanten
4) Verhandlungsstärke der Abnehmer
5) Bedrohungspotenzial durch substituierende Produkte.

Das Echo auf diese kategorischen Strategieempfehlungen im Management ist groß: Die Normstrategien der BCG-Matrix werden unreflektiert auf alle möglichen Produkte, Märkte und Kontexte angewandt; Ansoffs Diversifizierungsstrategie führt zu einer Welle von – häufig defizitären – neuen Geschäftsfeldgründungen und branchenfremden Unternehmenszukäufen, Porters kompliziertere Wettbewerbsstrategien finden Eingang in grundsätzliche Strategiearbeit bei Stäben und in der Strategieberatung durch Consultants.

Alle diese Norm- oder Grundstrategien teilen die Prämisse, dass die Strategie *Market-based* und *Outside-in* zu entwickeln sei, d. h., dass der Vergleich der Produkte und Dienstleistungen im bestehenden und prognostizierten Wettbewerb Auskunft über die Zukunftsfähigkeit des eigenen Unternehmens gibt. Alle diese Ansätze gehen davon aus, dass Strategiearbeit aus umfangreichen und detaillierten Analysen bestehe – was mitunter zur »Paralyse durch Analyse« führe, zur Unfähigkeit des Managements, angesichts von Datenbergen Entscheidungen zu fällen.

2.4 Das »richtige« Organisationslayout

Von Chandler stammt der Spruch »*Structure follows strategy*« mit der Bedeutung, die Struktur eines Unternehmens sei so auszulegen, dass sie die Umsetzung der Strategie ermögliche; neue Organisationsstrukturen sind also eine zwangsläufige Folge neuer Strategien. Davon abgesehen sucht man aber nicht nur nach *der* richtigen Strategie, sondern auch nach *dem* optimalen Organisationslayout.

2.4.1 Topologien der Organisation: Strukturtypen, Viable-system-Modell, St. Galler Management-Modell

Auf Basis langjähriger Forschungen veröffentlicht Henry Mintzberg 1983 sein Buch »Structure in Fives. Designing Effective Organizations«, in dem er *fünf Strukturelemente* von Organisationen mit jeweils bestimmten Funktionen unterscheidet:

- den »*operating core*« (den betrieblichen Kern, in dem die Wertschöpfung stattfindet),
- die »*middle line*« (das mittlere Management),
- den »*strategic apex*« (die strategische Spitze, den CEO bzw. das Board of Executives),
- die »*technostructure*« (die Supportfunktionen für die Wertschöpfung),
- den »*support staff*« (die wertschöpfungsfernen Einrichtungen wie Kantine, Rechtsabteilung, PR usw.).

Mit der Strukturierung der Organisation werden die Stellgrößen für Arbeitsteilung und Koordination festgelegt. Dazu gehören: das Design der Arbeitsstellen, die Aufbaustruktur (nach Spezialisierung und Größe der Abteilungen), die Querverbindungen, das Entscheidungssystem sowie die Berücksichtigung situativer Aspekte. Mintzberg unterscheidet typische »Konfigurationen« bzw. *Strukturtypen* von Organisationen: die Einfachstruktur »*simple structure*«, typisch für Familienunternehmen, die Maschinenbürokratie (»*machine bureaucracy*«), die Expertenorganisation (»*professional bureaucracy*«), die Spartenstruktur (»*divisionalized form*«) und die Adhokratie (»*adhocracy*«). Später ergänzt er die Missionsform (»*missionary*«).

Jahre vor Mintzbergs »Structure in Fives« hat der britische Kybernetiker Anthony Stafford Beer sein Modell des »*viable system*« vorgestellt, das ebenfalls fünf Strukturbausteine umfasst, und später mit seinem Buch »Diagnosing the System for Organizations« eine Anleitung für die Modellierung jeder Organisation herausgegeben.

Als ein *Viable System* definierte Beer bereits 1959 jegliches System, das trotz Veränderungen außerhalb und innerhalb seiner Grenzen stabile, eine Homöostase begründende Funktionsmuster aufrechterhalten und damit »lebensfähig«[II] bleiben kann. Damit postuliert er, dass alle Arten von überlebensfähigen Systemen, d. h. explizit auch soziale Systeme und das Management, nach den Prinzipien technischer Systeme – z. B. eines Thermostaten – über geschlossene Regelkreisläufe funktionieren.

Im Buch »Cybernetics and Management« beschreibt Beer seine Topologie; konkret sollen folgende fünf Strukturelemente mit ihren Funktionen und wechselseitigen Informationsflüssen die Lebensfähigkeit einer Organisation gewährleisten:

- die *wertschöpfenden operativen Einheiten*, z. B. Produktion und Vertrieb (an ihnen erkennt man den Zweck einer Organisation)
- die *Koordination der wertschöpfenden Systeme*, z. B. über Controlling
- die Funktion des *operativen Managements*, das für interne Abstimmung und die Optimierung der Verrichtungen Sorge trägt
- das *strategische Management*, das Optionen für die Zukunftsanalyse und Planung erschließt
- die *oberste Entscheidungseinheit*, die Grundsatzentscheidungen trifft und Entscheidungsverfahren vorgibt.

Beers Ansätze aus der Kybernetik und den Anfängen der Systemtheorie werden bald von Hans Ulrich und Walter Krieg an der Universität St. Gallen aufgenommen; sie entwickeln sie weiter zum *St. Galler Management-Modell* (SGMM), das sie 1972 publizieren. 1991 wird letzteres von Hans Ulrich und Knut Bleicher und 2003 nochmals von Johannes Rüegg-Sturm weiterentwickelt.

Dabei wird auch das von Bleicher 1991 vorgestellte Konzept des *integrierten Managements* eingebaut: Das normative Management definiert die Unternehmenspolitik und Leitlinien, die die Basis für ihre strategische Ausrichtung und für die Positionierung den Stakeholdern gegenüber sind. Das strategische Management leitet in diesem

II Spätere Ansätze von Systemtheorie würden hier von »funktionsfähig« sprechen und den Begriff der lebenden Systeme auf Systeme mit eigener Autopoiesis beschränken.

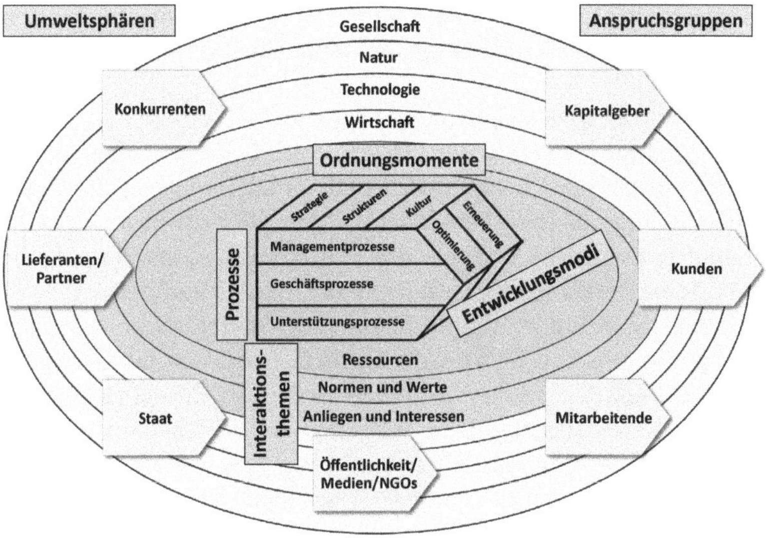

Abb. 1: Die 6 Grundkategorien des St. Galler Management-Modell nach Rüegg-Sturm 2003, S. 55

»gesatzten« Rahmen die Unternehmensziele und Geschäftsstrategien ab. Das operative Management bespielt die alltäglichen Prozesse der Mitarbeitendenführung, der finanziellen Führung und des Qualitätsmanagements.

Nach der heutigen Version des St. Galler Management-Modells (Abb. 1) ist eine Organisation eingebettet in *Umweltsphären*, die von außen nach innen zwiebelschalengleich Gesellschaft, Natur, Technologie und Wirtschaft umfassen. Dann folgt die Umgebung der relevanten *Anspruchsgruppen*: Kapitalgeber, Kunden, Mitarbeitende, Öffentlichkeit, Staat, Lieferanten und Konkurrenten. Ein wesentliches Strukturmerkmal stellen die *Interaktionen zwischen Organisation und Umwelten* sowie innerhalb der Organisation dar; sie drehen sich um Anliegen/Interessen, Normen/Werte und Ressourcen. Die *Ordnungsmomente* Strategie, Struktur und Kultur betreiben die Entwicklung der Organisation in den zwei Modi: Optimierung und Erneuerung. Um dies alles zu bewerkstelligen, braucht es *Prozesse* – Managementprozesse, Geschäftsprozesse und Unterstützungsprozesse.

Das St. Galler Management-Modell steht beispielhaft für viele deskriptive Managementmodelle, die auf die funktionale Topografie eines Organisationsdesigns abstellen. So arbeiten z. B. Verfahren für die Geschäftsprozessoptimierung mit solchen, oft von einer Beratergruppe selbst entwickelten Organisationsmodellen.

2.4.2 Das systemisch-evolutionäre Management

Auch Fredmund Malik – der bei Hans Ulrich in St. Gallen promovierte – übernimmt Beers Modell und vor allem dessen detaillierte Modellierungsanleitung und macht beides 1984 zur Basis für seine Habilitationsschrift »Strategie des Managements komplexer Systeme«. Seine Beratungspraxis ist heute noch darauf zentriert.

Malik übernimmt weitere Thesen von Stafford Beer, vor allem das Verständnis von Führung: Nicht Personen leiten die Geschicke des Unternehmens, vielmehr sind die Personen selbst eingebettet in ein Gefüge von Instrumenten, Aufgaben und Informationsnetzwerken, das jedem beim Handeln Orientierung gibt, sodass Organisationen – die »Software« eines *Viable System* vorausgesetzt – sich *selbstorganisierend* steuern würden.

Führung ist dann als *systemorientiertes Management* zu verstehen, d.h. nicht mehr als Menschenführung und auch nicht als Management im Sinne Druckers, sondern als eine neue Disziplin, die sich mit der *Gestaltung und Lenkung eines Gesamtsystems* beschäftigt und dabei vor allem die Aufgabe hat, eine – der Varietät in den Umwelten – angemessene Komplexität aufzubauen und zu managen.

Systemorientiertes Management soll sich der Prinzipien der *Kybernetik* (der Wissenschaft von der Steuerung und Regelung von Systemen) bedienen. Management ist demnach Aufgabe vieler, nicht weniger, es geht um indirektes, nicht um direktes Einwirken; dieses richtet sich auf (den Erhalt von) Steuerbarkeit, nicht auf Optimierung und verfolgt das Ziel der Maximierung der Lebensfähigkeit, nicht das der Gewinnmaximierung. Für dieses Verständnis von Management prägt Malik den Begriff »systemisch-evolutionäres Management« und stellt es dem klassischen Verständnis von Führung gegenüber, das er als »konstruktivistisch-technomorph« bezeichnet.

Als langjähriger Leiter des der Universität angeschlossenen St. Galler Management-Instituts erlangt Malik in den 1990er-Jahren Prominenz als Berater und Buchautor. Seine Explizierung des systemisch-evolutionären Managements trifft den Zeitgeist und schließt begrifflich an damalige Bestseller im deutschsprachigen Raum an – z.B. an Fritjof Capras »Wendezeit« (1983) oder an Erich Jantschs »Die Selbstorganisation des Universums« (1979) u.a.m. An den neuen

Begriff systemisch-evolutionäres Management schließen dann seinerseits renommierte Systemiker und Berater an, um systemische Theorien des Managements[12] weiterzuentwickeln. Dabei ist anfangs nur für wenige aufs Erste erkennbar, wie grundlegend sich jeweils ihr Verständnis von Systemtheorie unterscheidet, von dem sie implizit in ihren jeweiligen Beiträgen ausgehen.

Der Ansatz des systemisch-evolutionären Managements hat sich in der Folge ausdifferenziert; dabei wurde »systemisch« zum Grundwort und »evolutionär« als Tautologie fallengelassen. Während der systemische Ansatz in Beratung und Führungskräfteentwicklung Verbreitung gefunden hat, spielt Maliks Ausgangspunkt, der bis heute zentrale Bezugsbasis des Viable-system-Modells ist, kaum mehr eine Rolle. Es nimmt unter Systemtheoretikern und -theoretikerinnen eine Randstellung ein, auch weil der praktische Nutzen solch aufwendiger Modellierungen für das Design von Organisationsstrukturen – z. B. nach einem Merger – begrenzt ist. Das auf das Konsumzeitalter folgende Change-Zeitalter brachte außerdem einen *ständigen* Umbau von Organisationsstrukturen mit sich, der das Streben nach *dem* richtigen Organisationslayout obsolet machte.

2.4.3 Von TQM zu TMQ – Führung und Organisationsgestaltung als Wettbewerbsfaktor

Das damalige Grundverständnis, dass Organisationen als Regelkreise zu verstehen seien, bildet sich auch in den TQM-Preis-Modellen ab, die Ende der 1980er-Jahre in den USA und Europa entwickelt werden.

Treiber für diese TQM-Modelle ist der japanische Wettbewerbserfolg in den späten 1970er- und den 1980er-Jahren, der auf einer *radikalen Qualitätsstrategie* beruht. In einem ersten Schritt ersetzt man dort unter Anleitung von William Edwards Deming (siehe S. 16) die teure End-of-Pipe-Ausschusskontrolle der Produktion durch *effektive und beherrschte Prozesse* »von der Wiege bis zur Bahre«; *Qualitätszirkel und KVP-Teams*[13] arbeiten an der laufenden Verbesserung der Prozesse. Damit einher geht ein 14 Punkte umfassendes Managementprogramm, das u. a. die Beseitigung von Abteilungsgrenzen, die Anwendung moderner Führungsmethoden und die dauerhafte

12 Vgl. Königswieser und Lutz (1992).
13 KVP, kontinuierlicher Verbesserungsprozess.

Verpflichtung des Topmanagements zur ständigen Verbesserung von Produkten und Produktivität fordert. Nach Einführung des *Deming-Preises* 1951 bildet sich in der japanischen Automobilindustrie der TQM-Ansatz heraus: *Total Quality Management,* durchgehende, kompromisslose Qualität als Ziel der gesamten Organisation, um die Erwartungen des Kunden zu übertreffen.

1987 wird in den USA der *Malcolm Baldrige National Quality Award* eingeführt. Er bietet ein Modell mit operationalisierten Kriterien an, anhand derer ein Unternehmen sich nach einer vorgegebenen Methode selbst bewerten und von Experten bewerten lassen kann, um Verbesserungspotenziale abzuleiten. Kurz darauf entwickelt die *European Foundation for Quality Management* (EFQM) das *europäische Qualitätsmodell für Business Excellence* als Beitrag zu einer europäischen Wettbewerbsstrategie.

Das EFQM-Modell setzt einen neuen Schwerpunkt durch Gleichsetzung von TQM mit TMQ – d. h., *Total Quality Management* ist *Total Management Quality.* Diese Grundprämisse wird in einem Regelkreismodell abgebildet, in dem Vorgehensweisen des Managements als »enabler« (Befähigungsfaktoren) einer Organisation verstanden werden, die mit Ergebnisfaktoren verbunden sind. Konkret geht es darum, wie die Vorgehensweisen des Managements in der Wahrnehmung ihrer Leadership-Verantwortung, der Festlegung von Politiken und Strategien, der Gestaltung der Beziehungen zu Mitarbeitenden sowie zu Ressourcen und Partnern und die daraus abgeleitete Auslegung und Gestaltung der Organisationsprozesse sich auf Ergebnisse auswirken, und zwar auf die wirtschaftlichen Ergebnisse und die Zufriedenheit von Mitarbeitenden, Kunden und Gesellschaft.

2.5 Durch Soft Factors zu Spitzenleistungen

Mit Beginn der 1980er-Jahre beschäftigen sich Management und Unternehmensberatung zunehmend mit der Frage, warum manche Unternehmen erfolgreicher sind als andere, obwohl sie doch in ihren Strategien, Strukturen und technischen Systemen ähnlich ausgelegt sind. Die gezielte Untersuchung besonders erfolgreicher Unternehmen bringt die Bedeutung der sogenannten *»soft factors«* bzw. der *Unternehmenskultur* ans Licht. Drei richtungsweisende Ansätze sind hier zu nennen: das 7-S-Modell von McKinsey, die acht Merkmale von

Unternehmen, die Spitzenleistungen erreichten, und Edgar Scheins Theorie der Prägung und Implementierung von Unternehmenskultur durch Führung.

2.5.1 Das 7-S-Modell

John P. Kotter, Professor für Management an der Harvard Business School, bekannt für seine Arbeiten zu Leadership und Change, stellt 1978 ein empirisch abgeleitetes Modell vor, das veranschaulichen soll, wie *sieben Schlüsselelemente* zusammenwirken, um kurz-, mittel- bzw. langfristige Organisationsdynamiken zu erzeugen; diese sind: Schlüsselprozesse (Produktions-, Kommunikations- und Entscheidungsprozesse), externe Umwelten, Mitarbeitende und Vermögenswerte, formale Organisationsregelungen (Struktur, Pläne, Prozeduren), das soziale System (bestehend aus gemeinsamen Werten und Beziehungen zwischen den Beschäftigten), Technik bzw. Prozesstechnologie und schließlich die dominante Unternehmenspolitik.

Bekannt wird allerdings das *7-S-Modell* von McKinsey, ein komprimiertes Modell für die Unternehmensführung, das *sieben wettbewerbsrelevante Gestaltungsfelder* für das Management aufzeigt. Es wird Ende der 1970er-Jahre von einem Team von Beratern bei McKinsey als Diagnoseinstrument für eine Stärken-Schwächen-Bestimmung des Managements bzw. für die Bestimmung des Bedarfs für Unternehmensberatung entwickelt. Konkret geht es um die Gestaltungsfelder Strategie, Struktur und Systeme, die »harte Variablen« genannt werden, weil sie konkret beschreibbar und messbar sind. Die »weichen Faktoren« hingegen lassen sich nicht quantifizieren; sie umfassen die vier Gestaltungsfelder:

- *»style«* bzw. Unternehmenskultur (wird vom Management geprägt und entsteht in der Geschichte des Systems)
- *»staff«* (Belegschaft der Mitarbeitenden)
- charakteristische *»skills«* des Unternehmens
- *»shared values«* (geteilte Werte, Selbstverständnis, Vision des Unternehmens).

Die Leistungsfähigkeit eines Unternehmens beruhe wesentlich auf den *Soft Factors* und auf der speziellen Integration der sieben Gestaltungsfelder.

2.5.2 Die sieben Wesenselemente der Organisation

Zwischen 1970 und 1980 nehmen Fritz Glasl und Hans von Sassen Ideen aus dem 7-S-Modell, Mintzbergs Strukturmodell, dem Viable-system-Modell und weiteren Ansätzen auf, integrieren diese in den Rahmen der Anthroposophie Rudolf Steiners und entwickelten 1983 daraus ein »ganzheitliches systemtheoretisches Konzept eines Unternehmens«; als Modell der *sieben Wesenselemente der Organisation* steht es im Zentrum des Beratungsansatzes der österreichischen Trigon-Gruppe.

Diese sieben Wesenselemente sind:

1) Zuoberst die Identität, d.h. die gesellschaftliche Aufgabe, Mission, und das Selbstverständnis der Organisation
2) Politik, Strategie, Programme mit den langfristigen Festlegungen
3) die Struktur der Aufbauorganisation mit der Führungshierarchie
4) Menschen, Gruppen, Rollen, informelle Strukturen und das Betriebsklima
5) Gremien, Projektgruppen
6) Kern-, Support- und Managementprozesse
7) physische Mittel wie Maschinen, Transportmittel, Gebäude und Einrichtungen, Finanzmittel.

Die Elemente 1 und 2 bilden das *kulturelle Subsystem*, die Elemente 3 bis 5 das *soziale Subsystem* und die Elemente 6 und 7 das *technisch-instrumentelle Subsystem*. Alle Wesenselemente stehen in wechselseitigen Durchdringungen und Wirkungen und sind nicht als generisch einander nachgeschaltet zu verstehen.

2.5.3 Die Suche nach Spitzenleistungen

Zwei der Mitglieder des McKinsey-Entwicklungsteams – Richard Pascale und Tony Athos – verwenden das 7-S-Modell später (1981) als methodische Grundlage für ihr Buch »The Art of Japanese Management«. Es spürt dem japanischen Managementstil nach, der nach damaliger Auffassung typischerweise die weichen Faktoren priorisiert.

Auch die Leiter des McKinsey-Entwicklungsteams, Tom Peters und Robert H. Waterman, verwenden das 7-S-Modell als Grundlage für ihre Forschungen, nachdem sie McKinsey verlassen haben. 1982 veröffentlichen sie »In Search of Excellence« (deutscher Titel: »Auf der Suche nach Spitzenleistungen«). Es wird zu einem 6 Mio. Mal verkauften Bestseller und macht Tom Peters zu einem Managementguru.

Die Autoren finden bei 63 aufgrund ihrer Innovationen und *Spitzenleistungen* hochangesehenen US-Unternehmen aus verschiedenen Branchen acht »Grundtugenden unternehmerischen Handelns«:

1) Primat des Handelns, d. h., auftauchende Probleme werden schnell an Teams zur Lösung übergeben.
2) Kundennähe: der »Kunde ist König«.
3) Freiraum für Unternehmertum, d. h., Talente bekommen Freiräume.
4) Produktivität durch Einbeziehung der Ideen der Mitarbeitenden.
5) eine z. B. durch »Management by Wandering around« erfahrbare Unternehmensphilosophie.
6) Bindung an das angestammte Geschäft.
7) klein dimensionierte Führungsteams und einfache Strukturen.
8) Dieses Prinzip nennen die Autoren »straff-lockere Führung« und meinen damit: so wenig Führung wie nötig und so wenig Kontrolle wie möglich.

Wieder komme es auf die spezifische Mischung dieser acht Grundtugenden an, um Spitzenleistungen zu vollbringen; das wichtigste Merkmal solcher Unternehmen sei die aus festgefügten Überzeugungen erwachsende Intensität der *Firmenkultur.*

2.5.4 Leadership und Organisationskultur

Peters und Waterman wollten in ihren Untersuchungen herausfinden, welche Werte erfolgskritisch für Spitzenleistungen sind, und sprachen den Führungspersönlichkeiten selbst sehr wenig Gewicht zu. Demgegenüber beschäftigt sich Edgar Schein – Gruppendynamiker (siehe S. 28) und Begründer der Prozessberatung – 1985 genau mit der Frage, wie Führungspersonen die Kultur eines Unternehmens in typischen Entwicklungsphasen prägen.

In seiner Theorie der *Organisationskultur* vergleicht Schein die Kultur einer Organisation mit der Persönlichkeit eines Menschen: Demnach weisen auch Organisationen die Fähigkeit zum Erhalt von

Identität, Individualität, Einzigartigkeit auf. Organisationskultur vermittelt sich auf *drei Ebenen:* Sie ist manifest auf der Ebene der Artefakte wie Gebäude, Dresscode, Verhaltensmuster wie Sprachstile usw. Sie wird expliziert in Werten und Leitbildern, und sie wirkt unterhalb der Bewusstseinsschwelle in Form von mentalen Modellen, die die Mitglieder einer Organisation teilen in ihrem Verständnis von Wirklichkeit, von der Natur des Menschen und menschlichen Beziehungen, von Beziehungen zwischen Organisation und Umwelten und vom Wesen von Zeit und Raum.

Organisationskultur entsteht als ein Muster gemeinsamer Prämissen, das die Gruppe im Laufe der Geschichte der Organisation aus erfolgreichen Anpassungsleistungen und aus interner Arbeitsteilung gelernt hat und das an neue Mitglieder als verbindlich tradiert wird. Schein unterscheidet die *Basiskultur,* die in der ganzen Organisation gilt, und *Subkulturen,* die von Kohorten (z. B. »junge/alte Garde«) oder Professionsgruppen (z. B. in Controlling, HR) oder Abteilungen (z. B. Sales-Innendienst oder Sales-Außendienst) geteilt werden.

Organisationskultur ist für Schein »geronnene Führung«. Das bedeutet zum einen, dass sie wirkt wie Führung, indem sie Verhalten koordiniert, und zum anderen, dass sie wesentlich durch Führung geprägt wird. Schein unterscheidet primäre und sekundäre Mechanismen der *Kulturprägung:*

- *Sekundäre Kulturprägung* und -stabilisierung resultiert aus Aufbau- und Ablaufstruktur, Systemen und Prozeduren, Leitbildern und Organisationsphilosophien, Geschichten und Legenden über wichtige Ereignisse usw.
- *Primäre Kulturprägung* entsteht durch das Vorbildverhalten der Führungspersonen bzw. dadurch, wie diese von Organisationsmitgliedern beobachtet werden. Konkret geht es dabei darum, wie Führungskräfte auf Krisen reagieren, wie sie knappe Ressourcen verteilen, wie sie Mitarbeitende rekrutieren, auswählen, befördern oder aus der Organisation ausschließen, und generell um die Themen, denen Führungskräfte Aufmerksamkeit geben.

Primäre Kulturprägung ist ungleich wirkungsvoller, sekundäre Kulturprägung kann nur unterstützen, aber die primäre nicht ersetzen.

Einflussgrößen für die primäre Prägung der Organisationskultur durch Führungskräfte nach Edgar Schein:

- worauf leitende Führungskräfte achten, was sie regelmäßig in Beobachtung halten, messen, kontrollieren
- wie leitende Führungskräfte auf kritische Ereignisse und Krisen der Organisation reagieren
- beobachtbare Kriterien, nach denen leitende Führungskräfte knappe Ressourcen allokieren
- bewusstes Vorbildverhalten, Mentoring und Coaching von Untergebenen
- beobachtbare Kriterien, nach denen leitende Führungskräfte Organisationsmitglieder rekrutieren, auswählen, befördern oder aus der Organisation ausschließen.

Das Verhalten der Leader und die Kultur verändern sich in unterschiedlichen *Reifungsphasen* in typischer Weise, wobei organisationskulturelle Dynamiken für Schein letztlich ein Abbild von Gruppendynamiken sind. In seinem Buch »Organizational Culture and Leadership« unterscheidet er 1985 drei Entwicklungsphasen der Organisation, in denen Führung und Organisationskultur jeweils unterschiedlich zusammenwirken:

1) Im Modus von *Gründung und früher Entwicklung* prägt die Persönlichkeit des Gründers, insbesondere seine Werthaltungen, die Organisation. Er trifft alle wesentlichen Entscheidungen über Personen, Produkte und Kundenbeziehungen. Seine ersten Personalentscheidungen holen Menschen an Bord, die sein Vertrauen haben und meist dieselben Werte vertreten. In der Pionierphase mit ihrem Alles-ist-möglich-Spirit, vielen Erfolgserlebnissen und schnellen Rückmeldungen vom Markt lässt sich gut beobachten, wie die sich herausbildende Kultur zur Quelle der Identität und Energie des Unternehmens wird.
2) Die Phase der *Lebensmitte* wird häufig dadurch eingeleitet, dass ein General Manager von außen als CEO bestellt wird. Es entsteht eine psychologische Distanz zum Gründer; das auf Zeit bestellte Management hat weniger Freiräume und kann weniger prägen. Mit Größenwachstum und der Ausdifferenzierung von Funktionsbereichen wie Marketing, Controlling, Personal

usw. entstehen Subkulturen, die die Basiskultur verwässern. Das Gefühl für Identität kann verloren gehen.

3) In der Phase von *Reife und Niedergang* sind die Beziehungen zwischen Organisation und Umwelten wichtiger als die internen Dynamiken. Strukturen, Prozesse, Riten und Werthaltungen sind eingespielt. In diesem Modus prägt die Organisation ihre Führungspersonen mehr als Führungspersonen ihrerseits die Organisation prägen können. Wenn die Kultur sich nicht erneuert, kann sie zur Erstarrung und Lähmung des Unternehmens führen und zur Last werden.

Da in jeder dieser Lebensphasen der Organisation andere Stellgrößen für Führung und Unternehmenskultur gelten, muss auch *geplanter* Kulturwandel jeweils andere Strategien für Interventionen verfolgen.

2.5.5 Dynamische Unternehmensentwicklung in den Lebensphasen der Organisation

Einen ähnlichen Zugang stellen Friedrich Glasl und Bernard Lievegoed (posthum) 1993 im Buch »Dynamische Unternehmensentwicklung« vor. Sie entwickeln ein Modell weiter, das Lievegoed bereits 1974 als Leiter des niederländischen NPI (Institut für Organisationsentwicklung) in seinem Buch »Organisationen im Wandel« dargestellt hatte. Von 1967 bis 1985 arbeitete Fritz Glasl dort mit ihm zusammen, gemeinsam entwickelten sie ein Modell typischer Entwicklungsphasen und -sprünge von Organisationen, die so Herausforderungen immer höherer Komplexität integrieren können und jeweils andere Führungslogiken aufweisen. Das frühe Modell mit den drei Entwicklungsstadien Pionierphase, Differenzierungsphase und Integrationsphase wird später von Glasl ergänzt um die Assoziationsphase:

- In der *Pionierphase* haben die Gründerpersönlichkeiten eine klare Vision, wozu das Unternehmen da sein soll; sie führen es in einem charismatisch-autoritären Stil, der hohe Zustimmung findet. Direkte und intensive Kontakte zu Kunden und Kollegen, hohe Kundenorientierung und die hohe Identifikation der Mitarbeitenden machen das Unternehmen zu einer verschworenen Aktionsgemeinschaft, die wie eine große *Familie* anmutet. Bei anhaltendem Wachstum kommt es zur Überlastung der Gründer, zu Entscheidungsstau, Intransparenz, Willkür und zu Unselbstständigkeit der Mitarbeitenden.

- Diese Turbulenzen leiten die *Differenzierungsphase* ein, in der das Unternehmen sich als Apparat bzw. *Maschine* versteht; Transparenz, Nachvollziehbarkeit durch Verschriftlichung, Systematik und Steuerbarkeit stehen im Vordergrund. Führungsebenen werden eingezogen, Funktionen wie Verkauf und Marketing, später auch Supportfunktionen wie Controlling, IT usw. ausdifferenziert und professionalisiert, Stellen mit Fachleuten besetzt. Auch die Differenzierungsphase kann sich durch den eigenen Erfolg in die Krise führen: Bürokratische Überregulierung, Kommunikationsbarrieren durch Abteilungs-Eigensprachen als Folge der Spezialisierung führen dazu, dass die Mitarbeitenden das Gemeinsame aus den Augen verlieren.
- Diese Turbulenzen leiten wiederum die *Integrationsphase* ein, in der sich das Unternehmen als *Organismus* versteht. Führung richtet sich auf den Sinn und Zweck des Unternehmens, auf die »Mission« aus; man sucht Gespräche, Klärungen, Vereinbarungen und strukturiert sich entlang von flexiblen, Kundennutzen stiftenden Prozessen, die den Mitarbeitenden dezentral ganzheitliche Verantwortung zuspielen. Auch diese Phase kann zur Krise führen, wenn sich die Organisation zu sehr auf die Beziehungspflege in der Innenwelt konzentriert.
- In der *Assoziationsphase* versteht sich das Unternehmen als Teil eines *Biotops*. Es reduziert die eigene Wertschöpfungstiefe und stellt sich mit anderen Unternehmen in organisationsübergreifenden Wertketten und länderübergreifenden Netzwerken auf. In der Folge gilt es, vielfältige, differenzierte Beziehungen zu zahlreichen Stakeholdern zu pflegen. Auch dieser Funktionsmodus birgt bei langer Ausprägung das Risiko krisenhafter Entwicklungen – z. B. in Form von unüberschaubaren Abstimm- und Transaktionsprozessen oder internen Zielkonflikten.

Ähnlich wie Schein leitet Glasl für jedes Entwicklungsstadium typische entwicklungsfördernde Interventionsschwerpunkte für die Organisationsberatung ab. Im Rahmen seines anthroposophischen Modells der sieben Wesenselemente der Organisation verläuft die Organisationsberatung in einer »U-Prozedur« mit einer Abfolge von sieben Basisprozessen: Um den Ist-Zustand zu erfassen, erkundet man auf dem absteigenden Ast des U erst das technisch-instrumentelle, dann das soziale und schließlich das kulturelle Subsystem. Auf die

Diagnose folgt die Frage an die Unternehmensleitung: Was wollen wir? Nach der Festlegung der Veränderungsziele geht es den Weg wieder hinauf, um schrittweise das kulturelle Subsystem, das soziale und schließlich das technisch-instrumentelle Subsystem zu verändern.

2.6 Management oder Leadership?

Gegen Ende der hier abgesteckten Zeitspanne des Konsumzeitalters, ab ca. Mitte der 1980er-Jahre, sind MbO und Druckers Managementverständnis in alle großen bzw. erfolgreichen Unternehmen eingezogen. Nun beginnt ein Diskurs über etwas, das bei Führung spürbar fehlt bzw. fasziniert, wenn es da ist. Er kreist bald eng um die Dichotomie zwischen Management und Leadership und um die Polarisierung zwischen transaktionalem versus charismatischem oder transformationalem Leadership.

Mit den nun folgenden *New-Leadership-Ansätzen* beginnt einerseits eine Welle verkürzender populärwissenschaftlicher Managementliteratur, andererseits löst insbesondere der Diskurs um charismatische und transformationale Führung in den folgenden Jahren eine Fülle von Studien aus und macht Leadership zu einer wissenschaftlichen Disziplin.

2.6.1 Manager oder Leader – zwei grundverschiedene Menschentypen

1977 veröffentlicht der Harvard-Professor und Psychoanalytiker Abraham Zaleznik seinen bahnbrechenden Artikel »Manager and Leaders: Are they Different?« Er beantwortete seine Frage mit einem klaren Ja.

Manager und *Leader* unterscheiden sich nach Zaleznik grundsätzlich in ihrer Persönlichkeit und Motivation, ihrer Geschichte, ihren Einstellungen und Verhaltensweisen. In Stereotype zusammengefasst: Leader bevorzugen wie Künstler Chaos und wenig Struktur, wohingegen Manager sich als Problemlöser verstehen und Ordnung und Kontrolle suchen.

Konkret fokussieren Manager auf Ziele und auf den Prozess, statt auf das Was, sie *reagieren*. Leader *agieren*, sie positionieren sich persönlich, lösen Emotionen und Erwartungen aus. Manager streben bei der Aushandlung von Interessen risikovermeidende Kompromisse an; Leader gehen *Risiken* ein, um ihre Ideen voranzubringen. Manager bleiben in der Zusammenarbeit mit Menschen wenig emotional involviert; die Mitarbeitenden erleben sie mitunter als undurchschaubar, abgehoben und manipulativ. Leader fühlen sich eher zu Ideen als zu Menschen hingezogen. Sie gestalten ihre *Beziehungen* direkt, intuitiv, empathisch und werden von ihren Mitarbeitenden emotional aufgeladen mit Liebe bis Hass beschrieben.

Manager fühlen sich als Teil der Organisation und ziehen ihr *Selbstschema* daraus, die bestehende Institution zu stärken und deren Fortbestand zu sichern. Leader fühlen sich als Menschen grundsätzlich von ihren Umwelten und der Organisation abgespalten. Sie beziehen kein Selbstgefühl aus Mitgliedschaften und sozialen Indikatoren von Identität. Ihr Selbstgefühl resultiert aus der persönlichen *Bewältigung von Krisen* und dem ständigen Bemühen, menschliche, ökonomische und politische Verhältnisse tiefgehend zu *prägen*. Die Gründe dafür sieht Zaleznik in der Biografie: Das Leben typischer Leader ist geprägt von Brüchen und dem ständigen Kampf, Richtung zu finden. Schon als Kinder erleben sie sich oft als andersartig und isoliert. Sie sind stark mit ihrem Innenleben beschäftigt und entwickeln eine Eigenständigkeit und Talente, die, verbunden mit Leistungs- und Erfolgserwartungen, den Wunsch wachsen lassen, etwas Herausragendes zu erreichen. In Schule und Studium weisen sie oft keine besonderen Leistungen auf; ihre Selbstabsorption und ihre Träumereien schmälern ihre Aufmerksamkeit für alltägliche Dinge.

Nach Zaleznik hat das Business mit dem Manager eine neue Gattung von Leadership hervorgebracht, die er *»collective leadership«* nennt. Er demontiert den Mythos, dass Menschen am besten von Peers, d. h. in Gruppen, lernen, und sagt, dass Gruppenkontexte auch Angst vor Bewertung und Demütigung transportieren, die autoritative Einflussnahme unter Gleichrangigen sanktionieren und durch Gruppen- und Konformitätsdruck individuelle Initiativen und die damit verbundene nötige Aggression knebeln. Durch die leistungsnivellierende Wirkung dieser Art von *collective leadership* gehen der Organisation essenzielle Leadership-Elemente – Inspiration, Vision und Leidenschaft – verloren, die für den Erfolg von Unternehmen unverzichtbar seien. Leader geben der Organisation die eigentliche Ausrichtung. Sie schaffen ein Reizklima, das Motivation und unvorhergesehene Ergebnisse ermöglicht.

Steve Jobs, der zur Zeit des Erscheinens von Zalezniks Artikel gerade in der Garage seiner Adoptiveltern (mit Steve Wozniak) den ersten Apple Computer baute, hätte sich durch Zalezniks Profil des hochbegabten Anarchisten wohl gut getroffen gefühlt.

2.6.2 Charismatic Leadership als besondere Beziehung zwischen Leadern und Geführten

Mit Beginn der 1970er-Jahre versucht eine Reihe von Studien, das Außergewöhnliche am Leadership herauszuarbeiten, zu verstehen und zu messen; sie knüpfen dazu direkt oder indirekt am Begriff des Charisma an.

Antonakis (2012) führt aus, dass schon Aristoteles in seinem Werk »Rhetorik« die Grundlagen für das Verständnis von Charisma und *charismatischer Führung* – und damit das Grundverständnis von Führung, Ethik und Staat in der westlichen Welt – gelegt hat. Aristoteles sagte, dass ein Führer kreative *kommunikative Mittel* einsetzen müsse, um das Vertrauen seiner Gefolgsleute zu gewinnen; dazu muss er mit *Pathos* Gefühle aufrühren, mittels der eigenen Persönlichkeit mit *Ethos* eine moralische Perspektive vermitteln, und mit *Logos* wohlüberlegt argumentieren.

In der Regel wird der Begriff Charisma bzw. *charismatische Herrschaft* 1922 dem Soziologen Max Weber zugeschrieben, der sie von traditionaler und rationaler Herrschaft abgrenzte. Nach Weber tauchen charismatische Führer in Zeiten von psychischer, physischer, wirtschaftlicher, ethischer, religiöser oder politischer Bedrängnis auf. Charismatische Führer haben nach Max Weber das Potenzial, sozialen Wandel herbeizuführen; ihnen werden außergewöhnliche bis übermenschliche Fähigkeiten zugesprochen. Charismatische Führung bezeichnet eine besondere Beziehung zwischen Führer und Geführten. Sie bezieht ihre Autorität im Kern aus einem emotionalen Weckruf, dem eine revolutionäre, alle bestehenden Werte transzendierende Einstellung zugrunde liegt. Diese lässt den Herrscher mit traditionellen Normen und rationalen Kriterien brechen und führt dazu, dass die Geführten freiwillig und mit höchster persönlicher Hingabe das eigene Schicksal in dessen Hände legen.

1973 publiziert James V. Downton seine Untersuchungen über die Funktionen und das Wesen von Revolutionsführern unter dem Aspekt der Beziehungsgestaltung zwischen Führern und Geführten. Er unterscheidet drei Beziehungstypen: *»transactional«*, *»charismatic«* und *»inspirational leadership«*:

- *Transactional Leadership* beschreibt den Austauschprozess, der, ähnlich wie vertraglich geregelte Beziehungen in der Wirtschaft, auf dem guten Glauben der Beteiligten beruht. Bei *»positive transaction«* bekommen die Geführten Belohnungen für Erfolg; bei Nichterfüllung der Anforderungen folgt *»negative transaction«*.
- *Charismatic Leadership* beruht auf den transzendierenden Idealen und der Autorität der Führer; beides fördere die Identifikation der Geführten mit dem Führer und stärke das beiderseitige Vertrauen.
- Durch *inspirational Leadership* werden Vertrauen und Commitment noch weiter gesteigert. Der Führer ist überzeugend, ermutigt die Geführten, für Ideale Opfer zu bringen und kreiert Sinn von Handlungen, der über den charismatischen Weckruf hinausgeht. Inspirational Leadership züchte keine Abhängigkeit der Geführten vom Führer, vielmehr müsse der Führer die Weltsicht der Geführten immer symbolisch mitführen, damit ein Engagement entsteht. Darin liege der Kernunterschied zwischen *inspirational* und *charismatic Leadership*.

Schließlich empfiehlt Downton, dass alle Quellen von Leadership – ob transaktional, inspirational oder charismatisch – in unterschiedlichem Maß kombiniert eingesetzt werden sollen.

Vier Jahre später präsentiert Robert House (1977) eine integrierte Theorie des *charismatischen Leaderships*, die beschreibt, mit welchen Prozessen Leader Einfluss nehmen und über welche Persönlichkeitsmerkmale sie verfügen. Er führt konkrete Verhaltensausprägungen an und schlägt vor, diese zu messen.

Er zeichnet dabei folgendes *Profil* eines charismatischen Leaders: Dieser ist von seinen Fähigkeiten und denen der Geführten überzeugt und setzt hohe Erwartungen in sich und andere, verbunden mit der Überzeugung, dass diese erfüllt werden. Durch sein großes Selbstvertrauen, seine moralische Überzeugungskraft und seine Bereitschaft, selbst sichtbar Opfer zu bringen, schärft er sein Image und die Selbstvermarktung. Er wird zum Rollenmodell und Identifikationsobjekt der Geführten, die seinen Idealen nacheifern und begeistert, inspiriert und motiviert sind, herausragende Leistungen zu erreichen. Basis der charismatischen Austauschbeziehung seien emotionale Interaktionen, im Zuge derer der Führer kraft persönlicher Fähigkeiten Motive der Geführten aktiviere.

2.6.3 Transactional versus transforming Leadership

Als Begründer der *Leadership Studies* gilt der Politikwissenschaftler James MacGregor Burns. 1978 überträgt er mit seinem Buch »Leadership« viele seiner Erkenntnisse und Erfahrungen aus seinen Studien über US-Präsidenten auf Organisationen.[14] Nach Burns ist Leadership keine einseitige Manipulation von Menschen, sondern eine *Handlungsstruktur,* die sich auf allen Ebenen und in allen Gesellschaftsschichten immer dann finden lässt, wenn Personen mit bestimmten Motiven und Zielen – im Wettbewerb oder Konflikt mit anderen – institutionelle, politische, psychologische und andere Ressourcen mobilisieren, um die Motivation von Anhängern zu entfachen, anzufeuern und zu befriedigen.

Dabei geht es im Grunde um reziproke Austauschprozesse, die für Burns immanent mit Moral verbunden sind: *Moralische Führung* entstehe aus den fundamentalen Wünschen und Bedürfnissen, Bestrebungen und Wertvorstellungen der Anhänger, die diese als eine eigene Kraft auf Ziele hinsteuern.

Nach Burns kann die Austauschbeziehung zwischen Führern und Geführten entweder nach dem Modus des *transaktionalen* oder nach dem des *transformierenden*[15] Leaderships erfolgen, eine Dichotomie, die er von Downton übernimmt. Dabei sieht er die beiden Stile als Anfang und Ende derselben Dimension, d. h., Leadership umfasst in seiner Definition auch transaktionale Führung.

Transaktionale Führung basiert auf einer reziproken Beziehung, die sich aus dem Tausch von Belohnungen materieller und nicht materieller Art gegen Leistung ergibt. Transaktionale Führer geben Ziele vor, kontrollieren Strukturen und Prozesse, lösen Probleme und erzielen Ergebnisse.

Transformierende Führung liege vor, wenn Führer und Geführte in ihrer reziproken Austauschbeziehung so zusammenwirken, dass sie einander zu höherer Motivation und Moral verhelfen, was sie als erhebend, inspirierend, beflügelnd erleben. Burns spricht sogar von *moralischem* Leadership, das dann vorliege, wenn die Austauschbeziehung auf beide, den Führer wie den Geführten, transformierend

14 James MacGregor Burns hatte u. a. in der Präsidentschaftskampagne von John F. Kennedy mitgearbeitet und sich selbst mehrfach um politische Ämter beworben.

15 In seinem Hauptwerk »Leadership« (1978) verwendet Burns beide Bezeichnungen, »transforming« und »transformational«, offenbar synonym, letztere taucht nur selten auf.

wirke, indem sie ihrer beider Verhalten und ihren ethischen Anspruch auf eine höhere Ebene hebe.

Transformierendes Leadership sei eine dynamische Handlungsstruktur, die über den Kontext des unmittelbaren Austauschs hinauswirke: Wenn die Geführten sich erhöht fühlen, werden sie in der Folge oft selbst aktiver, sodass eine neue Führungsgeneration entstehe – auch dieser Gedanke findet sich schon bei Downton. Wenn er von »erhöhen« bzw. »höheren« Stufen spricht, referenziert Burns auf Maslows Pyramide der menschlichen Bedürfnisse und auf Kohlbergs *sechs Stufen moralischer Entwicklung*. Gemeint sind insbesondere Kohlbergs »postkonventionelle« Entwicklungsstufen moralischer Reife, bei deren Erreichen man gesellschaftliche Normen hinterfragt und selbst gewählten moralischen Prinzipien folgt.

2.6.4 Transformationales Leadership im Full Range Leadership Model

Burns Schüler, Bernhard Bass, entwickelt 1985 dessen Ansatz weiter. Er wählt den Begriff *transformationales Leadership* (Burns: transformierendes Leadership) und entwickelt ein integriertes Modell – das *Full Range Leadership Model* (FRLM).[16] Ausgangspunkt dafür sind die Thesen, dass transformationales und transaktionales Leadership jeweils wichtige Funktionen hinsichtlich der Bedarfe der Organisation erfüllen und es auf die richtige Mischung von beiden ankomme.

Bass sieht drei *Wirkungen* transformationaler Führung auf Geführte: Die Schärfung des Bewusstseins für Bedeutung und Wert der Aufgabe, die Fokussierung auf Team- bzw. Organisationsinteressen statt persönlicher Interessenverfolgung, die Aktivierung ihrer – in der Maslow-Pyramide – höheren existenziellen Bedürfnisse. Im Unterschied zu Burns sieht Bass transformationale Führung nicht mit moralisch höheren Werten verbunden, sondern als einen von Moral unabhängigen Interaktionsstil.

Das FRL-Modell umfasst anfänglich sieben Faktoren und gliedert sich nach ständiger Weiterentwicklung – gemeinsam mit Bruce Avolio – heute in neun *Faktoren* (siehe den Kasten unten): *Vier* sind in der Dimension *»transformational leadership«* zusammengefasst: *»idealized influence«*, *»inspirational motivation«*, *»intellectual stimulation«* und *»individualized consideration«* und *drei* in der Dimension

16 https://en.wikipedia.org/wiki/Full_Range_Leadership_Model [Zugriff: 24.02.2023].

Das Full Range Leadership Model von Bass

Faktoren transformationalen Leaderships:

- »*Idealized influence*«: Emotionale Basis der Leadership-Beziehung, die Führungskräfte befähigt, Kraft ihrer Persönlichkeit tiefgehende und außergewöhnliche Wirkungen auf andere auszuüben; beinhaltet symbolische Führung über Bilder und Metaphern von einer besseren Zukunft; bei Geführten entsteht emotionale Bindung, Vertrauen, Bewunderung, Loyalität, Respekt und Arbeitsmehreinsatz; ihre Zielsetzungen verlagern sich von Sicherheitsstreben auf Leistungsstreben. Sie idealisieren ihre Führungskräfte und sehen sie als Rollenmodelle, die Sinn vermitteln und die ethisch-moralischen Implikationen ihrer Entscheidungen berücksichtigen.
- »*Inspirational motivation*«: Inspiration und Motivation der Geführten, ambitionierte Ziele zu verfolgen, die sie vorher nicht für erreichbar gehalten hätten. Die Führungskraft kommuniziert ihre Zuversicht, dass Mitarbeitende diese Ziele erreichen können, hebt deren Erwartungen und Teamgeist und setzt eine sich selbst erfüllende Prophezeiung in Gang.
- »*Intellectual stimulation*«: Die Führungskraft appelliert an den Intellekt, sorgt für Problembewusstsein und Problemlösungen in Bezug auf Gedanken, Vorstellungsvermögen, Glaubenssätze und Werte, Gewohnheiten und Stereotype. Die Geführten verändern Problemwahrnehmung und -konzeptualisierung. Durch Einbeziehung in den Problemlösungsprozess sind sie zu Performance-Verbesserung und Zielerreichung motiviert.
- »*Individualized consideration*«: Führungskräfte geben ihren Mitarbeitenden als Coaches oder Mentoren individuell Aufmerksamkeit und Entwicklungsunterstützung.

Faktoren transaktionalen Leaderships:

- »*Contingent reward*«: Belohnungen für vereinbarte bzw. erwünschte Resultate auf Basis geklärter Rollenbeziehungen. Die Führungskraft setzt den Mitarbeitenden Ziele, unterstützt sie bei der Umsetzung und lobt die Zielerreichung anerkennend oder belohnt in Form anderer emotionaler und ökonomischer Austausche.
- »*Management by exception*«: ist eine negative Transaktion auf eine Abweichung von Normen oder vereinbarten Transaktionen. Ein aktives Management by exception hält Ausschau nach Abweichungen, ein passives Management by Exception greift erst nach Eintritt von manifesten Abweichungen ein.
- »*Laisser-faire-Leadership*«: Fehlen von Leadership, Führungspersonen positionieren sich nicht, treffen keine Entscheidungen, danken als Autoritäten ab.

»transactional leadership«: »contingent reward«, »management by exception«, »Laisser-faire-Leadership«.

Mit dem FRL-Modell geht der *Multifactor Leadership Questionnaire* (MLQ) einher, ein Fragebogen, der die Austauschprozesse zwischen Führenden und Geführten in mehr als 140 Items operationalisiert. Bass und Avolio knüpften damit an die langjährige US-Tradition der Fragebögen zum Leadership-Verhalten an. Der MLQ macht Leadership konkret beobachtbar und messbar; es gibt ihn als Selbst- und als Fremdbewertungsinstrument. Dieses Tool hat in den folgenden Jahren die Entwicklung einer Reihe weiterer Tools zur Operationalisierung und Beobachtung von Leadership ausgelöst.

Den Anspruch von Bass und Avolio, mit ihrem FRL-Modell die Spannweite aller Führungsfunktionen abzubilden und mit dem MLQ zu messen, schränken Antonakis und House (2014) ein. Sie weisen darauf hin, dass Funktionen des *»instrumental leadership«* fehlen. Das sind Führungsaufgaben wie die laufende Beobachtung der internen und externen Umwelten, die Festlegung der strategischen und operativen Ziele und das Performance-Feedback. Ergänzend könnte man anführen, dass sich die New-Leadership-Ansätze generell auf den Kontext der Mitarbeitenden-Führung beschränken und den Aufgabenbereich der Gestaltung der Organisation außer Acht lassen.

Die Vorhersagevalidität des MLQ ist wiederholt in Literaturanalysen bestätigt worden. Das betrifft speziell den Zusammenhang zwischen transformationalem Leadership und Führungserfolg, gemessen an Umsatzwachstum, Rentabilität, Teameffektivität, Change-Management, Innovationsrate oder Mitarbeiterzufriedenheit.

2.6.5 Die Dinge richtig tun oder die richtigen Dinge tun

Einen populärwissenschaftlichen Verschnitt und Aufguss all dieser Ansätze liefert 1985 Warren Bennis, Gruppendynamiker der ersten Stunde, Vertreter des Human-Relations-Ansatzes, Berater von vier US-Präsidenten und selbst als stellvertretender bzw. Universitätspräsident in jahrelanger Führungsverantwortung. Bennis ist bekannt für seinen Spruch: »Managers are people who do things right, while leaders are people who do the right thing«, der mit dem von Peter Drucker fast identisch ist: »Management is doing things right; leadership is doing the right things.«

Bennis schmückt die *Dichotomie von Managern und Leadern* zu einer hochnormativen Polarisierung aus: Der Manager ist eine Kopie, die verwaltet, sich auf Systeme und Strukturen konzentriert, kurzfristig denkt, den Status quo akzeptiert und mit dem Blick auf die Bilanz nur »Wie?« und »Wann?« fragt. Der Leader ist das Original, er gestaltet, konzentriert sich auf Menschen, denkt langfristig, fordert – den Blick auf den Horizont gerichtet – den Status quo heraus; er fragt »Was?« und »Warum?«. Kurz: Der Manager ist der klassische gute Soldat, der, um Wirkung zu erzielen, auf Kontrolle angewiesen ist, wohingegen der Leader ganz er selbst ist und bei den Geführten wie von selbst Vertrauen erweckt.

1985 veröffentlicht Warren Bennis zusammen mit Burt Nanus das Buch »Leaders«, in dem sie die Ergebnisse aus Interviews mit 90 US-amerikanischen Führungspersönlichkeiten aus allen gesellschaftlichen Bereichen präsentieren. Die Quintessenz daraus: Es gibt weder den perfekten Führungsstil noch spezifische Eigenschaften erfolgreicher Führungspersönlichkeiten. Gemeinsam sind diesen aber die Fähigkeit zur Beherrschung vorhandener Unordnung und vier *Schlüsselstrategien:* Aufmerksamkeit erzielen mit einer Vision, Sinn durch Kommunikation vermitteln, Vertrauen wecken und die eigene Persönlichkeit entfalten im Korridor von Selbsterkenntnis, Risikobereitschaft, Engagement und Ausdauer.

Für Bennis ist Führungsqualität die Fähigkeit, eine überzeugende *Vision* zu entwerfen, sie in Handlungen umzusetzen und an ihr festzuhalten. Führungspersönlichkeiten sind Ideenmenschen, Leute, die Konzepte entwickeln. Wenn sie Menschen das Gefühl geben, im Mittelpunkt zu stehen und einen wesentlichen Beitrag zum Erfolg des Unternehmens zu leisten, und sich die Menschen dann in ihrer Mitte, erleben und ihrem Job Sinn geben, können Leader als »soziale Architekten«, Organisationen verändern. Wie wird jemand zum Leader? Indem er oder sie sich im Leben voll ausdrückt und verwirklicht und wenn die eigenen Selbstentäußerungen für andere wertvoll sind.

Bennis steht für ein Genre populärwissenschaftlicher Leadership- und Selbsthilfeliteratur, die mit Stereotypisierungen arbeitet, stark appellativen, normativen bis missionierenden Charakter hat und grundsätzlich zur *Heroisierung von Leadership* neigt. Ein anderer Vertreter dieses Genres ist z. B. der Mormone Steven Covey (1989), damals Bestsellerautor für Selbsthilfebücher, dessen Zusammenbindung der Themen Effektivität und Leadership ein merkwürdiges Amalgam von ingenieurtechnischem Ansatz und heroischem Management darstellt, das zeigt, was beim Thema Leadership alles möglich ist und wie viele Trittbretter es zum Mitfahren anbietet.

2.6.6 Management und Leadership als komplementäre Handlungssysteme

13 Jahre nach Zaleznіks Artikel, veröffentlicht John Kotter 1990 in seinem Artikel »What Leaders Really Do« seine Kernthese: Die meisten US-Konzerne seien *»overmanaged«* und *»underled«*. Die wahre Herausforderung für ein Unternehmen bestehe darin, die richtige Mischung zwischen Leadership und Management zu finden, denn beides seien unterschiedliche und einander *komplementierende* Handlungssysteme.

Organisationen benötigten *Management,* um durch Planung, Budgetierung, Organisieren, Personalallokation, Kontrolle und Problemlösungen Komplexität zu bewältigen. Sie benötigten *Leadership,* um Wandel zu bewältigen durch Richtungsvorgabe, Inspiration, Motivation und *»Alignment«* (Koordinierung) der Menschen. Leadership vermittle Teilhabe an großen Visionen und Energie und erfülle damit grundlegende menschliche Bedürfnisse nach Erfolg, Zugehörigkeit, Anerkennung, Selbstachtung, Autonomie und Ausleben der eigenen Ideale. All dies löse starke Emotionen und Reaktionen aus.

Typisch für Leader sei ein hoher Energielevel, ein starker innerer Antrieb, die chronische Unzufriedenheit mit dem Stand der Dinge, hohe kommunikative Fähigkeiten, emotionale Stabilität und Integrität. Was tun Leader? Sie schließen an die Werthaltungen ihrer Mitarbeitenden an und involvieren diese bei Entscheidungen, wie eine Vision umzusetzen ist. Sie unterstützen durch Hilfestellung, Feedback und als Rollenmodelle, damit Mitarbeitende wachsen und sich entwickeln können, um schließlich selbst vielfältige Leadership-Rollen einzunehmen. So wird Leadership schließlich zu einer Wirkung auf allen Ebenen der Organisation, zu einem starken *informellen Netzwerk.*

Kotter spricht sich gegen die Mythologisierung von Leadership aus und sieht die wichtigste Aufgabe von Organisationen darin, eine *Kultur von Leadership* zu schaffen.

2.7 Fazit: Führung im Konsumzeitalter

Das Konsumzeitalter hat das Management erfunden und sophistiziert. Es hat Entscheidungsfindung als einen Operations-Research-Prozess konzipiert und immer kompliziertere Methoden der Zukunftsplanung, immer ausgefeiltere Organisationslayouts hervorgebracht. Jede Organisation – in Wirtschaft, Verwaltung und im Non-Profit-Bereich – verfügt heute mindestens über Strukturen für Marketing, Planung und Controlling mit Budgetierung und Reporting; jede Organisation wird mit dem Regelkreis des MbO geführt.

Einhergehend mit der ubiquitären Verankerung des MbO in Organisationen hat sich bis heute bei Führungskräften ein mächtiges mentales Modell etabliert: Es besagt, dass jegliche Problemstellung nur gut genug in SMARTe Ziele (siehe S. 35) herunterzubrechen sei, um abgearbeitet werden zu können, dass deshalb die Zielvorgabe die Hauptaufgabe von Managern sei und dass die Zielerreichung ein über die Zeit stetiger, linearer Prozess, den man jederzeit überprüfen könne und solle, um zu sehen, ob Mitarbeitende auf Kurs sind oder eine Soll-Ist-Abweichung auszusteuern sei.

Diesem mentalen Modell sind Prämissen hinterlegt: dass auch die Verhältnisse stetig seien, dass es ohne operationalisierte Ziele keine Erfolgsentwicklung gäbe, dass ein einmal gesetzter Kurs beizubehalten und kleine Abweichungen möglichst schnell auszubügeln seien. Die wichtigste implizite Prämisse ist die, dass der – natürlich ebenfalls stetige – Fortschritt, grundsätzlich alles machbar machen, alle Probleme lösen wird.

Wie viel Ideologie und welche *Hybris* hinter dem Führungsverständnis des Konsumzeitalters liegt, wird spätestens in Peter Druckers Aussage deutlich, dass General Manager die neue Führungskaste seien, die das Wohl der Gesellschaft gewährleisten und damit wohl Politiker substituieren können sollen.

Was die Praxis des Managements betrifft, die am Ende des Konsumzeitalters in allen Organisationen implementiert ist, präsentiert Henry Mintzberg 2004 mit seinem Buch »Managers, not MBAs« eine schonungslose Kritik. Demnach vermitteln übliche MBA-Ausbildungen eine *Business-Weltanschauung*, einen vom Sein und Tun losgelösten Instrumentenkasten und die Hybris, ein Unternehmen lasse sich in Form von schnellen, auf Zahlen und Papier beruhenden Entscheidungen führen. Dies führe einerseits zu einem buchhalterischen, andererseits zu einem abgehobenen, *heroischen* Managementstil, der annimmt, Organisationen bestünden aus berechenbaren Problemstellungen. Dieser Managementstil blende soziale und menschliche Aspekte, die Geschichte, die Kultur der Organisation und den gesellschaftlichen Kontext aus. Dies führe – so Mintzberg – zu einer gefährlichen Mischung von analytischer Brillanz mit sozialer Inkompetenz, zu einer Haltung, die einen *korrumpierenden, entmenschlichenden Effekt* auf Führungspraktiken, Organisationen und soziale Institutionen habe. Besonders gefährlich werde dieses Verständnis von Führung – das sich ja als allgemeingültig versteht –, wenn es aus der Welt der Wirtschaftsunternehmen auf staatliche und soziale Einrichtungen übertragen werde. Dann werde es schlicht zu einer Bedrohung der Gesellschaft.

Die Leadership-Ansätze des Konsumzeitalters sprechen Bände über Hybris und Heroisierung: zum einen hinsichtlich der Legitimität, die sie ganz selbstverständlich der Vereinnahmung der Mitarbeitenden durch den Führer einräumen, der zum Zwecke einer nebulösen Transzendenz ungeniert auf Emotionen, Leistungsbereitschaft, Moral und Spiritualität anderer Menschen übergreifen soll; zum anderen durch die Akribie, mit der sie solche interaktiven Prozesse des Übergreifens und Überantwortens von Einfluss in ingenieurwissenschaftlicher Tradition parametrisieren und messen wollen.

Schon die Unbefangenheit, mit der die akademische Forschung und Lehre an das Thema des charismatischen Führers herangingen, lösen bei vielen Europäern wohl Verwirrung und Beklemmung aus. Welchen unglaublichen Boom diese Ansätze im Change-Zeitalter (siehe nächstes Kapitel) erleben sollten und wie unkritisch sie bald in heimischen HR-Abteilungen als rahmensetzend für die eigene Führungskräfteentwicklung übernommen wurden, mag nur mehr Kopfschütteln auslösen. Eine Bewertung der New-Leadership-Ansätze findet sich am Ende des nächsten Kapitels (siehe S. 99).

3 Change-Leadership im Change-Zeitalter

1992 stellte Peter Drucker fest:

> »In der Geschichte unserer westlichen Welt ist es bisher alle paar Hundert Jahre zu einer tiefgreifenden Wandlung gekommen. In solchen Zeiten gestaltet sich die ganze Gesellschaft innerhalb von Jahrzehnten vollständig um – ihre Weltsicht, ihre Grundwerte, ihre sozialen und politischen Strukturen, ihre Kunst und ihre wichtigsten Institutionen. [...] Unser heutiges Zeitalter ist so eine Wandlungsphase.« (Drucker 1992b, S. 95)

Das Change-Zeitalter – hier abgegrenzt zwischen Anfang der 1990er-Jahre bis zur Weltwirtschaftskrise 2008 – ist gekennzeichnet durch radikale Umbrüche in Politik, Wirtschaft, Technologien und Gesellschaft – kaum ein Lebensbereich, der nicht tiefgehende Veränderungen erfährt, und dies alles in atemberaubendem Tempo. Es sind Umbrüche, die in dichter Aufeinanderfolge unvermittelt »im Zimmer stehen«.

Das Change-Zeitalter ist auch ein Zeitalter allgegenwärtiger, alltäglicher Paradoxien, wie sie der irische Managementtheoretiker Charles Handy in seinem Bestseller »Die Fortschrittsfalle« (1995, S. 65) in folgender Parabel veranschaulicht:

> »Gleich außerhalb von Dublin liegen die Wicklow Mountains ... Es ist dort immer noch diese karge, einsame Landschaft mit schlecht beschilderten Straßen, auf denen ich mich regelmäßig verirre. Einmal musste ich halten und nach dem Weg fragen. ›Ach das ist einfach‹, erklärte mir ein Einheimischer. ›Fahren Sie auf dieser Straße einfach immer geradeaus. Nach einer Weile kommen sie zu einer kleinen Brücke, hinter der Davys Bar liegt, das können sie gar nicht verfehlen.‹ ›Ok, ich habe verstanden‹ sagte ich, ›immer geradeaus zu Davys Bar.‹ ›Richtig. Etwa eine halbe Meile, bevor sie dort ankommen, biegen sie rechts zum Hügel ab.‹«

2008 implodiert das Change-Zeitalter in der Weltwirtschaftskrise. Handys Metapher vom »leeren Regenmantel«[17] ohne Innenleben mutet rückblickend prophetisch an: Gesellschaft und Wirtschaft stehen selbst vor einer tiefgreifenden Transformation, die eigenen Prämis-

17 Die englische Originalausgabe von »Die Fortschrittsfalle« hieß »The empty raincoat« (1994); Handy bezog sich auf eine Bronzeplastik von Judith Shea.

sen sind sinnentleert – und paradox? – geworden. Welchen anderen grundlegenden Antrieben außer Fortschritt und Nutzenmaximierung und Selbstverwirklichung sollte eine Gesellschaft Raum geben?

3.1 Veränderungen in Wirtschaft und Gesellschaft

Zwei große Megatrends prägen aus abendländischer Sicht das Change-Zeitalter: die Globalisierung mit ihrem Blutsbruder Turbokapitalismus und die Aufschaukelbewegung zwischen Internet und den neuen Hardwaremedien.

3.1.1 Globalisierung und Turbokapitalismus

Die 1990er-Jahre werden eingeleitet durch den Zerfall der politischen Blöcke. Der Kalte Krieg endet vorerst, neue Georäume öffnen sich für das Wirtschaften. Die Globalisierung verheißt Wachstum auf neuen Absatzmärkten, bald wird sie für alle großen Unternehmen zu einem Muss. Durch Unternehmensakquisitionen, Merger und Joint Ventures suchen Unternehmen auf der ganzen Welt neuen Marktzugang und Marktmacht. Vor allem die BRIC-Staaten,[18] die großen Schwellenländer Brasilien, Russland, Indien und China, locken mit märchenhaften Wachstumspotenzialen.

Ein allgemeiner Wettlauf setzt ein, Zeit wird zum Engpassfaktor, und bald heißt es: Nicht die Großen fressen die Kleinen, sondern die Schnellen die Langsamen. Der Goldgräberstimmung der Aufbruchsjahre folgt eine Katerstimmung angesichts von Produkt- und Technologieplagiaten, zunehmender staatlicher Regulierung auf den neuen Märkten, überbordender interner Komplexität und schmerzhafter Lernerfahrungen durch fehlende organisationale Flexibilität und mangelnde interkulturelle Kompetenz des Managements.

Nicht nur die Wirtschaft, auch die Politik wird internationaler, vernetzter, globaler. Aus dem ursprünglich aus sechs Staaten bestehenden Europäischen Wirtschaftsraum wird 1992 die Europäische Union, der nach Erweiterungsrunden und dem Brexit heute (2023) 27 Staaten angehören. Auch in anderen Weltregionen schließen sich

18 Brasilien, Russland, Indien, China; 2011 kommt Südafrika dazu und das Akronym heißt BRICS, ab 2024 ist der Beitritt weiterer sechs Staaten geplant, wodurch BRICS plus entstehen soll.

Staatengruppen zu Wirtschaftsbünden zusammen. Neue Kommunikationsräume entstehen; internationale Zusammenkünfte wie das Forum Davos, in denen sich Entscheidungsträger aus Wirtschaft und Politik vernetzen, gewinnen Bedeutung.

Mit Thatcherismus und Reaganomics nimmt der *Neoliberalismus* Fahrt auf und führt zum Rückzug des Staates bzw. der öffentlichen Hand aus Industrie- und Dienstleistungsbetrieben. Ganze Branchen mit öffentlichem Versorgungsauftrag – Telekommunikation, Energieversorgung, Bahn- und Flugverkehr, Post, Gesundheitswesen usw. – werden »dereguliert« und nach der Logik von Börsenkonzernen umgebaut: eingeteilt in Sparten, ausgetöchtert in Produktions-, Absatz- und Dienstleistungsunternehmen und filetiert für Privatisierungen.

Der Neoliberalismus treibt den Primat des *Shareholder-Value* auf die Spitze und entfesselt die Finanzmärkte; die Medien sprechen von *Turbokapitalismus*. Die Kapitalrenditen, die der *Finanzmarkt* verspricht, lassen sich in der Realwirtschaft selten erzielen, die Schere zwischen Finanzwirtschaft und Realwirtschaft wird täglich größer. Was das Marktwachstum nicht hergibt, holen Unternehmen aus der »Verschlankung« der Strukturen: Sie müssen Kosten sparen.

Gleichzeitig verlieren Nationalstaaten Steuereinnahmen. Sie müssen sozialstaatliche Einrichtungen und Non-Profit-Organisationen, die von ihren Beiträgen abhängen, knapper halten. Auch die öffentliche Hand gebärdet sich zunehmend als Shareholder: so als könne sie ihr Geld jederzeit auf den Finanzmarkt tragen – was ja auch geschieht.

So geraten Organisationen aller gesellschaftlichen Bereiche zunehmend unter den Druck der Wirtschaftslogik. Sie müssen sich über effiziente Organisationsstrukturen legitimieren, die dem Modell der Unternehmung nachgebaut sind.

In aller Stille und weitgehend sanktionslos bilden sich branchenbeherrschende Unternehmenskonglomerate; ein weltweiter Run auf Rohstoffe und Agrarflächen setzt ein, der afrikanische Kontinent und Teile Lateinamerikas erleben eine schleichende Re-Kolonialisierung. Die Nachfrage ist angetrieben von kaum gebremsten Wachstumsraten der riesigen chinesischen Volkswirtschaft, die sich einen Binnenmarkt organisieren kann, der ein Siebtel der Weltbevölkerung umfasst.

3.1.2 Internet und neue Medien

Der zweite große Wandeltreiber im Change-Zeitalter ist die Technologie der *neuen Medien,* wobei Internet und Innovationen wie iPhone und Laptops einander wechselseitig in ihrer technischen Entwicklung antreiben und aufschaukeln. Ähnlich wie Henry Ford im Industriezeitalter hat Steve Jobs mit seinen Visionen und seiner Strategie, höchsten Kundennutzen zu geringfügigen Preisen ubiquitär verfügbar zu machen, in wenigen Jahren weltweit Gesellschaften transformiert.

Allen gegenläufigen Prognosen und Unkenrufen zum Trotz halten Mitte der 1990er die ersten Heimcomputer Einzug in die Haushalte, Anfang der 2000er-Jahre die ersten Notebooks. Wer glaubt, dass Mobiltelefone nur dazu da wären, von unterwegs anzurufen, hat die Natur des Wandels nicht verstanden: Telefone sind eigentlich ein Vehikel für den ubiquitären Datentransport. In wenigen Jahren ermöglichen die neuen Mobilfunknetze völlig neue Nutzungsmuster bei »Voice« und »Data«. Ein rasanter technologischer Fortschritt führt zu immer leistungsfähigerer, zunehmend ortsungebundener Hardware, zu immer vielfältigeren Anwendungen.

Fehlprognosen zur Bedeutung der neuen Medien

- Thomas Watson, CEO IBM, 1943: »Ich denke, dass es weltweit einen Markt für vielleicht fünf Computer gibt.«
- Ken Olsen, CEO Digital Equipment, 1977: »Es gibt keinen Grund, warum jeder zu Hause einen Computer haben sollte.«
- Bill Gates, 1981: »Niemand braucht mehr als 640 kB RAM in seinem PC.«
- Bill Gates, 1993: »Das Internet ist nur ein Hype.«
- Matthias Horx, Zukunftsforscher, 2001: »Das Internet wird kein Massenmedium.«
- Ian Sharp, Unternehmer, 1979: »E-Mail ist ein Produkt, das man absolut nicht verkaufen kann.«
- Steve Balmer, CEO Microsoft, 2007: »Das iPhone spricht Business-Nutzer überhaupt nicht an, weil es keine Tastatur hat.«

In Verbindung mit dem Internet konvergieren neue Hardware und Internet, was ganze Branchen umkrempelt – z. B. die Musikindustrie – und umwälzenden gesellschaftlichen und *sozialen Innovationen* den Boden bereitet. Die erste mit Internet & Co verbundene Vision war die von der *Welt als globales Dorf;* kaum eine Vision hat sich je so schnell, umfassend und detailgetreu realisiert. 1998 wird Google zur dominanten Suchmaschine, 2001 startet Wikipedia, 2004 entsteht Facebook, das elektronische Buch, das seinen Nutzern Gesicht und Ansehen gibt, 2007 kommt, nach dem iPod, das erste iPhone auf den Markt.

Hatte man sich zu Beginn des Change-Zeitalters nicht vorstellen können, dass das Internet mehr als ein Hype sei und niemand mehr als 640 kB RAM in seinem PC brauche, kann sich an dessen Ende kaum jemand mehr vorstellen, dass 15 Jahre zuvor Briefe in Schreibpools mit drei Durchschlägen und Korrekturband ins Reine getippt wurden, nachdem sie beim Diktat im Stenogramm aufgenommen, einmal erstgetippt und vom Manager kontrolliert worden waren.

3.2 Veränderungen in den Strukturen von Organisationen

Eine Prämisse der Luhmannschen Systemtheorie besagt, dass *Organisationen lebende Systeme* sind, die in ihren Operationen grundsätzlich selbstreferenziell und rekursiv vorgehen und ihre Strukturen *autopoietisch*, d.h. aus ihren bestehenden Strukturen heraus, schaffen bzw. erhalten. Wie andere lebende Systeme sind sie hauptsächlich mit sich selbst und kaum mit der Außenwelt beschäftigt. Sie haben die Eigenschaft, nach dem Prinzip »Das Bessere ist der Feind des Guten«, unbeirrt und kaum verstörbar bei der ihnen selbstverständlichen Praxis zu bleiben, die sich in der Vergangenheit eingespielt und hinreichend bewährt hat.

Mit Beginn der 1990er-Jahre verschwindet eine Reihe von erfolgreichen Fortune-500-Unternehmen unvermittelt, sang- und klanglos vom Markt; sie haben die schnellen und radikalen Veränderungen in ihren Umwelten verschlafen. Im Zeitalter vielfältiger, radikaler und schneller Veränderungen in den Umwelten besteht die wichtigste Herausforderung für Organisationen darin, ihre *strukturelle Kopplung* durch den laufenden Ausbau ihrer *inneren Strukturen* immer wieder anzupassen. Dazu müssen Organisation neben der Aufbau- und Ablauforganisation auch die handlungsleitenden Mindsets der in ihnen tätigen Menschen immer wieder vor- und nachstellen: In unzähligen Change-Prozessen werden gewachsene Wahrnehmungs- und Erklärungsmuster, Entscheidungsprämissen und -programme sowie kulturelle Eigenwelten umgebaut. Im Endeffekt geht es dabei nicht mehr um *das* richtige Organisationslayout, sondern generell um *strukturelle Reagibilität* in der Arbeitsorganisation und in den handlungsleitenden mentalen Strukturen.

Sieben Gestaltungsfelder für den Ausbau und Umbau der Organisationsstrukturen – und damit der strukturellen Kopplung – betreffen praktisch alle großen Unternehmen im Change-Zeitalter:

- die Neukonfiguration von Arbeit nach dem Modell der Kleeblattorganisation
- Kundennähe durch Reengineering, Lean Management
- Marktnähe durch strategische Geschäftsfelder
- Shareholder-Value, Value-Management und Wertschöpfung in verteilten Strukturen
- die Professionalisierung der Organisation durch Ausbau von Funktionen, Systemen und Policies
- Corporate Governance in transparenten Entscheidungsstrukturen
- die Entwicklung wettbewerbsrelevanter *»organizational capabilities«*.

3.2.1 Die Neukonfiguration von Arbeit – Kleeblattorganisation und Portfolioarbeiter

In seinem Buch »The Age of Unreason« sagt Charles Handy 1989 voraus, dass die Wissensgesellschaft zu einem Paradigmenwechsel führen und neue Formen der Arbeit – konkret: die »Kleeblattorganisation«[19] und der *»portfolio worker«* – unsere Gesellschaft revolutionieren werden:

Die *Kleeblattorganisation* umfasst drei Sphären mit unterschiedlichen Arbeitsverträgen zwischen Organisation und Mitarbeitenden: Im *»professional core«* beschäftigen Organisationen hochdotierte Experten. Nicht mit dem Kerngeschäft verbundene Supportleistungen wie Wartung und Instandhaltung, Firmenrestaurants u. Ä. gliedern sie weitgehend an externe Kooperationspartner aus. Sie halten nur mehr eine kleine fixe Belegschaft, die in niedrig qualifizierten Jobs niedrigere Gehälter gegen Sicherheit tauscht; weitere Mitarbeitende nehmen sie nur nach Bedarf und nur zeitlich befristet auf.

19 Das Kleeblatt ist das inoffizielle irische Nationalsymbol.

Durch diese Entwicklungen würden bis zum Beginn des nächsten Jahrtausends nicht mehr wie bislang 90 % der Menschen in abhängiger Beschäftigung in Organisationen arbeiten, sagt Handy voraus, sondern – wie vor der industriellen Revolution – nur mehr 50 %. Die anderen würden ihre Leistungen als unabhängige *Portfolioarbeiter* anbieten: Aus ihrem individuellen Portfolio verschiedener Kompetenzen würden sie im Zusammenspiel von Nachfrage und Angebot ihren individuellen Weg durchs Arbeitsleben kreieren. Durch immer knappere Arbeitsplätze würden die monolithischen »Palaststrukturen« der Unternehmen verschwinden und einer Welt der »Zelte« Platz machen.

Dieser große Umbau der Strukturen manifestiert sich ab Mitte der 1990er-Jahre im Wachstum neuer Branchen wie Zeitarbeitsfirmen und der *Neuen Selbstständigen*. Tatsächlich steigt seitdem über viele Jahre die Zahl der Menschen ohne fixen Erwerb weitgehend konjunkturunabhängig. Aus dem angeblich optionenreichen, selbstbestimmten Leben des Portfolioarbeiters wird angesichts von Beschäftigungsmangel und Dumpinghonoraren für sehr viele ein fremdbestimmtes *Prekariat*. Bis heute schreibt sich dieser Trend unter verschiedensten Benennungen – Ich-AG, Hotel Mama, Generation Praktikum usw. – fort.

3.2.2 Kundennähe durch Reengineering und Lean Management

Seit dem Industriezeitalter gelten die großen US-amerikanischen Konzerne, die *Corporations*, als Rollenmodell für die erfolgreiche Wirtschaftsorganisation schlechthin. Wesentlich dazu beigetragen hatte Alfred D. Chandler 1977 mit seinem Buch »The Visible Hand. The Managerial Revolution in American Business«. Darin argumentierte er, dass die *unsichtbare Hand des Marktes*, die nach Adam Smith die Grundlage für Wettbewerbsvorteile und Profite bildet, in den Konzernen durch die *»visible hand«* ausgefeilter *Hierarchien* professioneller Manager ersetzt worden sei. Diese würden durch administrative Koordination mehr Profit, Wachstum und Macht generieren als es Marktdynamiken bewirken könnten.

Genau dieser Institution der *Hierarchie* soll es in den 1990er-Jahren an den Kragen gehen. Denn die Corporations mit ihren aufgeblähten Hierarchien und schwerfälligen Entscheidungsprozessen sind spürbar im Wettbewerb gegen die erstarkte Wirtschaftsmacht der *asiatischen Tigerstaaten* zurückgefallen. Von dort drängen in schneller Reihenfolge immer neue, stets qualitätsvolle Produkte auf die Märkte, Produkte, die ganze, neue Branchen prägen, wie die Unterhaltungselektronik, Foto und Business-Maschinen. Zwei weitere Bestseller tragen um 1990 dazu bei, die Funktion der Hierarchie grundlegend infrage zu stellen: »Reengineering the Corporation« und die MIT-Studie »Die zweite Revolution in der Autoindustrie«.

In »Reengineering the Corporation« fordern Michael Hammer und Charles Champy ein *radikales Neudesign* des Aufgabenvollzugs in Organisationen, aufgerollt vom zu erzielenden *Kundennutzen,* das sich auf die Prozesse der Wertschöpfung konzentriere. Denn über die Jahre haben sich in den Unternehmen Abteilungsgrenzen und Silodenken verfestigt, die den Arbeitsfluss behindern und Entscheidungen verschleppen. Mit den Jahren sind die Prozesse »gewachsen«, ja »gewuchert«: Neue Produkte und Verfahren haben immer mehr Aufgaben und Abstimmungsbedarf dort abgeladen. Nun sollen vom Kundennutzen ausgehend in einem Grüne-Wiese-Ansatz nur diejenigen Prozessschritte ermittelt und zu einem Prozess verschnitten werden, die notwendig sind, um diesen Kundennutzen zu erzielen; alles andere ist wertverzehrend und wegzulassen.

Reengineering wird in der Folge zum *Prozess-Reengineering* schlechthin; praktisch alle größeren Unternehmen führen Projekte der *Geschäftsprozessoptimierung* durch, die generell die *Performanz* der Prozesse betreffen. Dabei geht es nicht mehr allein um Kundennutzen, sondern um Effektivität, Effizienz, um schlanke und robuste Prozesse bei optimierten Durchlaufzeiten. In aufwendigen Projekten werden Aufgaben und Verantwortungen neu verteilt, obsolete Tätigkeiten ausgemustert, leistungsmindernde Schnittstellen zu Nahtstellen, KPIs[20] definiert, Prozessverantwortliche bestellt. Der Nachweis »beherrschter Prozesse« wird wettbewerbsrelevant, zahllose Unternehmen treten an, um eine *ISO-Zertifizierung* zu erwerben. Angetrieben wird der Boom der Geschäftsprozessoptimierungen außerdem von SAP, das als eines der ersten Unternehmen Standardsoftware für einzelne Unternehmensbereiche und in der zweiten Hälfte der 1990er integrierte Pakete für ein *unternehmensweites Datenmanagement* anbietet. Haben in Konzernen bislang die eigenen IT-Abteilungen die Anwendungen für jede Tochterfirma in jedem Land selbst programmiert, können nun alle – weltweit – miteinander Daten austauschen.

20 »*Key performance indicators*« (Kennzahlen).

Kleine Unternehmen bekommen mit der Software-Implementierung gratis Benchmarks für zentrale Unternehmensprozesse geliefert.

»Die zweite Revolution in der Autoindustrie« von James P. Womack, Daniel T. Jones und Daniel Roos (1991) vergleicht die japanische Autoindustrie in Bezug auf Kosten, Qualität, Innovation und Time-to-Market neuer Modelle mit der US-amerikanischen, die damals nach langen Entwicklungszeiten nur wenige, teure Modelle mit vielen Qualitätsmängeln auf den Markt bringt. Den entscheidenden japanischen Erfolgsfaktor sehen die Autoren im *Toyota-Produktionssystem*, das den Fertigungsfluss, die Vermeidung von Verschwendung – z. B. durch übermäßige Lagerhaltung und Transportprozesse – und das Empowerment der Mitarbeitenden in den Mittelpunkt stellt, verbunden mit rigorosem Streben nach Kundennutzen, Qualität und ständiger Verbesserung. Wo die US-amerikanische Fertigung die Arbeit in kleinste, monotone Tätigkeiten teilt und deren Koordination, Überwachung und Kontrolle vielen unterschiedlich spezialisierten Managern überantwortet, organisieren im japanischen Modell kleine, *autarke Fertigungsinseln* ihre integrierten Arbeitsprozesse teilautonom.

Diesem Konzept der *Lean Production* folgt das Konzept des *Lean Management*. Der Wertschöpfungsbeitrag des Managements wird hier grundsätzlich hinterfragt bzw. dem mittleren Management als Werteverzehrer pauschal abgesprochen. Letzteres wird in seinem Status demontiert und mit Schmähungen wie »Speckgürtel« oder »Lehmschicht-Lähmschicht« bedacht. Lean Management entwickelt sich in der Folge zu einer Maxime für alle Branchen und Funktionsbereiche, die zur Kürzung der Managementebenen, verbunden mit dem Empowerment der Mitarbeitenden und einer rigorosen Prozess- und Qualitätsorientierung, aufruft. Unternehmen führen Projekte durch und Systeme ein (s. u.), um Aufgabengebiete zu flexibilisieren, zu integrieren und mit Verantwortung und Entscheidungsmacht anzureichern.

Als Folge von Reengineering, Lean Production und Lean Management *verdichtet* sich die *Arbeit* in den einzelnen Aufgabengebieten: Die Spanne der Tätigkeiten und Verantwortungen ist größer, die Taktung der Tätigkeiten ungleich höher, die Vernetzung mit Umwelten umfassender; verdichtete Arbeit erfordert mehr Kompetenzen, mehr Aufmerksamkeit und mentale Anspannung.

3.2.3 Marktnähe durch strategische Geschäftsfelder

Anfang der 1990er-Jahre haben alle großen Unternehmen eine *Matrixstruktur* eingerichtet, in der zwei Strukturierungsprinzipien kreuztabelliert werden, um Kommunikationsräume für eine gemeinsame Entscheidungsfindung anzulegen. Dabei werden meist Produktlinien bzw. Sparten mit Querschnittsfunktionen wie Controlling, Personalwesen, Beschaffung, Qualitätsmanagement gekreuzt; je nach Geschäft können auch andere Kreuzungen sinnvoll sein, z. B. die Verbindung von regionalen Märkten mit Produkten.

Diese Matrixstruktur mit ihrem hohen Abstimmungsbedarf führt in Verbindung mit den zahlreichen Hierarchieebenen in großen Unternehmen regelmäßig zu schwerfälligen Entscheidungsprozessen und auf schnell drehenden Märkten zu verschleppten, von Marktentwicklungen abgekoppelten Entscheidungen. Vor diesem Hintergrund beginnen Unternehmen Anfang der 1990er-Jahre, sich nach *strategischen Geschäftsfeldern* (SGF) bzw. *Strategic Business Units* (SBU) aufzustellen. In Weiterführung der Spartenorganisation werden voneinander unabhängige Produkt-Markt-Kombinationen (z. B. Nutzfahrzeuge und Pkw bei einem Automobilhersteller) in eigenständige, mittelgroße Unternehmen mit Profit-and-Loss-Verantwortung und allen notwendigen Funktionsbereichen ausgetöchtert. Diese marktnahen Einheiten können über ihre relativ große Oberfläche zu ihren Kunden vitale *strukturelle Kopplungen* ausbauen. Mit einer Idealgröße von 250 Mitarbeitenden sind sie dem Erfolgsmodell der Klein- und Mittel-Unternehmen (KMU) nachgebaut, in denen Kundennähe, schnelle Entscheidungen, rasche Feedback- und Lernprozesse und unternehmerischer Spirit in schlanken Managementstrukturen die Weichen für ihre Wettbewerbsfähigkeit stellen.

3.2.4 Shareholder-Value und Value-Management – Wertschöpfung in verteilten Strukturen

Die Kundenperspektive fokussiert Wertschöpfungsstrukturen, die Qualität, Zeit und Kosten optimieren. Auf der anderen Seite fokussiert die Perspektive der Shareholder Gewinnmaximierung und Eigenkapitalrenditen. Vor dem Hintergrund erstarkender Finanzmärkte, die mit neuen spekulativen Produkten hohe Renditen versprechen, kommen Unternehmen unter Druck: Ihre Profite müssen mit den Kapitalmarktrenditen konkurrieren, sonst ziehen die Shareholder ihr Kapital ab. Der *Shareholder-Value* und ein auf Kunden und Kapitalgeber ausgerichtetes *Value-Management* werden zur zentralen Legitimationsbasis für Organisationen.

Nun werden dem Management genaue Kapitalverzinsungsraten und -perioden als Zielvorgabe gesetzt. Aufgabenbereiche werden durchforstet: Kernbereiche, die die vorgeschriebene Kapitalverzinsung erreichen, werden beibehalten, Spezial- und Sonderleistungen – wie in Handys Konzept der Kleeblattorganisation beschrieben – an Vertragspartner ausgelagert. Zum Zweck der Bilanzkosmetik wird ein Teil der Mitarbeitenden aus dem Headcount genommen, an Leiharbeitsfirmen übertragen und zurückgeleast. Sie schlagen dann als Projektkosten auf und entlasten die für Shareholder kritische Kennziffer der Pro-Kopf-Produktivität. So sitzen sich, auch in hochspezialisierten Fachabteilungen wie IT oder Entwicklung, an den Schreibtischen langjährige Kollegen gegenüber, von denen die einen noch zur Stammbelegschaft gehören, während die anderen von einem befristeten Dienstvertrag zum anderen bangen.

Unternehmen reichen die Forderung nach einer auf dem Finanzmarkt wettbewerbsfähigen Kapitalverzinsung und einer dieser entsprechenden Wertschöpfungstiefe an ihre Zulieferer weiter. Galten bislang Preis, Qualität und Liefertreue als hinreichende Kriterien für Vertragsbeziehungen, schreiben ihnen die neuen Vorgaben des *Lieferantenmanagements* nun vor, sich nach den Kriterien des Value-Managements neu zu konfigurieren und dies in konzerneigenen Zertifizierungen nachzuweisen.

Das Prinzip des Shareholder-Value führt aber nicht nur dazu, dass Organisationen ihre eigene Wertschöpfungskette und die ihrer Zulieferer neu organisieren. Mit dem Zusammenbruch der politischen Blöcke in den Jahren 1989/90 wird dort über Nacht der Zugang zu Niedriglohn-Arbeitsmärkten frei. In einer unmittelbar folgenden *ersten Welle der Globalisierung* realisieren Unternehmen dort Standortvorteile für ihre Produktion. Nagelneue Fabriken werden geschlossen oder gar nicht erst in Betrieb genommen, weil ein Neubau in der Ex-DDR, Polen oder der damaligen CSSR schon kurz- bis mittelfristig billiger kommt. Auf die Verlagerung der Produktion folgen industrialisierbare Dienstleistungen wie die Personalverrechnung oder die Programmierung. Eine verhängnisvolle Spirale setzt ein: Je mehr Bereiche dorthin verlagert werden, desto kostenintensiver wird der Hauptstandort für die verbleibenden Bereiche.

In Verbindung mit den neuen *elektronischen Medien* entstehen neue Formen der Arbeitsteilung: *Virtuelle Teams* arbeiten über die verschiedenen Zeitzonen des Erdballs zusammen – eine neue Definition von Echtzeit. Apple nutzt als erstes Unternehmen diese Struktur, um seine Entwicklungszeiten für neue Produktgenerationen radikal zu verkürzen.

Als Folge dieser Entwicklungen stellen sich Organisationen in immer höherem Ausmaß in *verteilten Strukturen* auf. Der Trend verstärkt sich durch eine Welle von Unternehmenszukäufen und Mergern, über die Unternehmen mehr Marktmacht anstreben und durch die *zweite Welle der Globalisierung,* die *Internationalisierung,* in der sie über Joint Ventures und Neugründungen Zugang zu den neuen Hoffnungsmärkten, insbesondere der BRIC-Staaten, gewinnen wollen.

Bald sind Organisationen auf vielfältige Weise in weltweit verteilten Kunden-Lieferanten-Ketten untereinander und mit anderen Organisationen verbunden, um ihre Leistungen erbringen zu können. Es kann passieren, dass Organisation X für Geschäftsfeld A die von Organisation Y outgesourcte Werkbank ist, für Geschäftsfeld B Nischenlieferant, für Geschäftsfeld C Abnehmer und für Geschäftsfeld D Konkurrent. Organisationen bezahlen für ihre Wertschöpfung in verteilten Strukturen mit einer nie gekannten internen Komplexität von Transaktionen, Koordinationsaufwand und Entscheidungsparadoxien.

3.2.5 Die Professionalisierung der Organisation – neue Funktionen, Systeme, Policies

Auf die schubweise zunehmende Komplexität in ihren Umwelten antworten Organisationen mit der Ausdifferenzierung weiterer interner Strukturen; sie bilden immer neue Aufgabenbereiche, neue Methoden der Arbeitsorganisation, neue Systeme und *»Organizational Policies«* aus.

Theoretisch erklären lässt sich dieser Trend mit der soziologischen Systemtheorie Niklas Luhmanns. Sie versteht eine *Funktion* als die systematische, selektive Beobachtung bestimmter Ereignisse bzw. Ereignisklassen, um Expertise aufzubauen. Diese fließt in Kommunikation, Planung und Entscheidungen in der Organisation ein. Durch die Ausdifferenzierung von Funktionen, Systemen und Policies versorgt sich die Organisation mit Kriterien und Methoden der

Selbst- und Fremdbeobachtung. Dadurch kann sie dem Teufelskreis der Rekursivität von Entscheidungen entkommen und die strukturelle Kopplung zu ihren Umwelten ausbauen.

Der Trend, die eigene Verfasstheit zu professionalisieren und zu optimieren, hatte schon in den späten 1960er-Jahren in Unternehmen eingesetzt; im Change-Zeitalter überschlagen sich die diesbezüglichen Entwicklungen. Es entstehen bzw. verbreiten sich zahlreiche neue *Funktionen* wie Projektmanagement, Corporate Development, Corporate Communication, Management Development (mit eigenen Akademien) u. a. m. Gleichzeitig bauen Organisationen *Systeme* für zahlreiche spezifische Problemlösungen aus: z. B. für Wissensmanagement, Customer-Relationship-Management, Supply-Chain-Management, Six Sigma, integriertes Produktionsmanagement, integriertes Anlagenmanagement, Compliance, Risk-Management u. a. m. Sie verabschieden eine Reihe *management approaches* bzw. *Politiken,* die dem Linienmanagement für Querschnittsthemen wie Gender, Diversity, Corporate Governance, Corporate Social Responsibility u. a. m. Entscheidungsprämissen vorgeben.

Die *professionelle Organisation* – die nach den Regeln der Kunst optimierte Verfasstheit für den Aufgabenvollzug – wird zum Schlüsselfaktor sine qua non im globalen Wettbewerb. Was zu Beginn des Industriezeitalters als Pferdekutsche entworfen wurde, wird im Change-Zeitalter zum hochmotorigen Ferrari.

Gleichzeitig führen Organisationen jeglicher Provenienz – Schulen, Universitäten, Krankenhäuser, Museen, Verwaltungseinheiten, NGOs, Parteien usw. – differenzierte Führungsstrukturen und Kernfunktionen wie Marketing, Controlling, Qualitätsmanagement, HR ein und stellen sich ihren Stakeholdern auf Websites dar. Im Change-Zeitalter wird die *Unternehmung* – der spezifische Organisationstyp des Wirtschaftssystems – zum *Rollenmodell* und zum Vorreiter der Professionalisierung der Organisation schlechthin, mit allen Vor- und Nachteilen, die dies mit sich bringt.

3.2.6 Corporate Governance – eine transparente Entscheidungsorganisation bauen

Angesichts der vielen Funktionen, Systeme und Policies in der Organisation, der vielen Eigenlogiken und der Komplexität ihres Zusammenwirkens bei Entscheidungen entsteht ein neuer Bedarf nach einer umfassenden, transparenten *Entscheidungsorganisation,* nach einer *Corporate Governance:* Es braucht Regeln für das Konstellationsgefüge, in dem die vielen Akteure und Entscheider zusammenwirken, sich koordinieren und abstimmen, damit ein nach außen transparentes, erwartbares Kooperationsmuster entsteht. Ausgangspunkt für diesen neuartigen Steuerungsbedarf sind zwei Entwicklungen: Veränderungen im Selbstverständnis und Status der »Querschnittsfunktionen« einerseits und neuartige Steuerungsbedarfe in Organisationen mit hochgradig verteilten Strukturen andererseits.

Die vormals Stabsfunktionen, Querschnittsfunktionen, interne Dienstleister, interne Unterstützungsfunktionen usw. genannten Unternehmensfunktionen haben sich über die Jahre von geschmähten Gemeinkosten bzw. Overheads zu angesehenen Sparringspartnern des Managements entwickelt. Von ihrem Status als Cost Center in den 1980ern steigen sie in den 1990ern zu Service-Centern auf und werden zu Beginn der 2000er-Jahre zum *Business-Partner* geadelt, ein Rollenbild, das Dave Ulrich auf der Basis empirischer Erhebungen über erfolgreiche HR-Praktiken 1997 entwickelt.

Ausgehend von der Funktion HR übernehmen auch Funktionen wie IT, Qualitätsmanagement, Organisationsentwicklung, Corporate Development, Unternehmenskommunikation, Revision usw. dieses Selbstverständnis, was den gemeinsamen Nenner deutlich macht: Sie agieren dem Management gegenüber als *interne Beratungsfunktionen.* Zu ihrem Aufgabenportfolio gehören die Bildung und Vorhaltung von Expertise bzw. State of the Art in ihrem Professionsfeld, verbunden mit einer gewissen Richtlinienkompetenz, der Aufbau von Systemen und Prozessen, die operative Beratung der Linie bei Entscheidungen und die Edukation des Managements auf die eigene jeweilige Fachwelt.

Die internen Beratungsfunktionen tragen wesentlich zur Governance bei: Durch die von ihnen organisationsweit verbreiteten Entscheidungsprämissen koordinieren sie die jeweiligen Entscheidungslogiken der Geschäftsbereiche und integrieren sie gewissermaßen, und zwar in zwei Wirkrichtungen: untereinander und über die Zeit.

Diese *Governance-Wirkung* der internen Beratungsfunktionen richtet sich nicht nur auf das Gefüge der Linienfunktionen innerhalb einer Organisation. Sie ist vor allem in komplexen Unternehmensverbänden mit Holdingstrukturen, strategischen Geschäftsfeldern, internationalen Standorten, Joint Ventures usw. beobachtbar. Dort hat sich seit Einführung der strategischen Geschäftsfelder ein *neuartiges*

Steuerungsproblem herausgebildet. Die Business-Units haben in der engen Kopplung mit ihren Markt- und Kundenumwelten jeweils eine eigene *evolutionäre Drift* vollzogen und sich dabei ganz unterschiedlich entwickelt: Einige folgten ihren Kunden in neue Märkte, andere diversifizierten in neue Produkte, gingen Joint Ventures ein oder fusionierten mit Unternehmen, um für das eigene Geschäftsfeld deren Kernkompetenzen oder Marktzutritt zuzukaufen usw. Waren zu Beginn der neuen Aufstellung noch alle strategischen Geschäftsfelder hinsichtlich kultureller Werte, Entscheidungsprämissen und Steuerungslogiken weitgehend äquidistant zu ihrer Holding, steht Letztere heute häufig vor dem Problem, ein Portfolio an Business-Units zu managen, das sich als Flickenteppich verstreuter Einheiten mit weit variierenden Business-Logiken und Steuerungskriterien darstellt.

Hier kommen die internen Beratungsfunktionen in der Holding ins Spiel: In ihrer *Richtlinienkompetenz* bringen sie grundlegende Politiken für ihre Funktion heraus und definieren das Zusammenspiel zwischen ihren Funktionsträgern in der Holding und jenen, die vor Ort in den Leitungskreisen der strategischen Geschäftsfelder sitzen. So lässt sich eine Vielzahl von Steuerungslogiken, Entscheidungsprämissen und Steuerungsimpulsen in global verteilten Strukturen miteinander in eine möglichst transparente Entscheidungsorganisation bringen. Irrtümlich werden diese konfliktträchtigen Kooperationsmuster vom Management der Unternehmen häufig als unzumutbare, überkommene »Zentralisierung« erlebt; tatsächlich ist diese Form der Governance kaum verzichtbar, um aus der Konstellation weltweit verteilter Strukturen ein koordiniertes Gefüge zu machen.

3.2.7 Organizational Capabilities als Wettbewerbsfaktor

Schon 1965 plädierte Harry Igor Ansoff dafür, im Rahmen der Analyse der Wettbewerbsstärken eines Unternehmens ein *»capability profile«* zu erarbeiten. Dabei sollte es um die systematische Erhebung von Skills und Ressourcen hinsichtlich der Beziehungen zu relevanten Umwelten, der Integration von Entscheidungsprozessen und der Führung und Kontrolle quer über die Funktionsbereiche gehen. Bei den Skills und Ressourcen unterschied Ansoff u. a.:

- *»organizational capabilities«*, z. B. Projektmanagement, Massenproduktion, *»large systems management«*, etablierte Standards, Policies und Vorgaben für die Performance der spezialisierten Funktionsbereiche

- *»management capabilities«*, z. B. typische Entscheidungen und Handlungen des Managements, die besondere Erfahrungen voraussetzen wie etwa die Fähigkeit, mit zyklischen Nachfrageschwankungen oder anderen branchentypischen Wettbewerbsbedingungen umzugehen.

Im Hyperwettbewerb der Globalisierung werden die *Organizational Capabilities* und *Organizational Competencies* nach Dave Ulrich (1997) zur »DNA der Wettbewerbsfähigkeit«. Mit Organizational Competencies meint Ulrich feinstoffliche Fähigkeiten von Organisationen, die sie befähigen, z. B. Talente anzuziehen, sich auf fremde Umwelten einzustellen, schnell und gekonnt auf Veränderungen zu reagieren, Innovationen hervorzubringen, unter hochvolatilen Bedingungen und hoher Komplexität koordiniert zu handeln usw.

Diese Fähigkeiten und Kompetenzen der Organisation lassen sich nicht in einer Funktion, einem Prozess oder einer Methode bzw. einem System (wie z. B. Six Sigma) verorten, es sind keine Verhaltensanleitungen nach Art von »wenn x, dann y«, und es sind keine explizierten Unternehmenspolitiken oder Prinzipien (wie z. B. Dezentralisierung). Hier handelt es sich um »Lernen zweiter Ordnung«, d. h. um die gelernte Fähigkeit, schnell zu lernen (Organizational Competence), verbunden mit einem Reservoir an konkreten Erfahrungen (Organizational Capabilities) aus früheren Lernprozessen, auf die Organisationsmitglieder beim Handeln zurückgreifen können. Diese DNA der Wettbewerbsfähigkeit manifestiert sich bei unerwarteten Herausforderungen oder Störungen als *Schwarmintelligenz:* Wie ein Fischschwarm, der je nach Bedrohungslage eine neue Gesamtform und ein neues kollektives Verhalten annehmen kann, konfigurieren sich Individuen in ihren Handlungen spontan und organisationsweit zu hochkoordinierten, kollektiven Verhaltensmustern.

3.3 Handreichungen aus dem strategischen Management

Die Methoden der Strategiearbeit im Konsumzeitalter beruhten auf dem Kalkül, Wettbewerbsfähigkeit durch Anpassung an den Markt und Ausnutzung von Potenzialen in bestehenden Märkten zu gewinnen. Dieses *»outside-in«*-Vorgehen führt jedoch dazu, dass Innovationen aus dem Blick geraten. Das sprichwörtliche Beispiel dafür ist die

Erfindung des Faxgerätes, dessen Marktpotenzial in Umfragen als uninteressant eingeschätzt wird: Warum sollte sich jemand ein solches Gerät hinstellen, wenn doch der Postbote ohnedies die Briefe bringt?

Im Change-Zeitalter krempelt sich das Verständnis von Strategie und Strategiearbeit um. Mintzberg fordert *strategisches Denken* statt strategischer Planung und konzipiert Strategie als »Bündel möglicher Wirkungen«, Hamel und Prahalad (1994) stellen Porters marktbasiertem Ansatz den *ressourcenbasierten Ansatz* gegenüber und verbreiten das Konzept der »Kernkompetenzen«. Auch die empirische Beforschung erfolgreicher Unternehmen belegt die Erfolgspotenziale eines auf Ressourcen bauenden *»inside-out«*-Vorgehens.

3.3.1 Wildnis Strategie und die Fünf P

In seinem vielbeachteten Buch »The Rise and Fall of Strategic Planning« reitet Henry Mintzberg 1994 eine Attacke auf die analytische strategische Planung, der er vorwirft, *strategisches Denken,* das inhärent intuitiv, kreativ, synthetisierend, gestalthaft, ganzheitlich sei, de facto zu verhindern. Er fordert, sich mehr damit zu beschäftigen, wie Strategien *entstehen,* statt bestehende Strategien in Programme zu gießen. Denn Planung kann keine Strategie generieren, sie kann nur bestehende Strategien formalisieren und bestehende Schemata reorganisieren, aber keine neuen erfinden.

Nach Mintzbergs eigenen Untersuchungen beruht der komplexe *Strategieentwicklungsprozess* auf sophistischen, subtilen, oft unbewussten Denkmustern. Häufig werden Strategien nicht absichtsvoll verfolgt, sondern *emergieren* aus den konvergenten Handlungsmustern verschiedener Akteure der Organisation. Zudem sind Strategien oft handlungswirksam und erfolgreich, ohne dass sie expliziert oder und formalisiert sind.

1998 führt Mintzberg diesen Gedanken mit Bruce Ahlstrand und Joseph Lampel im gemeinsamen Buch »Strategy Safari« weiter. Auf der Basis ihrer Analyse von über 2000 Veröffentlichungen zum Thema erweitern die Autoren das Verständnis von Strategie auf die *fünf P:* Strategie als *Plan* bzw. Leitfaden, als *Positionierung,* als sinnstiftende *Perspektive,* als *»pattern«,* d.h. als gelebtes konsistentes Handlungsmuster, und Strategie als *»ploy«* – als Manöver oder List. Ob ein Unternehmen über eine Strategie verfügt, lässt sich daran ablesen, ob es solche *Wirkungen* erzielt, nicht an den Formalisierungen der strategischen Planung.

3.3.2 Der Resource-based-Ansatz: Kernkompetenzen als Wettbewerbsvorteil

1990 stellen Coimbatore K. Prahalad und Gary Hamel im Harvard Business Review ihr Konzept »The Core Competence of the Corporation« vor: Sie sehen die Basis für Wettbewerbsfähigkeit eines Unternehmens in dessen Kernkompetenzen und plädieren für einen ressourcenbasierten Ansatz in der Strategiearbeit.

Der Ansatz, Unternehmen als ein Bündel materieller und immaterieller Ressourcen zu verstehen, stammt ursprünglich von Edith Penrose (1959). Der Begriff *Ressource* hat bei ihr eine zweifache Bedeutung: Er bezeichnet einerseits wettbewerbsrelevante Güter und andererseits die Art und Weise, wie diese Güter in einem spezifischen Kontext eingesetzt werden, um zu produzieren. Wachstum entsteht, wenn Ressourcen produktiv gestellt werden, was zu neuen Ressourcen in Form von Wissen und Erfahrungen führt.

Von allen Ressourcen des Unternehmens sehen Prahalad und Hamel dessen *Kernkompetenzen* als besonders wettbewerbsrelevant an. Sie definieren Kernkompetenzen als Bündel von Fertigkeiten und Technologien, die ein Unternehmen befähigen, Kunden einen besonderen, überproportionalen Nutzen bereitzustellen und zudem das Potenzial für *neue Produkte und Märkte* zu bieten. Kernkompetenzen sind ein kaum zu kopierendes Alleinstellungsmerkmal im Wettbewerb und sollten eine zentrale Rolle in der Strategiearbeit eines Unternehmens spielen, denn sie sind Gateways zu Zukunftsoptionen.

Der erste Schritt besteht darin, eine Kernkompetenz überhaupt zu erkennen. Das ist nicht trivial, denn zwar eröffnen alle Kernkompetenzen potenzielle Wettbewerbsvorteile; nicht alle Wettbewerbsvorteile weisen jedoch auf ausbaufähige Kernkompetenzen hin. Zudem mag eine Kernkompetenz eng mit dem Kerngeschäft verbunden und leicht erkennbar sein; sie kann aber auch Bereiche betreffen, die nichts mit dem Kerngeschäft zu tun haben. In beiden Fällen kann das Unternehmen auf der identifizierten Kernkompetenz eine Wettbewerbsstrategie aufsetzen. Dazu ein Beispiel:

In den Anfangszeiten der Mobiltelefonie bestand die Kernkompetenz eines Unternehmens in der – dem Kerngeschäft sehr nahen – Fähigkeit, Mobilfunkstandorte für einen rauschfreien Empfang zu akquirieren; die Kernkompetenz eines anderen Unternehmens bestand in der

Fähigkeit, prompt fehlerfreie Abrechnungen auch über Minimalbeträge zu legen, während Mitbewerber mit jeder monatlichen Abrechnung die davor liegenden Abrechnungsperioden neu aufrollten und saldierten.

Aus beiden Kernkompetenzen könnten sich strategische Wettbewerbsvorteile ergeben, wenn entsprechende Strategien verfolgt werden. Die erste, kerngeschäftsnahe Kompetenz könnte z. B. eine Kannibalisierungsstrategie begründen, bei der durch Aufkauf günstiger Standorte Mitbewerber ausgeschaltet und dem eigenen Unternehmen Strukturen für späteres Wachstum gesichert würden. Die zweite, kerngeschäftsferne Kompetenz könnte zur Entwicklung völlig neuer Dienstleistungen und Märkte führen, die das Mobiltelefon als neues Bezahlinstrument ausbauen – für Parkscheine, Flugbuchungen, Interneteinkäufe usw.

Die Praxis zeigt, dass die Identifizierung und Verfolgung von Kernkompetenzen zukünftige Wettbewerbsvorteile erschließen kann; inwieweit sich Alleinstellungsmerkmale tatsächlich auf Dauer stellen lassen, inwieweit Kernkompetenzen nicht kopierbar bleiben, ist eine andere Frage. Es zeigt sich zudem, dass sich die Regeln des Marktes – in der Mobilfunkbranche durch Freigabe von Frequenzen durch den Regulator – immer wieder ändern und das Spiel neu aufmischen.

3.3.3 Der Wettlauf um die Zukunft

Genau diesen Aspekt nehmen Hamel und Prahalad 1994 in ihrem Bestseller »Competing for the Future« auf: Sie propagieren ein radikales Strategieverständnis auf Basis des ressourcenbasierten Ansatzes, das darin gipfeln soll, die *Regeln einer Branche neu zu schreiben*, neue Branchen zu begründen und entstehende Branchen zu entwickeln.

Die Autoren kritisieren die Praxis des Topmanagements, das nach der »40-30-20-Regel« nur 40 % seiner Zeit auf Dinge außerhalb des eigenen Unternehmens verwendet, davon nur 30 %, um drei, vier, fünf Jahre oder länger vorauszuschauen, und davon wiederum nur 20 %, um eine kollektive Sicht der Zukunft zu entwickeln. Letztlich widmet das Topmanagement also nur 3 % seiner Aufmerksamkeit der Aufgabe, eine gemeinsame Zukunftsperspektive für das Unternehmen zu entwickeln.

Der Grund dafür, dass sich das Topmanagement nicht genug mit der Zukunft auseinandersetze, sei, dass schwierige Fragen ohne klare Antworten den Glauben erschüttern, man habe alles unter Kontrolle.

So bleibe Management passiv, warte bis Probleme im Markt dringlich werden und greife dann zum Rotstift. Mit *Reengineering* und *Downsizing* könne man jedoch bestenfalls Zeit kaufen, aber keine Zukunftsmärkte entwickeln.

Stattdessen müsse das Topmanagement einen Prozess organisieren, der das kollektive Wissen in der Organisation zusammenführt, um sich laufend mit dem Business-Modell für morgen auseinanderzusetzen. Durch den laufenden Austausch mit Entwicklungen bei Märkten, Technologien, Demografie, Regulierungen, Lifestyles und anderen relevanten Umwelten entsteht in der Organisation *Foresight*. Foresight ist explizit nicht Vision; nicht die Träume des Topmanagements führen in die Zukunft, sondern der laufende, nachhaltige Prozess der kollektiven, allgemeinen und ständigen Vorausschau.

Der *Wettbewerb der Zukunft* unterscheide sich von dem der Gegenwart dadurch, dass in ihm die Marktplätze nicht strukturiert, die Regeln des Marktes noch nicht geschrieben sind. Strategisches Denken kann sich deshalb nicht auf Produkte, Dienstleistungen und konkrete Geschäfte richten. Wenn hinreichend verstanden sei, worin sich der Wettbewerb morgen vom heutigen unterscheidet, ist ein *Ressourcenportfolio* zu erstellen: Welche Zukunftspotenziale können wir mit unseren bestehenden Fertigkeiten und Kompetenzen erschließen? Mit welchen Kompetenzen haben wir Alleinstellung wofür? Was können wir, was andere nicht können? Welche Kompetenzen müssen wir ausbauen oder neu entwickeln?

Um die notwendigen Ressourcen und Strukturen aufzubauen, braucht Strategiearbeit im Wettlauf um die Zukunft einen ehrgeizigen, emotionalisierenden, strategischen Willen, der in der Organisation spürbare Spannung auslöst: *strategic stretch* durch *strategic intent* – statt *strategic fit* im alten Outside-in-Denken. So erst entstehen neue Leitprodukte, die neue Märkte erschließen, die Entwicklung der Branche prägen oder überhaupt eine neue Branche kreieren. Organisationen, die Zukunft kreieren, hören nicht auf die Wünsche, die Kundinnen und Kunden heute artikulieren. Sie versetzen Letztere in Erstaunen, verzaubern sie und führen sie in neue Bedarfe und Nutzen.

Hamel und Prahalad entwickeln ihre Konzepte bis zum Jahr 2003, als die Leitsterne erfolgreicher Unternehmen aus dem Konsumzeitalter – die auf Massenproduktion und Marketing ausgelegten

Markenartikel-Unternehmen – verblichen waren und die neuen Leitsterne des Change-Zeitalters gerade erst aufsteigen. Tatsächlich haben hochinnovative Unternehmen wie Microsoft, Apple, Google, Gore, Facebook u.a.m. mit ihren Produkten ihre Branchen erst geschaffen.

3.4 Organisationskonzepte für das Management

Im Change-Zeitalter setzt sich Führung damit auseinander, wie die *Organisation als Gesamte* zu gestalten und zu führen sei. Die wesentlichen Organisationskonzepte dieses Zeitalters sind Change-Management, die »lernende Organisation«, Innovation und Intrapreneurship, Interkulturelles Management, Resilienz und *Mindfulness*, Komplexitätsmanagement und *Agile Management*.

3.4.1 Change als Veränderung von Einstellungen und Verhalten

Angesichts des hohen Veränderungsdrucks – durch Umstrukturierungen, Reengineering, SAP-Einführungen, Merger, Joint Ventures, immer kürzere Produktlebenszyklen u.a.m. – wird es immer wichtiger, dass Organisationen Störungen schnell verarbeiten, neue *Mindsets* und Handlungsmuster ausprägen und schnell wieder Koordination und Leistungsfähigkeit gewinnen. Das Thema geplanter und effektiver Wandel, *Change* genannt, gewinnt Priorität auf der Managementagenda.

Das grundlegende Modell für Change stammt von Kurt Lewin (siehe S. 20), der 1947 *Change* als einen dreistufigen Prozess beschrieb: In der *Defreeze-Phase* geht es darum, Trägheit und Widerstand zu überwinden und das bestehende Mindset bewusst und explizit zu machen. Die *Move-Phase* ist eine *Transition*: Bestehende Handlungsmuster lösen sich auf, ohne dass noch klar ist, welche von vielen, neu emergierenden Mustern – Luhmann würde von neuen Kommunikationsanschlüssen sprechen – an ihre Stelle treten werden. Letztere kristallisieren sich erst in der *Freeze-Phase* heraus, wo sich ein neues Mindset festigt (Abb. 2).

Lewin entwickelte sein Change-Konzept im Rahmen seiner Action-Research-Methode. Darin stellte er die Aussage des Chicagoer Interaktionismus (siehe S. 20) – dass die Bedeutung der Dinge in sozialen Interaktionsprozessen vereinbart wird – auf den Kopf: Wenn

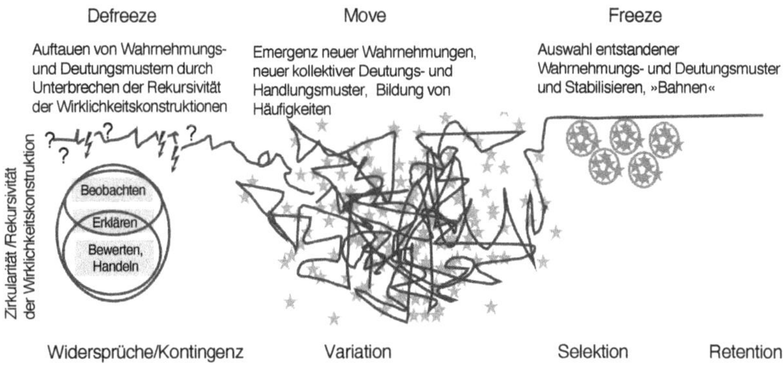

Abb. 2: Change, geplanter Wandel, als simulierter Evolutionsprozess

Menschen ihre Einstellungen und Überzeugungen verändern sollen, müssen sie die *Bedeutung der Dinge*, ihre Wirklichkeitskonstruktionen, *in (neuen) sozialen Interaktionsprozessen neu vereinbaren.* Damit sich kollektive Mindsets und Handlungsmuster ändern, müssen die Change-Agents verstehen, was in solchen Prozessen abläuft und wie wirksame soziale Interaktionsprozesse zu gestalten sind.

In Change-Prozessen geht es nicht um ein Programm, mit dem Top-down vorgegebene Veränderungsziele durch die soziale Einbindung von Betroffenen Bottom-up umgesetzt werden. Einstellungen und Handlungsmuster lassen sich nicht einfach umprogrammieren; Top-down Vorgaben können lediglich einen *Zielkanal* für einen in seinem Wesen organischen Entwicklungsprozess definieren. Anders ausgedrückt: Man kann lediglich einen – grundsätzlich nicht gerichteten – Evolutionsprozess simulieren, indem man zweckmäßige Rahmenbedingungen für interaktive Sinngebungsprozesse zwischen den Betroffenen schafft (siehe S. 20). Dazu steigert man in einem Zeitfenster Menge und Vielfalt von für das Veränderungsthema relevanten sozialen Settings und Kommunikationsanschlüssen, in denen vom Wandel Betroffene die gegebene Wirklichkeit erkunden, neue, bislang ausgefilterte Dinge, wahrnehmen, neue Zusammenhänge herstellen und neue Handlungsmuster entwickeln. Durch die Vielfalt und Menge neuer Kommunikationsanschlüsse wird die Organisation mit evolutionären Impulsen angeregt und in Bewegung gebracht. Die Möglichkeiten, diesen simulierten Evolutionsprozess zu steuern, beschränken sich darauf, zu beobachten, welche neuen Optionen und Muster emergieren, diese zur Reflexion zu bringen, Selektionen zu unterstützen und für effektive Retention von überlebensrelevanten Wahrnehmungs- und Deutungsmustern zu sorgen.

In der Phase des *Freeze* geht es nicht um ein Einfrieren[21] oder Rigidemachen von Deutungs- und Handlungsmustern, sondern um ein Verfestigen, *Stabilisieren neuer Muster*. Ohne eine solche Stabilisierung und Verfestigung neuer Verhaltensweisen und Kommunikationsanschlüsse würden sich die kollektiven Handlungsmuster wieder auf die vorher gewohnten und eingeübten einschwingen. Diese Praxis des Einübens ist für das Lernen in sozialen Systemen genauso wichtig wie in psychischen Systemen; bei Letzteren spricht die Hirnforschung von der »Bahnung« neuer Verschaltungen im Gehirn.

Für die Gestaltung *wirksamer sozialer Interaktionsprozesse* gibt es eine Reihe von Prinzipien:

- *neue Kommunikationsräume* einrichten, wo Betroffene aus unterschiedlichen Linienabteilungen zusammenkommen
- im Austausch in sozial divers und *multiperspektivisch* zusammengesetzten Gruppen auf bedeutsame Unterschiede fokussieren, d.h. Unterschiede machen, die einen Unterschied machen
- *Face-to-face*-Interaktion, denn im Angesicht der anderen, im Ansehen und Gesehenwerden selbst, liegt das Potenzial, Sinn zu erfahren und Dingen Sinn zu verleihen
- *Gruppen und Feedback* als Grundpfeiler der Erwachsenensozialisation einsetzen
- *Vertrauen* bilden durch wechselseitiges Geben und Nehmen von sozialer Aufmerksamkeit bei gemeinsamem Aufmerksamkeitsfokus.

Am Ende eines nachhaltigen Change-Prozesses sind meist einige der vorab gesetzten Ziele nicht erreicht, stattdessen aber unvorhergesehene Veränderungen in Handlungsmustern eingetreten.

3.4.2 Change-Management

Die Gestaltung von Change-Prozessen verlangt Führungskräften ein neues Rollenverständnis und gewisse Skills ab. Ab 1992 verbreiten sich im deutschsprachigen Raum Bestseller zum Thema Change-Management, die das Management mit diesen Herausforderungen auf

21 Der Begriff »*Freeze*« ist unglücklich gewählt und wohl auf Lewins schlechte Englischkenntnisse zurückzuführen.

Augenhöhe bringen sollen; bald gibt es so viel Literatur zum Thema Change wie allgemeine Führungsliteratur.

Allgemein werden Change-Prozesse in unterschiedliche Phasen unterteilt, in denen jeweils andere psychosoziale Dynamiken vorherrschen, die von Führungskräften jeweils gezielt zu steuern sind.

Ein prominenter Ansatz stammt von Roswita Königswieser, die die von Elisabeth Kübler-Ross im Modell des *Überbringens schlechter Nachrichten* beschriebenen Phasen und Psychodynamiken auf Change-Prozesse in Organisationen überträgt (Abb. 3).[22] Die Aufgabe von Führungskräften in Change-Prozessen besteht darin, den ansteckenden, kollektiven Affektlagen, die sich in den verschiedenen Phasen (im Bild sind es sechs) entfalten, angemessen zu begegnen:

1) In der Phase der Vorahnung geht es darum, den Sorgenpegel zu steuern und die Mitarbeitenden »produktiv zu beunruhigen«,
2) in der Schockphase sollen Führungskräfte die Situation verdeutlichen und Zukunftsvorstellungen aufbauen,
3) die Abwehrphase fordert ihnen ab, Schuldzuweisungen hinzunehmen, klar in der Botschaft zu bleiben und Selbststeuerungsfähigkeit zu behalten,
4) in der Phase der rationalen Akzeptanz gilt es, weiter die schmerzliche Seite der Veränderung zu verdeutlichen,
5) die folgende Trauerphase soll durch bewusste Abschiedsrituale und Erproben des Neuen gestaltet werden;
6) erst dann können Öffnung für das Neue und dessen Integration erfolgen, durch breite Beteiligung und kontinuierliche Verankerung in den täglichen Handlungen.

Die ersten großen Change-Prozesse finden im Rahmen der Branchen-Deregulierungen (siehe S. 70) oder von großen Mergern statt und sind mit umfangreichem Personalabbau verbunden; sie haben für Mitarbeitende und Führungskräfte tatsächlich den Charakter von schlechten Nachrichten und massiven Verlusten, die sie oft an ihre emotionalen Grenzen bringen.

Andere und spätere Konzepte von Change-Management stellen die *Managementagenda* für die Phasen des Change-Prozesses auf. So

22 Diese Kurve und ihre Ableitungen für Führungsverantwortung in Change-Prozessen wird in unzähligen Seminaren verwendet und in unzähligen Artikeln abgebildet, in der Regel ohne Quellenverweis.

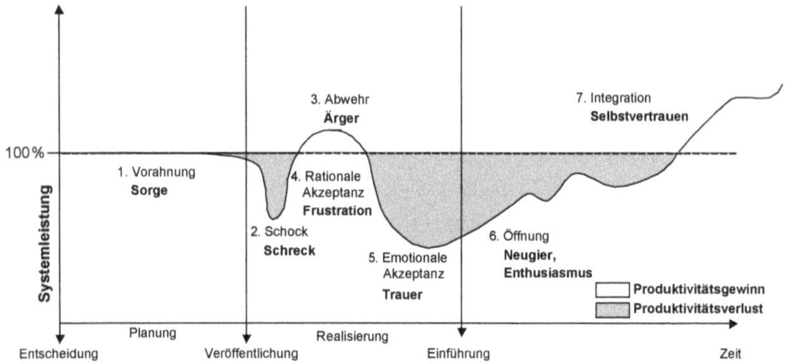

Abb. 3: Emotionskurve im Change nach Roswita Königswieser

unterteilt John P. Kotter 1996 acht Phasen mit acht Aufgabenschwerpunkten für Führung: ein Gefühl der Dringlichkeit vermitteln, eine Koalition zur Führung des Wandels organisieren, die Vision des Wandels schaffen, die Vision anderen vermitteln, Mitarbeitende zum Handeln befähigen, *»quick wins«* sichtbar machen, Konsolidieren und weitere Veränderungen herbeiführen, die neuen Ansätze in der Kultur verankern.

Bis Ende der 1990er-Jahre verlaufen Change-Prozesse in aufwendigen Parallelstrukturen zum Business. Nach dem Motto »Die einzige Konstante ist die Veränderung« durchlaufen die meisten Organisationen wiederholt große Change-Prozesse. Bald bauen die großen Unternehmen interne Beraterstäbe auf, um – zumindest in der langen Roll-out-Phase – teure Beraterhonorare zu sparen. Gleichzeitig lernen Organisationen, Themen mit *change impact* immer früher aufzugreifen, um sie zu bearbeiten, bevor sich ein großes Anpassungsdelta aufbauen kann.

3.4.3 Wenn fünf Disziplinen zusammenkommen – die lernende Organisation

1990 bringt Peter Senge am MIT mit seinem Team von Forschern, Beratern und Managementpraktikern das Buch »The Fifth Discipline. The Art and Practice of the Learning Organization«[23] heraus. Bis Maschinen fliegen konnten, mussten fünf Disziplinen zusammen-

23 Deutsch: Die fünfte Disziplin. Kunst und Praxis der lernenden Organisation.

treffen; in Analogie dazu werden Organisationen zu lernenden Organisationen, wenn sie folgende fünf Kompetenzen aufweisen:

- das Streben nach *»personal mastery«* ihrer Führungskräfte durch ständige Vertiefung ihrer persönlichen Vision verbunden mit einem ungetrübten Blick auf die gegenwärtige Realität und langem Atem
- Aufbau und Pflege einer *»shared vision«*, die implizit geteilte Bilder der Zukunft freilegt und wirkliches Commitment nährt
- das Bewusstmachen und die Reflexion *mentaler Modelle*, tief verwurzelter Verallgemeinerungen und Vorstellungen, die der Wirklichkeitskonstruktion und dem Handeln der Organisationsmitglieder zugrunde liegen
- *»Teamlearning«* – die besondere Kompetenz von Teams, bewusst umzusteigen zwischen Diskussion und Dialog, dem offenen Erkundungsprozess, der zu neuem kollektivem Wissen führt
- *»Systems Thinking«*, das Denken in Regelkreisen, die über positive und negative Rückkopplungen Systemdynamiken und typische »Kippeffekte« hervorbringen können.

Systems Thinking ist die fünfte Disziplin, die Organisationen zum Fliegen, d. h. zum Lernen, befähigt. Senge war Schüler und langjähriger Assistent von Jay Forrester und referenziert wie dieser – und wie Stafford Beer (siehe S. 43) – auf Prinzipien der Kybernetik I, d. h. auf eine frühe Generation der Systemtheorie.[24] Der Begriff Systems Thinking ist deshalb nicht gleichzusetzen mit »systemischem Denken«, wie es heute bei Systemikern im deutschen Sprachraum verstanden wird.

Weitere Veröffentlichungen zum Thema lernende Organisation und Change-Management und die Gründung der *Society for Organizational Learning* (SOL), eines sehr großen internationalen Netzwerkes von Wissenschaftlern, Beratern und Führungskräften, führen dazu, dass sich das Konzept der lernenden Organisation weltweit verbreitet.

---

24 Forrester hat mit dieser Methode u. a. 1971 das Katastrophenszenario für den Club of Rome erstellt, und auch namhafte US-amerikanische Managementtheoretiker wie Karl E. Weick arbeiten mit diesem Verständnis von Systemtheorie.

3.4.4 Innovation und Intrapreneurship

Im Change-Zeitalter wird der Wettbewerb nicht nur schneller und härter; auch bislang grundlegende Prämissen wie die Produktlebenszyklus-Kurve (siehe S. 41) werden obsolet: Jetzt verdienen Unternehmen ihr Geld in der frühen Phase des Produktlebens. Nur die Fähigkeit, Markt und Mitbewerber unablässig mit Innovationen zu überraschen, sichert Wachstum. Die Welt wird zur dicht besiedelten *Petrischale,* in der nur noch diejenigen Bakterien wachsen können, die sich am schnellsten vermehren.

Gleichzeitig befindet sich das Topmanagement wiederholten Kostensenkungsprogrammen und nach Jahren ständig steigender prozentueller Wachstumsvorgaben, immer höherer, kurzfristig zu erzielender Gewinnvorgaben und immer kürzerer Verträge im Dauerzustand der mentalen Defensive. Jetzt wird schmerzhaft spürbar, wie dringend die Organisation Innovation und unternehmerische Initiative vermisst.

Die Forderung nach *Innovation* wird an das Mittelmanagement delegiert; aber gerade dort haben die Jahre der Beschränkung auf das Kerngeschäft, die wiederholten Kostensenkungsprogramme sowie die radikale Zurichtung der Organisation auf Effizienz tiefe Spuren hinterlassen: Die Mitarbeitenden müssen in hochverdichteten Arbeitszusammenhängen konstant hohe Leistungen erbringen. Hier soll nun *Intrapreneurship* entstehen, sollen innovative Mitarbeitende motiviert werden, sich wieder als ganze Menschen mit allen Begabungen und Ambitionen einzubringen, sich dem Unternehmen mit Haut und Haar zu verschreiben – und trotzdem ihre Work-Life-Balance in Ordnung halten.

Der Prozess einer Innovation beginnt mit einer *Erfindung,* der Invention, die bis zum Prototyp entwickelt wird. Erst nach dessen Durchsetzung am Markt, *Diffusion* genannt, spricht man von einer *Innovation.* Diese kann technische Felder betreffen, z. B. das iPad, organisatorische, z. B. Desk-Sharing, institutionelle, z. B. E-Government, oder soziale, z. B. Sozialmärkte. Man unterscheidet zwischen Radikalinnovationen, die das Potenzial haben, neue Branchen zu kreieren, und *Inkrementalinnovationen.*

Organisationen suchen nach *Radikalinnovationen.* Wenn sie Innovation fördern wollen, setzen sie allerdings meist auf Optimierungsmethoden, die in den letzten Jahren unter den Labeln *Design-Thinking* bzw. *Human-centered Design* Einzug in Unternehmen halten. Dabei wird der gesamte Prozess von der Konzeption einer Idee über die Suche von Lösungen bis zur Entwicklung eines Prototyps nach der Praxis des in den frühen 1970er-Jahren von Toyota weiterentwickelten *Quality-Function-Deployment* (QFD),[25] häufig noch mit dem Qualitätstool des *House of Quality*, gestaltet. Seit 1991 werden Methode und Tool von der Firma IDEO promotet; aus QFD wurde Design-Thinking, aus Kundenorientierung Human-centered Design, wobei das ursprüngliche Instrument inzwischen erweitert wurde.

3.4.5 Interkulturelles Management

In der Globalisierung ist Business in anderen kulturellen Kontexten zu managen, und auch am Heimatstandort fordert die zunehmende *Diversität* der Belegschaft Führung. Interkulturelles Management ist angesagt: Führungskräfte sollen über die Kulturen hinweg koordinieren, kulturelle Unterschiede in Einstellungen, Überzeugungen und Werthaltungen als Chancen nutzen und produktiv stellen. Sie sollen ihren eigenen Kulturanthropozentrismus erkennen, fremde Kulturen in ihren mentalen Strukturen dekodieren und akzeptieren, dabei die eigene Organisationskultur in fremden Ländern erhalten und bei all dem als Person authentisch, stabil und lernfähig bleiben.

Um die Jahrtausendwende hat das Thema interkulturelles Management einen fixen Platz in der Managemententwicklung. Geht es anfangs um die Vermittlung länderkundlicher Folklore, z. B. bezüglich der Gepflogenheiten bei der Übermittlung von Visitenkarten, wird bald klar, dass sich interkulturelle Kompetenz nicht durch das Lernen von Verhaltenskodizes vermitteln lässt, sondern eine *Haltung* der Offenheit, Neugierde, allgemeinen Wertschätzung sowie hohe Reflexionsleistungen bezüglich eigener Stereotype und irritierender Erfahrungen voraussetzt.

Zur Frage, worin auf der Welt konkret die Unterschiede zwischen Kulturen liegen, liefern Geert Hofstedes Studien sechs Dimensionen von Organisationskultur, die ihrerseits Stereotype darstellen. Die britischen Professoren Hickson und Pugh stellen 2001 in ihrem Buch »Management Worldwide« sieben Kulturdimensionen vor, die Weltregionen unterscheiden, heben aber als entscheidend für interkulturelles Management die Haltung der Führungskräfte hervor.

25 Im QFD wird in einem Teamprozess ein Produkt methodisch in Funktionen und diese ihrerseits in kundennutzenrelevante Merkmale »zerlegt«; diejenigen mit höchstem Kundennutzen werden ermittelt und innoviert bzw. verbessert.

Die von Robert House initiierten *GLOBE-Studien* (Global Leadership and Organizational Behaviour Effectiveness; siehe S. 100) identifizieren weltweit zehn verschiedene Kulturstile, genannt Osteuropa, Lateinamerika, Lateineuropa, Konfuzianisch-Asien, Nordisch, Anglo, Subsaharaafrika, Südasien, Germanisch und Mittlerer Osten. Bei der Suche nach *dem interkulturell wirksamen Führungsstil* fanden sie u. a. heraus, dass die vier Dimensionen Veränderungs-/Verbesserungsorientierung, Teamorientierung, Partizipation, Humanorientierung in allen Kulturen als fördernd für wirksame Führung gesehen werden, die beiden Dimensionen Autonomieorientierung und Autoritätsorientierung aber große Unterschiede sichtbar machen: In der Mehrzahl von Kulturen werden diese Dimensionen als behindernd für wirksame Führung erachtet, in anderen Kulturen als hilfreich.

Andere Managementtheoretiker vertreten die These, im Zuge der Globalisierung habe das *Management* selbst eine eigene *weltweite Professionskultur* etabliert.

3.4.6 Resilienz und Mindfulness in HRO

Schon 1989 hatte Charles Handy in seinem Buch »The Age of Unreason« die Geschichte vom Frosch, der sich kochen lässt, erzählt: Gibt man einen Frosch in Wasser und erhitzt dieses langsam, wird er schläfrig und lässt sich kochen; würde man ihn hingegen in heißes Wasser werfen, würde er augenblicklich wieder herausspringen. Handy zieht die Parallele, dass wir Menschen auf kleine Veränderungen wachsam reagieren müssen, damit es uns nicht geht wie dem Frosch im lauwarmen Wasser.

2001 brachten Karl Weick und Kathleen Sutcliffe ihr Buch »Managing the Unexpected« heraus, in dem sie ihre Theorie der *High Reliability Organizations* (HRO) vorstellten. Sie hatten dazu Fallstudien in verschiedenen Organisationen – einem Flugzeugträger, einem Atomkraftwerk, einem Feuermeldezentrum und in der Intensivstation eines Kinderkrankenhauses – ausgewertet. Diese Organisationen müssen hochkomplexe technische und soziale Abläufe bedienen, und jeder Fehler könnte sofort eine Katastrophe auslösen. Wie lässt es sich erklären, dass sie fehlerfrei operieren, obwohl sie nie die Möglichkeit hatten, aus Fehlern zu lernen?

Nach Weick und Sutcliffe teilen HRO fünf *unternehmenskulturelle Merkmale:* Sie beschäftigen sich intensiv mit Fehlern, sie halten de facto ständig danach Ausschau. Sie haben eine Abneigung gegen vereinfachende Interpretationen und gehen den Dingen lieber auf den Grund. Auch bei Alltagstätigkeiten bleiben sie aufmerksam und reagieren auf kleine Signale. Sie sind hoch engagiert, um Störungen zu vermeiden bzw. unmittelbar auszugleichen, und geben technischer bzw. professioneller Expertise einen hohen Stellenwert.

In HRO erzeugen Wachsamkeit und Präsenz aller Mitarbeitenden eine ständige Aufmerksamkeit, die Weick und Sutcliffe *»collective mindfulness«* nennen; daraus entwickeln sie das Konzept des *»mindful organizing«*. Es handelt sich um die grundsätzliche Einstellung, in der Zusammenarbeit mit anderen ständig ein Verständnis der gegenwärtigen Situation zu schärfen. So reagieren sie vorausschauend, unmittelbar und hochzuverlässig auf unerwartete Ereignisse, auf die eine Organisation nie angemessen mit geplanten Maßnahmen reagieren könnte; die Kommunikations- und Entscheidungswege wären zu lang, die Entscheidungsträger in der Linie hätten zu geringe Kenntnisse über die Bedingungen vor Ort und die verfügbaren Problemlösungsalgorithmen würden Erfahrungswerte aus der Vergangenheit spiegeln.

Die organisationstheoretische Begründung für diese Widerstandsfähigkeit gegen Störungen hatte Karl Weick schon 1976 in seinem Konzept des *loose coupling* bzw. *tight coupling* vorgelegt. Mit Kopplung ist hier gemeint, wie weit Teilsysteme oder Systemkomponenten durch Verbindungen aufeinander Einfluss nehmen können: In eng gekoppelten Systemen können Störungen in einem Teilsystem weitreichende Folgen auf andere Teile haben; in lose gekoppelten Systemen bleiben Störungen relativ begrenzt auf das von ihnen direkt beeinträchtigte Teilsystem.

Systeme, die von unvorhersehbaren Umwelten umgeben sind, sollten lose gekoppelt sein. Mit der losen Kopplung geht eine größere Oberfläche zu den Umwelten einher. Durch die strukturelle Kopplung mit diesen Umwelten verfügt das Gesamtsystem über eine größere interne Verhaltensvarietät und damit mehr mögliche Algorithmen für die Lösung plötzlicher Probleme.[26]

Eng verbunden mit dem Hype um *Resilienz* und HRO-Organisationen ist das Konzept der *Achtsamkeit.* Darunter versteht man Präsenz, einen bestimmten Bewusstseins- und Wahrnehmungszustand, der sich durch Neugierde, Wertschätzung des Gegebenen, Offenheit

26 Siehe dazu auch Wohland et al. 2004.

für das gegenwärtig Erfahrbare richtet. Das Konzept wurde in der Folge verstärkt für individuelle Trainings im Zusammenhang mit Stressabbau verwendet. Mit organisationaler Resilienz ist die Annahme verbunden, dass sich aus der Summe solcher individuellen Aufmerksamkeitsleistungen kollektive Achtsamkeit ergeben wird.

Bei der Rezeption der Modelle von Weick und Sutcliffe wird übersehen, dass die Arbeitsabläufe in den untersuchten HRO die meiste Zeit über monoton, stabil und ereignisarm sind. Es wurde zwar als organisationskulturelle Leistung hervorgehoben, von dieser Gleichförmigkeit nicht schläfrig zu werden – wie dies dem eingangs erwähnten Frosch ergeht. Andererseits heben sich vor einem solchen Alltag kleine, frühe Signale auch deutlich ab. In den meisten Organisationen ist die Arbeit heute so verdichtet, dass die Aufmerksamkeit der Menschen ständig ausgelastet ist und sie, rein hirnphysiologisch betrachtet, im weißen Lärm der Informationsflut schwache, frühe Signale gar nicht ausmachen können. Die Teilsysteme in Organisationen sind außerdem als Folge optimierter, straff designter *Gesamtprozesse* im Modus des Tight Coupling verbunden; einzelne Akteure sind gar nicht in der Lage, bei kleinen Abweichungen durchgreifend zu handeln.

3.5 Konzepte für Führung und Change-Leadership

Max Weber vertrat die These, dass charismatische Führer in Zeiten hoher Bedrängnis auftauchen und sozialen Wandel herbeiführen können (siehe S. 58). Angesichts der Menge an wissenschaftlichen Studien und Publikationen zu charismatischem Leadership, die ab den 1990ern entstanden, liegt der Umkehrschluss nahe, dass das Change-Zeitalter eine Periode hoher Bedrängnis gewesen sein muss.

Die Themen Leadership und Change dominierten Jahrzehnte die Managementliteratur, denn im Change-Zeitalter sind Change und Leadership zur Kernaufgabe von Führungsarbeit geworden. John Kotter, der zwischen Managern, die strukturbewahrend sind, und Leadern, die Wandel bewirken, unterscheidet, spricht schon 1990 von *Change Leadership* statt von Change-Management.

Die Fähigkeit, Kollektive durch die Psychodynamiken von Change zu führen, wenn man als Führungskraft doch selbst in diesen gefangen ist, setzt mentale Stärken und Fähigkeiten der Selbstführung voraus. Die Move-Phase mit ihrer Instabilität und Unsicherheit, in der viele Deutungsmuster wenig gerichtet und unzusammenhängend emergieren, verlangt Führungskräften selbst Grundvertrauen und ein Zukunftsbild ab sowie die Fähigkeit, kraft ihrer Person Mitarbeitende zu überzeugen und mitzunehmen. Führung in Change-Prozessen bringt also in der Tat eine Menge von Leadership-Attributen ins Spiel, wie sie in Ansätzen transformationaler oder charismatischer Führung beschrieben werden.

3.5.1 Transformationales, charismatisches Leadership weitergeführt

Das Thema transformationales oder charismatisches Leadership löst seit 1990 einen nie dagewesenen Boom an wissenschaftlichen Untersuchungen aus. Bis 2010 erscheinen ca. 1.400 Artikel in US-Journals, mit Beginn der 2000er-Jahre verläuft die Kurve exponentiell, allein zwischen 2008 und 2010 werden ca. 600 Studien veröffentlicht (Abb. 4). So entstehen immer neue Theorievariationen, immer neue Modelle, allerdings wird fast immer ein Kern von ca. 280 Studien zitiert, der eine homogene Wissensbasis beschreibt. Das meistreferenzierte Modell nach Bass' *Full Range Leadership Model* (siehe S. 61) ist das ähnlich angelegte *Podsakoff Transformational-Transactional Leadership Model* (Podsakoff et al. 1990).

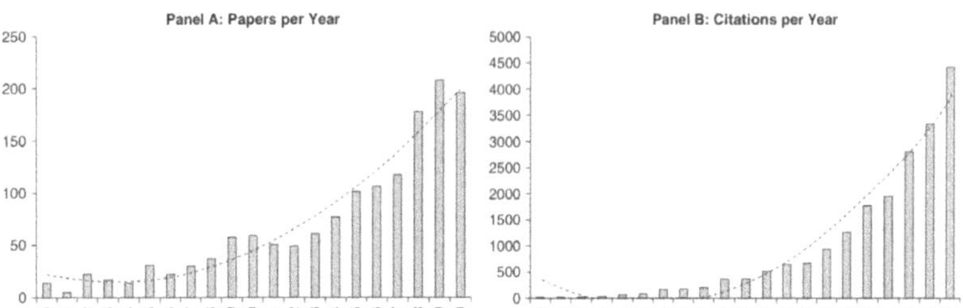

Abb. 4: Veröffentlichungen in Fachjournals zum Thema Transformationales und Charismatisches Leadership und deren Zitierungen (Antonakis 2012, S. 25)

Mit den neuen Modellen wächst auch die Anzahl von *Instrumenten,* die Leadership in Verhaltensmerkmalen operationalisieren und messen. Der *Leadership Practices Inventory* (LPI) von James Kouzes und Barry Posner (2001) umfasst fünf Praktiken vorbildlichen Leaderships: »*model the way*« – das Setzen von Strukturen, Prinzipien, Standards, Zielen; »*inspire a shared vision*«; »*challenge the process*« – die Suche von neuen Chancen; »*enable others to act*«; »*encourage the heart*«. Die Autoren postulieren, mithilfe ihres LPI könne jeder Mensch zu einem Leader entwickelt werden.

Jay Conger und Rabindra Kanungo (1998) beschäftigen sich mit der Psychodynamik des Leadership-Prozesses zwischen seinen Elementen (Führer, Geführte und Kontext). Die *Conger Kanungo Scale* (CKS) misst ebenfalls fünf Faktoren: Formulierung einer strategischen Vision, Sensibilität gegenüber den Umwelten und Bedürfnissen der Geführten, persönliches Risiko und unkonventionelles Verhalten.

Boas Shamir, Robert House und Michael Arthur beschreiben (1993) den Aspekt, wie charismatische Leader die Geführten motivieren, indem sie deren *Selbstschemata* vereinnahmen. Demnach werde die Vision des Leaders zu einer Bühne, die das Selbstkonzept der Geführten einbezieht. Deren Selbstwertgefühl, Selbstvertrauen und die wahrgenommene kollektive Stärke steigen; die Geführten identifizieren sich mit dem Leader. In Verbindung mit einer Ideologie, die einen kollektiven Sinn und Zweck betont, sich auf historische Werte bezieht, den besonderen Status der Geführten und die Zuversicht in ihre Fähigkeiten herausstreicht, werden Motivationsdynamiken entfesselt, die zu Selbstaufopferung und Commitment für die Mission des Leaders führen. Das gehobene Selbstwertgefühl, das zu gesteigerter Selbstwirksamkeit führe, und der Glaube, die eigenen Überzeugungen seien moralisch richtig, verleihe zusätzlich Kraft und Zuversicht.

Die bereits erwähnten *GLOBE-Studien* (siehe S. 96) von Robert House, ein mehrphasiges, weltweites empirisches Forschungsprogramm, das seit 1993 über 180 lokale Forscher weltweit einbindet, haben im Versuch, den international wirksamen Kern charismatischen Leaderships zu identifizieren, die *Culturally Endorsed Leadership Theories*[27] (CLT) expliziert: 21 Merkmale von Führungsverhalten tragen demnach weltweit zu effektivem Leadership bei, acht Merkmale verhindern dies.

Während amerikanische, arabische, asiatische, englische, osteuropäische, französische, deutsche, lateinamerikanische und russische Gesellschaften dazu tendieren, das Konzept von Leadership für politische wie organisationale Kontexte zu glorifizieren, wird dies in Skandinavien und den Niederlanden ganz anders bewertet. Die ega-

27 Siehe Moore (2008) für eine Zusammenfassung.

litäre Grundhaltung in den Niederlanden bewirkt sogar eine Stigmatisierung der Begriffe Leader oder Manager. US-Amerikaner suchen einerseits Empowerment von Führungskräften, die Autonomie gewähren und Autorität delegieren; andererseits respektieren sie Führer, die kühn, kraftvoll, selbstbewusst und risikobereit sind.

3.5.2 Level-5-Management

1994 brachten Jim Collins und Jerry I. Porras ihr Buch »Built to Last« heraus, das über sechs Jahre in den Bestsellerlisten blieb, in 25 Sprachen übersetzt wurde und den Hype um charismatisches Leadership gegen den Strich bürstete.

In ihrer Hierarchie der Managementskills nimmt eine Führungskraft, die ihre Mitarbeitenden über eine vereinnahmende Vision zu höchsten Leistungen anspornen kann, nur den Level 4 als *»effective leader«* ein. Auf Dauer erfolgreiche Unternehmen weisen den Typus des *Level 5 Leaders* auf, der eine Haltung der Bescheidenheit mit einem starken unternehmerischen Willen und entschlossenem Vorgehen verbindet; er erkennt öffentlich die Erfolgsbeiträge anderer an und übernimmt selbst die Verantwortung für Fehler – ein Profil, das den Typus des Entrepreneurs in Familienunternehmen beschreibt. In dauerhaft erfolgreichen Unternehmen sind intern rekrutierte Spitzenmanager nach Collins sechsmal erfolgreicher als von außen rekrutierte Topmanager.

In seinem 2001 veröffentlichten Bestseller »Good to Great« relativiert Collins die Bedeutung vereinnahmender Visionen weiter: In elf US-Unternehmen, die den Sprung von »groß zu großartig« geschafft hatten, stand nicht eine Vision am Anfang aller Dinge; vielmehr setzen sie nach dem Prinzip »erst wer, dann was« darauf, *erst starke Teams* aus den richtigen Mitarbeitenden, die man nicht besonders motivieren muss, aufzubauen. Solche Unternehmen bekennen sich zu stabilen Grundwerten, langfristigen Entscheidungen und fordern von disziplinierten Menschen diszipliniertes Handeln im Rahmen der klassischen Arbeitstugenden und neuer Technologien. Sie bauen langsam Kraft auf, entwickeln schließlich Momentum und erbringen durchbruchsartige Leistungen, die sie auf Dauer aufrechterhalten können. In Spitzenunternehmen ist vor allem *diszipliniertes Denken* gefordert: eine Haltung, einerseits die angestrebten Ziele zu verfolgen, andererseits jedoch der Realität ins Auge zu blicken, d. h., auf der Basis von Daten und Fakten zu agieren.

3.5.3 Der Mindset-Ansatz

Jonathan Gosling und Henry Mintzberg (2003) halten die Trennung zwischen *Management und Leadership* für gefährlich: Management ohne Leadership fördere einen fantasielosen Führungsstil, der Initiativen erstickt, und Leadership ohne Management fördere einen abgehobenen, heroischen Führungsstil und Hybris.

In der alltäglichen Praxis müssen Führungskräfte noch viel mehr *Widersprüche* in Ausgleich bringen: zum Beispiel globales und lokales Denken, Kooperation und Wettbewerb, Change vorantreiben und Stabilität geben, Profit erzielen und Menschen fördern. Das funktioniere nicht, wenn man die Zielsetzungen selbst in Einklang zu bringen versuche, sondern nur über eine tiefgehende *Integration* auf der Metaebene. Führungskräfte benötigen dazu *verschiedene Mindsets,* innere Haltungen, mit denen sie auf die Welt zugehen, die ihnen helfen, tatsächliches Handeln mit *abstrahierender Reflexion* zu verbinden. Die Autoren unterscheiden fünf Mindsets, die jeweils einen dominanten Fokus haben:

- Das *»reflective mindset«* ist die innere Haltung, Erfahrungen zu reflektieren und zu generellen Mustern zu verdichten bzw. zu integrieren. Mit einem reflektierenden Mindset entstehen Bilder, die »Strich für Strich aus den verdauten Erfahrungen der Vergangenheit gemalt« werden.
- Das *»analytical mindset«* hilft, komplexe Phänomene in Bestandteile herunterzubrechen und dabei Handlungsfähigkeit zu erhalten. Es geht über konventionelle Analyseprozeduren hinaus und erfasst die grundlegende Bedeutung von Strukturen, die Tragweite von Entscheidungen.
- Das *»worldly mindset«* ist die Haltung, verschiedenste Weltbilder bzw. Wirklichkeitskonstruktionen vorbehaltlos und differenziert wahrnehmen und sich selbst in den Fluss des Geschehens einzufädeln.
- Das *»collaborative mindset«* besteht aus einem *»engaging style«* in der Gestaltung von Beziehungen zwischen Personen, in Teams und Projekten, zwischen Divisionen und Allianzen. Konkret geht es um die Haltung, Teile zusammenzuführen und zu verbinden. Führungskräfte mit einem Collaborative Mindset sehen sich als Teil von Netzwerken, in die sie involviert sind und aus denen heraus sie steuern. Sie geben Mitarbeitenden Raum,

hören zu, halten sich zurück und fördern die Kooperation zwischen anderen Personen.

- Das *»action mindset«* ist wichtig für Führung im Change, in einer Situation, in der die eigene Organisation von den Emotionen, Hoffnungen und Motiven gezogen wird wie eine Kutsche von wilden Pferden. Statt die Pferde mit der Peitsche noch mehr anzutreiben, ist mit Sensibilität für das Terrain und die Leistungsfähigkeit der Teams zum einen eine neue Richtung einzuschlagen und zum anderen ein stabiler Kurs zu halten, was ein ständiger Lernprozess ist.

Diese fünf Mindsets sind wie Fäden, die eine effektive Führungskraft zu einem »robusten Tuch verwebt«. Eine Organisation wird dann zu einem Kollektiv mit einem gemeinsamen Ziel, einer gemeinsamen Bestimmung, wenn ihre Führungskräfte beim Zusammenarbeiten die in ihren Organisationsrollen unterschiedlichen Schwerpunktsetzungen für die jeweiligen Mindsets mit sich bringen.

3.5.4 Leadership-Pipeline

Auch Ram Charan, Stephen Drotter und James Noel betonen das Zusammenspiel der unterschiedlichen Führungsbeiträge, meinen damit in ihrem Buch »The Leadership Pipeline« (2001) aber das Zusammenspiel der Führungsrollen. Mit der Metapher der Pipeline bringen sie zum Ausdruck, dass *Leadership*, der Brennstoff, der die gesamte Organisation mit *Energie* versorgt, über eine Infrastruktur von miteinander verbundenen, passenden Rollengefäßen verteilt werden muss, damit er in alle Winkel der Organisation gelangen kann. Nur wenn alle Führungskräfte die Erfordernisse ihrer *Führungsrollen* richtig leben, ist das Gesamtsystem mit Energie versorgt.

Das Modell der Leadership-Pipeline unterscheidet folgende Führungsebenen (Tab. 1):

- erste Führungsverantwortung, genannt *»Managing Others«* (MO, Teamleitung)
- *»Managing Manager«* (MM, Mittelmanagement)
- *»Functional Head«* oder *»Functional Manager«* (FM, Bereichsleitung)
- *»Business Manager«* (BM, General Manager; größere Organisationen: Sparten- oder Geschäftsfeldleitung, kleinere: Geschäftsführung)

Pipeline level	skills	mental models values
Managing self (MS) Fachkraft	Fachkenntnisse ausbauen, Kooperation, Selbstorganisation	verstehen & internalisieren der Unternehmens-kultur, Identifizieren mit professionalen Standards
Managing others (MO) TeamleiterIn	Aufgaben & Ressourcen planen, Arbeit zuteilen, motivieren, coachen, beurteilen; Feedback geben, sanktionieren	den Wert & das Wesen von Führungsarbeit verstehen, den Führungsstil des Unternehmens & den eigenen (Werte) vertreten
Managing Managers (MM) GruppenleiterIn	Personal auswählen und entwickeln; Arbeit und Verantwortung verteilen; Performance bewerten, Coaching, strategieorientiertes Führen	Sich nicht selbst klonen, Führung hat Priorität, Ressourcen strecken, Abteilungsdenken überwinden
Functional Manager (FM) Bereichs-leiterIn	Kommunikation, fach-fremde Aufgaben & andere Funktionen mitdenken; Reporting, Wettbewerb um Res-sourcen mit anderen FMs, Ableitung der Funktionsstrategie	Die professionalen Werte und den eigenen Bereich – technisch-instrumentell, personell und kulturell – entwickeln, Innovation fördern, Business Beitrag verstehen, Systemdenken
Business Manager (BM) General ManagerIn	Strategisches Denken, effektive Kommunikation, Leiten und motivieren von Querschnittsfunktionen & Stäben, Vertrauen und Sicherheit geben, steuern in komplexen Systemen, Ratschläge, Feedback annehmen	Integration von Aufgabengebieten, Profit-Perspektive, Sensibilität für functional diversity, Abwägen zukünftige Ziele & gegenwärtige Notwendigkeiten, Systemdenken und Verständnis für Systemdynamiken
Group ManagerIn (GM) Konzern-vorstand	Portfoliomanagement im Interesse des Konzerns, knappe Ressourcen allokieren, aus verborgenen Chancen Diversifizierungen aufbauen; BMs, ihre Leitungsteams und deren Kultur beurteilen, Strategien kritisch hinterfragen, Coaching	Erfolg der anderen fördern, die Verbindung einer Gruppe von Unter-nehmen zum Konzern monitoren, »nährende«, ausgleichende, zurück-haltende Rolle, für Compliance mit Konzernpolitiken und -werten sorgen, Erfahrung, Analytik, Glaubwürdigkeit

Tab. 1: Modell der Leadership-Pipeline (Quelle: Krizanits nach Charan, Drotter a. Noel 2001)

- in großen Konzernen zudem die Ebenen »*Board Member*« (Vorstand) und »*Enterprise Manager*« (Konzernvorstand).

Für eine effektive Führungsinfrastruktur sind die Rollengefäße auf jeder Führungsebene spezifisch nach den folgenden *Parametern* definiert: erforderliche Skills, hinterlegte mentale Modelle zu Führung und Organisation, Umgang mit Zeit, im weiteren Sinn mit Struktur, und Lessons to learn. Das letzte Kriterium meint eigentlich die Schwerpunkte, auf die Führungsarbeit auf einer Ebene auszurichten ist. Tab. 1 zeigt eine Übersicht, die die für jede Führungsebene typischen Verantwortungen und Skills, mentalen Modelle und Werthaltungen, Muster im Umgang mit Zeit und die Lernfelder in der Passage auf die jeweilige Ebene zusammenträgt.

time patterns	lessons to learn
Pünktlichkeit, Verlässlichkeit, Planung, Qualität	schärfen & erweitern der fachlichen Skills, Dilemma: Eigeninitiative vs. Auftragserfüllung
delegieren, Zeit für Personalführung einplanen	vom Selbst-Produktivsein zur Förderung anderer, Dilemma: Beziehungs- vs. Leistungsorientierung
Meetings gestalten, delegierte Aufgaben über die Zeit monitoren	Die Lehmschicht/ Lähmschicht überwinden, Transition to pure management, allgemeine Führungsdilemmata
Langzeitperspektive, mehr Flughöhe, Teilnahme an Business Team Meetings	Increase managerial maturity, Zukunftsperspektive, Dilemma: Linie vs. Querschnittsfunktionen, Silo- vs. Prozessdenken
Freiräume, Langzeitperspektive, Dilemma: 3–5-Jahresplanung vs. Quartalsergebnisse	Silodenken überwinden, Stakeholderinteressen adressieren, Außenorientierung, Kultur bewusst prägen, Dilemma: bewahren vs. verändern, optimieren vs. entwickeln
Breite Perspektive, die auch das noch nicht Sichtbare einschließt	Statthalter-Rolle für CEO, Verzicht auf eigene Businessverantwortung, keine Feuerwehr-Aktionen als »besserer« BM, nicht selbst Strategie machen wollen

Die Autoren sprechen von Lessons to learn, weil beim Aufstieg von einer auf die nächste Führungsebene die mentalen Modelle bewusst *ent*lernt werden müssen, damit die Pipeline nicht verstopft.

Dazu ein Beispiel:

Eine erfolgreiche Teamleiterin will auch nach dem Aufstieg zur Abteilungsleiterin jeden Morgen ihre Mitarbeitenden persönlich begrüßen. Das lässt sich bei 70 Mitarbeitenden nicht umsetzen, bald bildet sich eine In-Group Nahestehender, bei der Abteilungsleiterin entstehen Zeitdruck und Loyalitätskonflikte, bei den Mitarbeiterinnen Misstrauen, Konkurrenz, Intrigen; Konflikte eskalieren auf der nachgelagerten Teamebene weiter oder werden auf die nächste Führungsebene gespielt. *Fazit:* Beim Aufstieg auf die Führungsebene der Abteilungsleitung muss das mentale Modell, dass persönliche Nähe Führungserfolg bringt, bewusst entlernt werden.

Im Modell der Leadership-Pipeline können Führungskräfte ihren eigenen Entwicklungsstand, ihre *Maturität*, auf einer Funktionsebene zu reflektieren, und sich zwischen *»not yet full-performance«* und *»exceptional performance«* verorten.

3.6 Fazit: Gesellschaft, Organisationen und Führung im Change-Zeitalter

Der Turbokapitalismus, den Neoliberalismus und Finanzmarktkapitalismus im Change-Zeitalter über den Transmissionsriemen des Shareholder Value antreiben, hinterlässt in Organisationen und Gesellschaft tiefe Spuren.

3.6.1 Die Folgen von Shareholder-Value in Wirtschaft und Organisationen

Jährlich neue hohe Vorgaben für Wachstum und Kapitalverzinsungsraten, die mit denen an der Börse konkurrieren, haben in Unternehmen zu wiederholten Reengineering- und Kostensenkungsprogrammen, zu kurzfristigen Entscheidungen zum Zweck der Bilanzkosmetik geführt. Am Ende des Change-Zeitalters belasten nicht mehr die Change-Prozesse selbst die Menschen, sondern deren Ergebnisse: Für die Einsparung von 300 Mio. wird das Topmanagement nur einmal auf einer Bilanzpräsentation honoriert, aber die Belegschaft muss danach auf Dauer unter diesen Bedingungen arbeiten.

Als Folge dieser Maßnahmen sind die Strukturen in Organisationen immer straffer, Kopplungen immer enger, immer mehr auf die gegenwärtigen Wirtschaftsbedingungen festgeschrieben worden. Arbeit ist verdichtet, das Tätigkeitsspektrum des Einzelnen umfassender, die Einsatzgebiete flexibler; Menschen müssen dauerhaft höhere Aufmerksamkeitsleistungen erbringen, und zwar unter steigendem Zeit- und Ergebnisdruck, was bei vielen zu Burn-out führt.

Dass diese Entwicklungen so widerspruchslos hingenommen werden, hängt damit zusammen, dass das Topmanagement mit *Aktienpaketen incentiviert* wird. Wie Rudolf Wimmer schreibt, verlagert die Politik des Shareholder Value die übliche *Trennlinie* zwischen den Logiken der Kapitalinteressen im Aufsichtsrat einerseits und den Realwirtschaftsinteressen des Managements andererseits in die Organisation hinein, konkret: zwischen das *Topmanagement* und das

Management der operativen Geschäftsbereiche. Die Folge ist eine Entfremdung zwischen den Managementebenen, die sich in Vertrauensverlusten, »doppelter Buchführung« und gegenläufiger Entscheidungsprämissen auswirkt.

Extreme *Heuschrecken-Aktionen,* in denen gesunde Unternehmen feindlich übernommen, filetiert und stückweise weiterverkauft wurden, haben ein Übriges dazu beigetragen, dass am Ende des Change-Zeitalters in Organisationen ausgehöhlte Strukturen zurückgeblieben sind und eine brüchige kollektive Vertrauens- und Loyalitätsbasis, die sich täglich nährt: an den krassen Diskrepanzen zwischen den höchsten und niedrigsten Gehältern, an der Ungerechtigkeit zwischen dem Status Fixangestellter und Befristeter, an den vielen Baustellen vernachlässigter mittel- und langfristiger Aufbauarbeit.

3.6.2 Fazit: Führung im Change-Zeitalter

Ein hochdynamisches Umfeld, gespeist aus Verdrängungswettbewerb, Globalisierung, vielfältigen, wechselseitigen Abhängigkeiten und einem Stakkato an Technologiesprüngen, besonders in der IT, schlägt sich in Organisationen in zunehmend volatilen Entscheidungsprämissen nieder. Die ständig steigende Komplexität der internen Strukturen – die ja mit denen der Umwelten Schritt halten müssen – führt zu aufwendigen Abstimmprozessen, nicht selten zum Entscheidungspatt. Business in dieser *»white-water-condition«*[28] bedeutet oft genug, dass mehr Unsicherheit entsteht, als durch einzelne Entscheidungen absorbiert werden kann.

Vor diesem Hintergrund werden Führungskräfte im Change-Zeitalter auf eine Achterbahn geschickt. Je größer die Herausforderungen auf der sachlogischen Ebene, desto mehr sollen sie auf der psychodynamischen Ebene leisten; je verfahrener die Perspektiven, desto mehr werden ihnen Visionen abgefordert. Massive Strukturprobleme werden verkürzt und verlagert in die Gestaltung der bilateralen Mitarbeiterbeziehung. Da wird an allen Hebeln gedrückt: die Führungskraft als Coach, als Charismatiker, als transformierender Leader, als international und interkulturell geländegängiger Global Leader, als Visionär, der sich selbst entwickelt, als bescheidenes Vorbild – keine Karte, die nicht aus dem Ärmel gezogen wird. Um wie viel leichter waren da die Stereotype früherer Zeitalter zu erfüllen:

28 Eck et al. (2014).

der Macher des Konsumzeitalters, der Ingenieur des Industriezeitalters. Da brauchen Führungskräfte selbst Coaching; Scharen von Managern zieht es in jahrelange Coachingausbildungen – meist in ihrer Freizeit und auf eigene Kosten.

Nur selten werden die Schattenseiten der heroisierenden Leadership-Stereotype in den Blick genommen. Conger und Kanungo (1998) z. B. betonen, dass charismatisches Leadership zur Gefahr für die Geführten und für Organisationen werden kann: Charismatische Führer haben oft charakterliche Mängel; sie können extreme Narzissten sein, Fantasien über die eigene Grandiosität können zu Selbstbezogenheit, Übertreibungen, Realitätsverlust und persönlicher Bereicherung führen.

Nach aller, oft genug irrational anmutenden Erhöhung von Führung kommt der tiefe Fall. Die Finanzkrise zeigt es: Aus der Traum vom Macher, der jedes Problem löst; vorbei die kühne Rede, dass die einzige und legitimierte Führung der Gesellschaft von Wirtschaftskapitänen geleistet werden könne. Mintzbergs urteilt 2000, eine neue Kaste professioneller Manager übe mit den neuen Praktiken de facto Zerstörungskraft aus. Die unternehmerische Führung befinde sich in einer schweren Krise.

In den Augen von Medien und Öffentlichkeit sind viele Unternehmensführer zu Söldnern des Finanzkapitals geworden, korrumpierbar, überbezahlt, ohne Moral und Ethik. Sie lassen Kinder und verelendete Menschen unter lebensgefährlichen Bedingungen für einen Hungerlohn arbeiten, zerstören die Umwelt, höhlen den sozialen Wohlfahrtsstaat aus, führen die Nationalstaaten und ihre Politik an der Leine, hinterziehen Steuern in Oasen, als wäre die Welt, in der sie ihre Profite erwirtschaften, früher oder später eine Wüste.

Am Ende des Change-Zeitalters ist das Fazit so klar wie schonungslos: Der Turbokapitalismus hat seine Kinder abgehängt. Er hat die Kassen der Wohlfahrtsstaaten geplündert und die Welt quer über den Globus und quer durch die Nationalstaaten in Arm und Reich geteilt in einem Ausmaß, wie wir es seit der Zeit der mechanischen Webstühle und der Manufaktur nicht kannten.

Im September 2008 kommt es zu einem jähen Stillstand und Ende des Change-Zeitalters. Der Auslöser, die Insolvenz der US-Investmentbank Lehman Brothers, ist ein Ereignis, eine Störung, wie es ähnliche seit Jahren laufend gegeben hat. Unzählige symptomatische Signale – z. B. die Dotcom-Blase – haben immer wieder auf die verheerenden Auswirkungen der entfesselten Finanzmärkte hingewiesen. Nun führt der Flügelschlag eines Schmetterlings zum Kippeffekt: Die Krise lokaler Banken löst eine internationale Finanzkrise aus, die eine weltweite Wirtschaftskrise nach sich zieht, in einigen Nationalstaaten eine Staatskrise. Denn auch das ist ein Resultat am Ende des Change-Zeitalters: Die Strukturen sind weltweit derart vernetzt, dass eine Störung sich schlagartig ausbreiten und weltweite Krisen auslösen kann – zu eng gekoppelt.

4 Kollektive Führung in der Postmoderne

Schon in den 1970er- und 1980er-Jahren haben die Philosophen Jacques Derrida und Jean-Francois Lyotard das abendländische Weltbild der *Moderne* als lediglich *ein mögliches* dekonstruiert, das aber durch seine beherrschende Stellung andere Sichtweisen auf die Welt usurpiere.

Lyotard (1982, S. 14) diagnostizierte das *Ende der großen Erzählungen*:

> »In äußerster Vereinfachung kann man sagen: *Postmoderne* bedeutet, dass man den Meta-Erzählungen keinen Glauben mehr schenkt.«

Mit den Meta-Erzählungen meint er konkret die mentalen Modelle der *Aufklärung* – dass Vernunft und rationales Vorgehen der Menschheit Fortschritt bringen, des *Idealismus* – dass Ideen und Ideale Moral, Wissen und Weltverständnis prägen, und des *Historismus* – dass die gegebene »Wirklichkeit« die Folge quasi organischer geschichtlicher Entwicklungen sei. Die konkreten Erzählungen der Moderne, z. B. die über Neoliberalismus, Globalisierung, Demokratie usw. dekonstruieren Soziologen wie Pierre Bourdieu.

In seinem Buch »Resonanz. Eine Soziologie der Weltbeziehung« entwirft der Soziologe Hartmut Rosa (2016) mit seiner Theorie der Resonanzbeziehung ein *Gegenmodell zur Entfremdung*. Er geht davon aus, dass menschliche Sinnsuche nicht nur eine Antwort in kognitiven Sinnentwürfen – z. B. in »großen Erzählungen« – findet, sondern vor allem in einem Gespür dafür, wie das Leben gelebt sein will. Die eigentliche Frage, »Was gibt meinem Leben Sinn?«, betreffe unser *Grundbedürfnis nach Resonanz,* nach einer »schwingenden« Beziehung mit der Welt, die wir leiblich-emotional erfahren können.

Die *Beschleunigungsgesellschaft* lasse Menschen in eine »Steigerungsorientierung« in Bezug zur Welt treten: Wir begehren, unsere »Weltreichweite« beständig zu vergrößern, uns die Welt durch Technik, Geld, das Leben in Städten u. a. m. noch verfügbarer zu machen. Die kapitalistische Wirtschaftsordnung mit ihren Prämissen von Wachstum, Beschleunigung und Innovierung prägt unsere Gesellschaft in einen Funktionsmodus *dynamischer Stabilisierung:* Wir können nur bleiben, wie wir sind, durch weitere *Steigerung der Weltreichweite*. Die Kehrseite ist, dass die verfügbar gemachte Welt zurückweicht, stumm wird oder – z. B. im Fall von Burn-out – gar zu einer Bedrohung wird. Im instrumentalisierenden Zugriff – vor allem bei institutionellem Zwang – schlägt sie »tot, leer und apathisch« auf uns zurück.

Vier Aspekte sind nach Rosa konstitutiv für ein sinnhaftes Weltverhältnis, eine *gelingende Resonanzbeziehung:* Momente der tiefen Berührung (Affizierung), die Selbstwirksamkeitserfahrung (im Akt der Antwort), eine Transformation (im Moment der Resonanzerfahrung) und ein Moment der grundsätzlichen Unverfügbarkeit. Rosa unterscheidet *Resonanzachsen*, über die wir in eine gelingende Beziehung zur Welt gelangen: Beziehungen wie Liebe, Freundschaft, Demokratie, etwas, an dem wir uns »abarbeiten« können wie Arbeit, Sport usw., und etwas, das eine verbindende Antwortbeziehung zwischen dem eigenen Innersten und dem Äußeren schafft, wie Natur, Kunst, Religion o. Ä. Psychologische, räumliche, zeitliche, soziale und institutionelle Gegebenheiten fördern oder hindern uns, in Resonanz zu treten.

Es ist diese Art Sinnsuche, die nach der großen Dekonstruktion in der Postmoderne die Entwicklungen in Organisationen und im Führungsverständnis antreibt.

4.1 Veränderungen in Gesellschaft und Wirtschaft

2008 sind Konstruktivismus, Dekonstruktivismus und Postmoderne endgültig in den Wochenendbeilagen der großen Printmedien angekommen. Schonungslos werden Prämissen wie Fortschritt, Zweckrationalität, Wachstum, Gewinnstreben, der Homo oeconomicus, der aufgeklärte Konsument, ja, jeglicher Wahrheitsanspruch als Ideologie demaskiert. Im Gegenzug inkludiert das postmoderne Weltbild gesellschaftliche Vielfalt, Heterogenität und Pluralität.

Denn am Ende des Change-Zeitalters ist die Gesellschaft in unzählige Gruppen aufgefächert, die sich nicht mehr mit dem Maßstab einer homogenen Kultur vermessen lassen. Neoliberalismus, der auf ökonomische Deregulierung und eigenmotivierte Akteure gesetzt, und Linksliberalismus, der die Aufwertung benachteiligter gesellschaftlicher Gruppen verfolgt hatte, haben zu einer breiten alltagskulturellen Bewegung und zur Pluralisierung der Lebensstile geführt, so der Soziologe Andreas Reckwitz.

Das iPhone, die Technologie-Integration par Excellence, steigt aus dem Reigen der IT-Produkte für den persönlichen Bedarf – PC, iPad, Tablet, Handheld, Handy – auf zum Katapult für die sozialen Medien. Eine Unzahl selbstreferenzierender, sozialer Eigenwelten entsteht, in denen Menschen Ansehen, Austausch und Identität suchen. Soziale Netzwerke bringen zuwege, was die Politik nicht mehr schafft und was Organisationen täglich schwerer fällt: Organisationsgrad und Alignment. Kurzfristig und geradezu spielerisch entstehen Flashmobs, schnelle Meinungsbildung und Abstimmung. Allein, Netzwerke sind anliegenbasiert und zerfallen so schnell, wie sie entstanden sind. Soziale Strukturen zerrinnen wie Wasser in den Händen.

Die Wissenschaft erfährt in der Postmoderne einen massiven Vertrauensverlust. Fakt oder Fake lassen sich kaum mehr unterscheiden; jenseits von Content und Beweisführung suchen Menschen statt Wissen Gewissheit. Diese lässt sich verlässlich in Blasen finden und aufrechterhalten. Denn je wahlfreier die eigene Wirklichkeit wird, desto größer wird der Wunsch des Einzelnen nach Zugehörigkeit, Verbindung, Gemeinschaft, nach emotionalem Kontakt und Resonieren mit der Lebensumwelt.

Auch das Vertrauen in die Politik erodiert in der Postmoderne. Die politische Teilhabe der Bevölkerung ist auf deren Rolle als Wahlvolk beschränkt, das alle vier oder fünf Jahre mit einem Kreuz auf einem Zettel über jahrzehntelang weitergeschriebene Parteiprogramme abstimmen soll. Deren überlebte Narrative lassen das Lebensgefühl der Menschen außen vor: den Verlust gesellschaftlicher Zugehörigkeit, die Entfremdung voneinander, den Zorn über die ungebremst wachsende Schere zwischen Arm und Reich. Mit dem Bad wird auch das Kind ausgeschüttet: Die repräsentative Demokratie selbst wird unglaubwürdig, abgestempelt zum Machtinstrument für die Interessen weniger. Der Mangel an verbindenden Lebensentwürfen und Kriterien für Wahrheit und Gerechtigkeit hinterlässt ein Vakuum, das Populisten und Demagogen die politische Bühne bereitet. Wie sonst ließen sich die disparaten Blasen erreichen als mit dem kleinsten gemeinsamen Nenner plumper Ab- und Ausgrenzungen? Ein degenerierender politischer Diskurs und manipulative bis korrupte Handlungen der Politiker führen die Grundprämissen demokratischer Haltung ad absurdum, was zu weiterem Vertrauensverlust führt.

Lebensstandard, Besitz, Konsum, Karriere, politisches Engagement – für ihr selbstgestaltetes Sozial- und Privatleben lassen Hipster das alles links liegen. Gleichzeitig überrascht die Zivilgesellschaft Politik, Meinungsforschung und sich selbst mit einer anhaltenden Welle von Empathie und Hilfe, wenn sie endlich etwas tun kann für die Flüchtlinge, statt abends ohnmächtig der Bebilderung des Massengrabs im Mittelmeer ausgesetzt zu sein.

Ringsum nimmt die Unsicherheit zu und tritt ungebremst in die individuellen Lebenswelten: Umweltkatastrophen – Überschwemmungen und Waldbrände in Europa und der Tsunami bei Fukushima – Staatsschulden und Maastricht-Kriterien, Terrorbekämpfung und Kriege nach den Terroranschlägen am 11. September 2001, der arabische Frühling und endlose Brexit-Verhandlungen.

Mit Siebenmeilenstiefeln realisiert sich Aldous Huxleys Utopie vom Überwachungsstaat – als Unterhaltungssendung im Fernsehen gab es sie schon vorher. Das stellt wohl die krasseste Paradoxie dieses Zeitalters dar: Einerseits macht uns Big Brother, der alles sieht, sammelt und kombinieren kann, berechtigte Angst; andererseits sind wir selbst fasziniert vom Zugang auf Daten über andere Menschen, Orte, Gedanken und schauen im Schutz der Anonymität gern zu – ach was, Anonymität: Mit einem gewissen Nervenkitzel stellen wir intimste Informationen und Ansichten ins Netz, wissend, dass jede und jeder auf der Welt ohne viele Schwierigkeiten auf sie zugreifen kann, ohne dass wir kontrollieren können, was damit geschieht.

Nach der Finanzkrise und in der folgenden Weltwirtschaftskrise stabilisiert der EU-Rettungsschirm die Lage in Griechenland, Irland, Portugal, Italien und führt dort zu einer jahrelangen Austeritätspolitik. Die Globalisierungseuphorie zeigt Risse, Investments in den BRICS-Staaten bröckeln: Die Besetzung der Krim 2014 zieht Sanktionen gegen Russland nach sich; in Brasilien, Indien und China sinken die Wachstumsraten, die staatliche Regulierung nimmt zu; strukturelle und gesellschaftliche Probleme der Volkswirtschaften werden sichtbar.

Hatte gestern der Turbokapitalismus noch ein ums andere Mal die Trumpfkarte der Wachstumsvorgaben aus dem Ärmel gezogen und alle glauben gemacht: »Wirtschaft ohne zweistelliges Wachstum – das geht nicht!« ist es nun ruhig geworden um den Fetisch Wachstum. Man wartet auf den Aufschwung, auf steigende Wachstumsraten, die die Schuldenberge der Volkswirtschaften abtragen können. Regelmäßig werden die ohnedies niedrigen Wachstumsprognosen unterjährig nach unten korrigiert. Da und dort sprießen junge Pflänzchen grundlegend anderen Wirtschaftens – ansonsten versuchen die meisten Organisationen, in der Rahmensetzung von wenig bis keinem Wachstum zurechtzukommen.

Doch: Die Beharrungskräfte sind zäh. Im Windschatten der gesellschaftlichen Aufmerksamkeit rappelt sich das Wirtschaftssystem auf, putzt sich ab und das Spiel von Konsum und Profit geht weiter.

Auf der Ebene von Führung und Organisationen steht nach dem Zeitalter des Change-Managements nun ein Zeitalter des Management-Change an. Die großen Erzählungen der Managementtheorie sind fadenscheinig geworden, Organisationen und Führung geraten selbst in einen tiefgreifenden Transformationsprozess. Allerdings hat das Zeitalter der Postmoderne für Organisationen selbst gleich zwei neue große Erzählungen parat: die von der Digitalisierung und die von neuen Formen der Arbeit in kollektiver Verbindung.

4.2 Führungskonzepte

Auch in Führung und Management ziehen die Betrachtungsweisen der Postmoderne ein: Es geht um gelingende Führung durch Verbindung. 2011 spricht Jeremy Rifkin (2011a) vom *kollaborativen Zeitalter,* das völlig neue Formen der Zusammenarbeit und neue Foren der Führung brauche.

Das Zürcher Ressourcen-Modell mit dem Konzept der »Motto-Ziele« und die »Theorie U« machen deutlich, welche *Ressourcen für Selbstführung* und Zukunftsgestaltung *im eigenen Wollen* liegen – und wie man Zugang zu ihnen findet. *»Neuroleadership«* und *»positive Leadership«* parametrisieren *gelingende Beziehungen* und weisen einen unspektakulären, ideologiefreien Weg zu denselben Ergebnissen, die die charismatischen Leadership-Ansätze für sich beanspruchten. Die hat Mintzberg demontiert mit seiner Forderung nach *»postheroischer,* verbindender« Führung; Hamel propagiert *»distributed leadership«,* was zum zentralen Ansatz für die Organisationskonzepte der Postmoderne wird.

4.2.1 Motto-Ziele und Intuition

Grundlage für den MbO-Prozess ist das Setzen von Zielen, die *SMART* sind (siehe S. 35), d. h., sie sollen spezifisch/konkret, messbar, attraktiv für den Leistungsträger, realisierbar und mit Zeithorizonten versehbar sein. Fortschritt zur Zielerreichung verlaufe stetig und linear, so die Annahme; deshalb könne man jederzeit den Zielfortschritt überprüfen und das Ist mit dem Soll vergleichen. Für unstete, disruptive Zeiten geben solche Zielsetzungen wenig Handlungsorientierung; sie weisen vielmehr den direkten Weg in die Erwartungsenttäuschung.

Maja Storch und Franz Krause (2007) stellen diesem Verständnis von Zielsetzungen in ihrem *Zürcher Ressourcen-Modell (ZRM)* die *Motto-Ziele* (Storch 2009) gegenüber. Motto-Ziele ankern Leistungsträger in ihrem persönlichen Wollen, sie aktivieren unser Erfahrungsgedächtnis und unsere Intuition.

Der neurobiologische Hintergrund: Wir verfügen über zwei Systeme der Erfahrungsverarbeitung, den Verstand (Cortex) und das emotionale Erfahrungsgedächtnis (limbisches System), die sehr unterschiedlich funktionieren (Tab. 2).

Merkmal	Verstand (bewusst)	Emotionales Erfahrungsgedächtnis (unbewusst)
Struktur	Cortex	limbisches System
Arbeitstempo	langsam	schnell
Arbeitsweise	sequenziell	parallel
Kommunikationsmedium	Sprache (präzise Argumente)	somatische Marker (diffuse Gefühle)
Bewertungskategorie	richtig/falsch	Mag ich / Mag ich nicht

Tab. 2: Instanzen unserer Erfahrungsverarbeitung (nach Maja Storch und Frank Krause 2007)

Das *emotionale Erfahrungsgedächtnis* speichert Lebenserfahrungen in verdichteter, vorsprachlicher Form, in Bildern, Episoden, Geschichten; auf einen Reiz reagiert es blitzschnell, nach 200 Millisekunden, mit zerebralen Feuerungsmustern. Dabei stellt es simultan eine Vielzahl von Szenarien her, die uns helfen, den Gehalt einer Situation zu erfassen. Es ist rund um die Uhr hochgradig leistungsfähig und arbeitet unterhalb der Bewusstseinsschwelle. Das emotionale Erfahrungsgedächtnis bewertet Reize nach dem Kriterium »Mag ich«, was Annäherungsverhalten auslöst, oder »Mag ich nicht«, was Vermeidungsverhalten auslöst. Es vermittelt sich über Affektlagen und *somatische Marker* wie z. B. den Wunsch, die Welt zu umarmen, oder ein flaues Gefühl im Magen.

Der *Cortex* dagegen arbeitet langsam, er prozessiert Gedanken seriell, d. h. nacheinander, bewertet Reize und Ereignisse nach dem Kriterium »richtig oder falsch« und teilt sich über Sprache mit. Er arbeitet bewusst, also nur im Wachzustand, und zuverlässig nur im mittleren Bereich zwischen Unter- und Überforderung.

Beide Instanzen unserer Erfahrungsverarbeitung, haben schöpferische Kompetenz: Sie kreieren über neue Verschaltungen neues Wissen, neue Weisheit aus Erfahrenem. Ein gemeinsamer Codevorrat von Cortex und Erfahrungsgedächtnis sind Bilder und Metaphern; sie dolmetschen zwischen den Instanzen, denn sie lassen sich versprachlichen, und sie geben Zugang zu Szenarien.

Ein Reiz löst meist sowohl Mag-ich-Szenarien und Annäherungsverhalten als auch Mag-ich-nicht-Szenarien und Vermeidungsverhalten aus. Besonders Entscheidungssituationen lösen *gemischte* – gleichzeitig positive und negative – Affektlagen und damit *gleichzeitig Annäherungs- und Vermeidungsverhalten* aus. Von Storch und Krause (2007) stammt das Modell der *Affektbilanz,* das besagt, dass Handeln durch eine bestimmte Bilanz von Annäherungs- und Entscheidungsverhalten ausgelöst wird. Damit man sich auf eine Sache zubewegen kann, braucht es eine Bilanz, bei der die Annährungskräfte weit überwiegen; ein Zuviel an Vermeidungsaffekten hingegen hat zur Folge, dass wir uns von dieser Sache abwenden und sie nicht mehr weiter ergründen.

Wenn jemand eine Entscheidung trifft, feuert erst das limbische System und danach der Cortex, das belegen die bildgebenden Verfahren der Hirnforschung. Eine Entscheidung fällt also erst im Wollen und anschließend liefert der Cortex die Begründung.

Auf diesen Zusammenhang setzt die Praxis der *Motto-Ziele:* In unbekannten, unüberschaubaren Situationen sind wir angewiesen auf die schöpferische Kompetenz unseres Erfahrungsgedächtnisses. Wir können es produktiv stellen, indem wir ein Motto, ein Leitthema formulieren, dass unser tiefes Wollen im Hier und Jetzt ausdrückt. Dabei geht es um eine Haltung zu einer Herausforderung, um ein *Annäherungsziel,* das im eigenen – und nicht fremdbestimmten – Einflussbereich liegt. Für die Formulierung eines wirksamen Motto-Ziels sind kräftige Metaphern und Formulierungen hilfreich, die positive Affektlagen auslösen und auf die wir mit einem starken »inneren Ja!« reagieren, was sich in deutlichen »somatischen Markern«[29]

29 Somatische Marker sind körperliche Reaktionen auf unbewusste Vorgänge, z. B. das »Bauchgefühl« oder der Impuls, »die Welt umarmen« zu wollen.

ausdrückt. Das Ergebnis sind sehr persönliche Formulierungen, z. B. »Ich spinne fröhlich Stroh zu Gold«. Um wirksam zu werden, müssen Motto-Ziele immer wieder vergegenwärtigt und kontextualisiert werden, dann speisen neue Reize und Signale in neue Szenarien ein, die umgekehrt Orientierung beim Handeln und Entscheiden geben.

So kann es zu Erkenntnissprüngen und Innovationen kommen. Archimedes' Ruf »Heureka!«, seine Erkenntnis, Gold über das spezifische Gewicht bestimmen zu können, war nicht ursächlich dadurch ausgelöst, dass er sich in die Badewanne gesetzt hatte, sondern dadurch, dass er es über Jahre zu seinem Ziel gemacht hatte, reines Gold von falschen Legierungen zu unterscheiden, und nun zu all den vielen Szenarien auch das des verdrängten Wassers kam.

4.2.2 Theorie U

Seit 2007 stellt Claus Otto Scharmer, Senior Lecturer am MIT in Cambridge, sein Modell der *Theorie U* vor, das davon ausgeht, dass für soziale Veränderungsprozesse der »innere Ort«, aus dem die Change-Agents denken und handeln, von zentraler Bedeutung ist. Konkret beschreibt Scharmer sukzessive tiefergreifende Modi der Aufmerksamkeit und des In-Bezug-Setzens zur Welt, bis schließlich die Ebene des Wollens und der Gegenwärtigkeit erreicht ist, und damit ein Zugang zu einer »Quelle«, aus der die Zukunft »in die Welt treten« kann. Seinen Appell, mit *Presencing* bzw. »aus der Zukunft« zu führen, überträgt er auf die Führung von Individuen, Organisationen und Ökosystemen.

Begrifflich übernimmt er vom Neurophänomenologen, Buddhisten und Bewusstseinsforscher Francisco Varela[30] die Unterscheidung der Aufmerksamkeitszustände *»suspension«, »redirection«, »letting go«*. Varela unterschied diese drei *»gestures«* (mentale Gesten), durch die man in der Kontemplation bzw. Meditation Zugang zu neuen Bewusstseins-, Awareness-Zuständen und zur Intuition bekommt:

- *Suspension* bezeichnet das Innehalten im gewohnten Denken und Urteilen.

30 Varela, der gemeinsam mit Humberto Maturana das Konzept der Autopoiese formulierte, ist Begründer des »Mind and Life Institute«, das Meditationspraktiken mit neurowissenschaftlichen Erkenntnissen verbinden und fördern will, um zu persönlichem Wohlbefinden, florierenden Gemeinschaften und der Stärkung der Mensch-Erde-Beziehung beizutragen.

- *Redirecting* bezeichnet das Abwenden von der äußeren Welt und Umwenden auf die Welt des Inneren und Reflexion.
- *Letting go* bezeichnet das Loslassen von Absichten und Übergehen in Zuhören, Empfangen, dem *Letting come.*

Das topologische Modell der U-Kurve und wohl auch den grundsätzlichen, anthroposophischen Zugang hat Scharmer von Friedrich Glasl bzw. der Trigon-Beratergruppe übernommen, mit denen er viele Jahre verbunden war. Glasl beschreibt – ergänzend zu seinem Modell der sieben Wesenselemente der Organisation (siehe S. 50) – *sieben Basisprozesse der Organisationsentwicklung,* die in der *U-Prozedur* aufeinanderfolgen (siehe S. 55 f.): Um den Ist-Zustand zu erfassen, erkundet man erst das technisch-instrumentelle, dann das soziale und schließlich das kulturelle Subsystem. Auf die Diagnose folgt die Frage an die Führung: Was wollen wir? Nachdem auf der Ebene des Wollens die Veränderungsziele festgelegt sind, geht es im rechten Ast des U den Weg wieder hinauf, um schrittweise das kulturelle Subsystem, das soziale und schließlich das technisch-instrumentelle Subsystem entsprechend zu verändern.

Scharmer beschreibt in seiner Theorie U analog sieben Schritte, von denen die ersten drei im linken Ast des U drei sukzessive Bewusstseinsmodi beschreiben, die im *Presencing,* d.h. im *»letting go«*, im Gewahrwerden der eigenen »Quelle« und Ressourcen und *»letting come«* der Zukunft bzw. einer Zukunftsidee münden. Danach dreht das U auf den aufsteigenden Ast, den Scharmer nach den Prozessschritten im Produktentwicklungsprozess benennt, wie sie im Toyota Entwicklungstool des *House of Quality* und im *Human-Centered-Design-Prozess* der Firma IDEO (siehe S. 94 f.) unterschieden werden. Um im U-Prozess von einem Bewusstseinszustand in den nächstfolgenden zu gelangen, muss man eine Schranke, ein *»Gate«*, überwinden.

Konkret kann Scharmers Theorie U so gelesen werden:

- Im häufigsten Paradigma des Handelns herrscht gewohnheitsmäßiges *Downloading*: Ereignisse werden in bestehende Wahrnehmungs- und Deutungsmuster »eingetankt«. Als Wahrnehmender ist man selbst Mittelpunkt und zentraler Organisator des Geschehens. Nur durch das Gate des bewussten Innehaltens – z. B. nach einem Widerspruch oder einer Störung – kann man in den nächsten Aufmerksamkeitszustand wechseln.

- Im Modus des *Hinterfragens* und genauen *Beobachtens* und Zuhörens findet man Zugang zum eigenen Unwissen; man sieht die Dinge von außen und kann über sie reflektieren. Um von hier in den nächsten Bewusstseinszustand zu gelangen, braucht es eine bewusste Abkehr vom Nachdenken und vom geschärften Blick.
- Im Modus des *Nach/Spürens* geht es um die ganzheitliche Gestalt und ihre Anmutungen. Man findet Zugang zur eigenen Emotionalen Intelligenz und *Intuition,* um die Muster der Zusammenhänge zu erfassen. In den nächstfolgenden Modus gelangt man durch Lösung von konkreten Absichten und Gegenständen.
- Im Modus des *Presencing* findet man Zugang zur Quelle der eigenen Ressourcen und wird des eigenen, in die Welt gestellten Ichs gewahr. In dieser Präsenzerfahrung, geankert im eigenen Wollen, tritt die Zukunft, in Form einer Ausrichtung, einer starken Orientierung oder Idee in die Gegenwart – d.h., sie wird gegenwärtig erfahrbar. Diese Erfahrung und den Bewusstseinszustand, der sie hervorbringt, nennt Scharmer *Presencing*. Der Schritt in den nächsten Zustand geht wieder in das Paradigma des Spürens und der gestaltmäßigen Erfassung der Welt.
- Denn im *Cristallizing* werden aus der grundsätzlichen, vom Willen getragenen Zukunftsorientierung aus Sicht eines gewünschten Zielzustands Handlungsfelder, z.B. Produkte, herausgearbeitet. In den nächsten Modus geht es durch Konkretisierung dieser Handlungsfelder, z.B. in Form von Konzepten.
- Im *Prototyping* befindet man sich wieder im Modus der Reflexion und Problemlösung: Konkrete Produktideen oder Konzepte werden zu Prototypen entwickelt, die im nächsten Schritt der Einbettung
- als neue Praktiken *institutionalisiert* werden und nun wieder Teil des Alltagshandelns werden.

Scharmers U-Kurve wird häufig als Modell für Entwicklungsprozesse herangezogen. Er selbst sieht es als Raster für soziale Veränderungsprozesse, die, um wirksam zu werden, notwendigerweise die bewusste Gestaltung des »inneren Ortes« einbeziehen müssten, aus dem Handeln erfolgt. Auf seinen weitreichendsten Claim, die Führung von Ökosystemen, angewandt, würde dies übersetzt heißen, dass

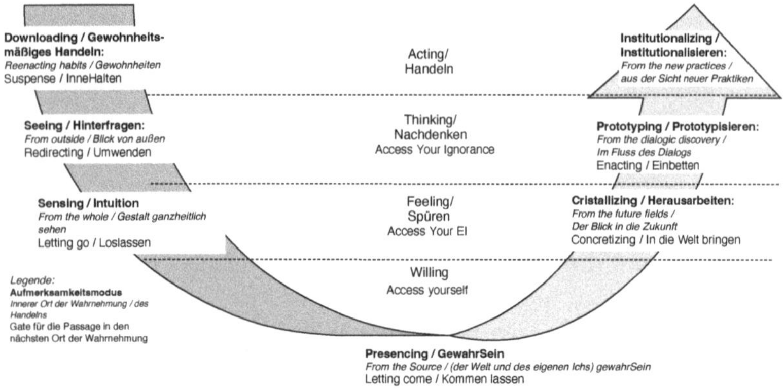

Abb. 5: Die Logik der Aufmerksamkeitslenkung in C. O. Scharmers U-Kurve (bearbeitet, J. Krizanits)

Menschen aus ihrem Gewohnheitsdenken ins Nachdenken, ins Spüren und ins Wollen kommen müssen, damit aus diesen inneren Orten Wissen, aus dem letzten, dem Wollen, Zukunft entstehen würde.

Neurobiologische Ansätze wie der des Zürcher Ressourcen Modells (siehe S. 114) sehen den Wirkmechanismus zwischen tiefem Wollen, Zukunftsorientierungen, Ideen und gerichtetem Handeln im Produktivstellen des Erfahrungsgedächtnisses, ohne die Zukunft als magische Akteurin zu bemühen. Tatsache ist, dass Entrepreneure sich auszeichnen durch eine tiefe, nachhaltige Ankerung ihres Handelns im persönlichen Wollen, und auffallen durch außergewöhnliche Weisheit, Intuition und ein Gespür für Zukunft in ihrem Gebiet.

4.2.3 Salutogenes Führen und Neuroleadership

Ohne auf die Ideologie-befrachteten Konzepte des charismatischen Leaderships zu referenzieren, beschreiben Salutogenes Führen und Neuroleadership weitgehend dieselben Wirkdynamiken zwischen Führern und Geführten wie die Theorien zum transformationalen Leadership (siehe S. 99).

Die *Salutogenese* untersucht die Prozesse, durch die Gesundheit entsteht und aufrechterhalten wird. Von zentraler Bedeutung dafür ist der von Aaron Antonovsky (1997) benannte *sense of coherence* (SOC). Damit ist das Grundvertrauen gemeint, dass die Ereignisse des Lebens strukturierbar und erklärbar sind, dass man über die Ressourcen verfügt, sich den Anforderungen dieser Ereignisse zu stellen und dass es sich lohnt, sich dafür anzustrengen. Drei Komponenten sind wichtig, damit *Kohärenzempfinden* entstehen kann: Die Ereignisse müssen verstehbar sein, handhabbar bzw. bewältigbar scheinen und bedeutsam, sinnhaft, sein.

Salutogenes Führen setzt auf Autonomie, Achtsamkeit und Anerkennung in der Mitarbeiterbeziehung, auf gemeinsame Überzeugungen, Werte und Strukturen, die zwischenmenschliche Kooperation erleichtern.

Auf der Suche nach der neurobiologischen Grundlage des Kohärenzgefühls spricht Klaus Grawe (2004) von einem *angeborenen Sinn für Kohärenz,* die er als stimmige innere oder umweltgerichtete *Verbundenheit* versteht. Gleichzeitig strebt der Organismus danach, dass die ablaufenden neuronalen und psychischen Prozesse vereinbar (untereinander und mit Erfahrungen) sind bzw. übereinstimmen, wofür Grawe den Begriff *Konsistenz* verwendet.

Er geht weiter davon aus, dass der Mensch vier angeborene Grundbedürfnisse hat: Orientierung/in-Kontrolle-sein, Lustgewinn bzw. Unlustvermeidung, Bindung und Selbstwerterhöhung bzw. Selbstwertschutz. In der Interaktion mit der Umwelt bilden sich um diese Grundbedürfnisse motivationale Schemata. *Kohärenzgefühl* entsteht im Rahmen von *Beziehungen* und Kommunikation. Wenn wir z. B. von Mitmenschen positive Resonanz auf unser Dasein erhalten, wird unser Bedürfnis nach Zugehörigkeit und Bindung befriedigt, und es entsteht ein Kohärenzgefühl von stimmiger Verbundenheit und Vertrauen.

Schon Ed Schein, der Begründer der Prozessberatung, sah Führungsarbeit als *Prozess des Helfens,* bei dem Vertrauen durch wechselseitiges Geben und Nehmen von Aufmerksamkeit entsteht.

Theo Peters und Argang Ghadiri definieren 2011 *Neuroleadership* als Mitarbeiterführung, die durch organisationale und personalwirtschaftliche Maßnahmen die neurowissenschaftlich festgestellten Grundbedürfnisse erfüllt und somit zur Aktivierung des *neuronalen Belohnungssystems* beiträgt; Letzteres schüttet bei einer Übererfüllung von Erwartungen Dopamin aus. Außerdem sind im Gehirn die Areale für das emotionale System, das Gedächtnissystem und das Entscheidungssystem relevant für Neuroleadership. Alle vier Systeme kommen bei typischen Führungstätigkeiten wie Entscheiden, Kommunizieren, Motivieren, Verändern ins Spiel (Peters u. Ghadiri 2011).

Auch der Neurobiologe Gerald Hüther (2009) empfiehlt *gehirngerechte Führung,* die der Logik der neuronalen Strukturen folgt: Lernen durch neue Aufgaben und Anregungen unterstützen, die Plastizität des Gehirns nutzen; Selbstorganisation respektieren und fördern; in Kontakt gehen – das Gehirn ist auf *Beziehung und Kommunikation* angelegt; *Sinn* stiften, denn ohne Sinn kein Verstehen.

4.2.4 Positive Leadership

Martin E.P. Seligman gründete 1998 das neue Forschungsfeld der *Positiven Psychologie,* die sich mit dem »gelingenden Leben« bzw. später mit der *Glücksforschung* beschäftigt. Seine Untersuchungen belegen, dass positive Emotionen unsere angeborenen, geistigen, körperlichen und zwischenmenschlichen Ressourcen vergrößern, uns in Stimmungen versetzen, die kreatives Denken fördern, die Produktivität von Arbeit erhöhen und die Basis legen für Resilienz.

Positive Emotionen können sich auf die Vergangenheit richten (Beispiele sind Stolz oder Zufriedenheit), auf die Gegenwart (Beispiele sind Freude, Gelassenheit und Flow), oder auf die Zukunft (Beispiele sind Optimismus und Zuversicht). Seligman definiert Glück als eine tiefe *Lebenszufriedenheit,* die entsteht, wenn man die eigenen Tugenden und Stärken erkennt, pflegt und jeden Tag sinnvoll einsetzt.

Positive Leadership legt den Fokus auf die Gegenwart und das Erleben der *Gegenwärtigkeit.* Konkret fördert dieses Führungsverständnis eine Arbeitskultur des Flows, einen psychischen Zustand, in dem der Mensch in kreativer Anspannung und im freiwilligen Bemühen, etwas Schwieriges und Wertvolles zu erreichen, in seiner Aufgabe aufgeht. Mit diesem Zustand verbunden ist das Gefühl, mit einer größeren Ordnung verbunden zu sein.

Ruth Seliger weist darauf hin, dass Führung, so wie sie heute praktiziert wird, die Gegenwart aus dem Blick verliert und stattdessen zwischen Ursachenforschung in der Vergangenheit und Zielformulierung in der Zukunft pendelt (2014):

> »Die Liebe zur Formulierung von Zielen hat immer den Beigeschmack der Abwertung oder zumindest der Ausblendung der Gegenwart – und damit der vorhandenen Ressourcen und Stärken.«

MbO polt außerdem die Selbstbeobachtung der Organisation direkt auf negative Soll-Ist-Abweichungen, die eine Kaskade von Kommunikationsanschlüssen auslösen. Positive Leadership hingegen nimmt *positive Abweichungen* in den Blick, und zwar in drei Handlungsfeldern: bei Selbstführung, Mitarbeitenden und in der Organisation.

Eine Methode zur Messung positiver Abweichungen stammt vom Begründer der *Positive Organizational Scholarship* (POS), Kim Cameron (2003): Auf einem Abweichungskontinuum hält die Führungskraft fest, bei welchen Ereignissen die Organisation über die eigenen Erwartungen hinausgewachsen ist – in Form von exzellenter Effektivität, außerordentlicher Effizienz, makelloser Qualität, wertschätzenden Beziehungen, blühendem Change, Überfluss im Finanzergebnis oder besonderer Ethik. Der Messung der positiven Abweichungen folgt ein Nachspüren, wie diese Erfolge gelingen konnten, was dazu beigetragen hat, und was die Organisation daraus lernen kann.

POS ist nur *ein* Beispiel für die radikale Ressourcenorientierung im Positive Leadership. Marcus Buckingham und Donald Clifton (2007) stellen einen *Stärkenkatalog* vor, der anleitet, Stärken – die eigenen, die von Mitarbeitenden, die der Organisation – selektiv zu beobachten und darüber zu sprechen. Dieser Katalog umfasst 34 solche Stärken, Talente genannt, z. B. Leistungsorientierung, Zukunftsorientierung, Tatkraft, Harmoniestreben, Integrationsstreben, Vorstellungskraft, Ideensammlertum, Verbundenheit, Verantwortungsgefühl, Behutsamkeit, Selbstbewusstsein, Einfühlungsvermögen, Fokus, Höchstleistung u. a. m.

Die Methoden des Positive Leadership aktivieren über *positive Emotionen* das neuronale *Belohnungszentrum,* das einen Motivationscocktail ausschüttet. Dabei reagieren wir vor allem auf *soziale Resonanz* und Kooperation; Menschen, mit denen wir gute Beziehungserfahrungen gemacht haben, wirken auf unsere Motivation und Energie wie ein Verführungsreiz: Wir werden aktiv und sind bereit, für diese Beziehung auch etwas zu opfern. Grundlage und Motor für Motivation und Vertrauen sind also *gelingende zwischenmenschliche Beziehungen.* Auf ihrer Basis entsteht ein selbstverstärkender Kreislauf von positiver Kommunikation, positiven Beziehungen, Energie und Sinn.

Viele der beschriebenen Wirkungen transformationalen und charismatischen Leaderships finden sich hier wieder und bestätigen einmal mehr, den empirisch wiederholt nachgewiesenen Erfolg dieser interaktiven Führungsmuster. Statt Appellen an konkrete Einstellungen und besondere persönliche Fähigkeiten vermitteln die neurobiologisch basierten Führungsansätze aber praktische Verhaltensanleitungen, ohne Erklärungskonzepte wie Charisma, persönliche Visionen, Moral oder interpersonelle Identifikationsprozesse zu bemühen, wie das die charismatischen Leadership-Ansätze tun.

4.2.5 Postheroisches, verbindendes Management und Distributed Leadership

2004 prägte Henry Mintzberg in seinem Buch »Managers, not MBAs« den Begriff des *»postheroischen Managements«* als Antithese zum abgehobenen, »heroischen« Managementstil, den die MBA-Kaderschmieden propagieren (2005):

> »Als Entscheider benötigen wir weder Helden noch Technokraten. Stattdessen brauchen wir ausgeglichene, engagierte Menschen, [...] denen mehr an der Stärkung ihrer Unternehmen liegt [...].«

Mintzberg fordert ein postheroisches, »engagiertes, kollaboratives« Management. Die Wichtigkeit von Führung misst sich daran, wie sie anderen dazu verhilft, Wichtigkeit und Einfluss erlangen. Organisationen sind Netzwerke von Interaktionen, aus denen Strategien emergieren können, wenn engagierte Mitarbeitende auf frühe Signale reagieren; daraus können große strategische Initiativen wachsen. Führen bedeutet, die Energie und Initiative, die Menschen in sich tragen, freizusetzen. Dazu braucht es Engagement des Managements, das sich auf generelles Urteilsvermögen und das Verstehen vieler Kontexte gründet. Durch diese Form von Engagement, die Ideen und Initiativen Vieler in verschiedenen Kontexten zum Fliegen und zum Zusammenspiel (*»collaboration«*) bringen, entsteht ein »verbindender Führungsstil«. Der Respekt, den die Führung den anderen entgegenbringt, zahlt auf das wertvolle Gut des allgemeinen Vertrauens ein.

In der Rezipierung wurde Mintzbergs Ansatz *kollaborativen Führens* missverstanden als auf mehrere Personen verteilte Führungsverantwortung. Diesen Zugang vertritt Gary Hamel unter dem Begriff *Distributed Leadership*. Er meint damit, dass Führung nicht mehr als spezifische, mit Entscheidungskompetenzen ausgestattete Position bzw. als an die Hierarchie gebunden zu verstehen sei, sondern als eine Wirkung, die, wie in einem Netz, in der Peripherie verteilt ist.

Dazu müssen nicht nur die Führungspersonen bereit sein, Verantwortung abzugeben; es müssen auch entsprechende Strukturen in der Organisation geschaffen werden: Größere Einheiten sollten in kleinere aufgespalten, bewegliche projektbasierte Strukturen aufgesetzt werden. Mehr Menschen sollen Entscheidungen treffen und in strategische und planende Prozesse einbezogen werden. In informellen, selbstorganisierenden Teams können »natürliche Führer« Einfluss gewinnen. Die einzelnen Funktionsbereiche sollen eng mit

Partnern zusammenarbeiten, um gemeinsam Systeme und Prozesse zu verbessern. Die eigentliche Verantwortung des Managements liege darin, durch Coaching und Delegation das *leadership capital* in ihrer Organisation zu steigern.

4.3 Strategie aus kollektivem Wissen gewinnen

Im Konsumzeitalter sah man die Zukunftsfähigkeit von Unternehmen in ihrer Wettbewerbsposition am Markt begründet, im Change-Zeitalter in ihren Ressourcen und Kompetenzen. In der Postmoderne wird das *Handeln* von Akteuren mit unternehmerischem Antrieb und in *agilen Strukturen* zur Quelle strategischer Wettbewerbsvorteile.

Das betrifft zum einen den Prozess, das kollektive, strategierelevante Wissen zu bündeln, das »Managementgenom« des Unternehmens umzuschreiben und Managementinnovationen hervorzubringen, und zum anderen den unternehmensweiten Prozess des »*Strategizing*«, um gemeinsam laufend wettbewerbsrelevante Entwicklungen sowie ihre Problemlösungen und Erfahrungen im Handeln zu reflektieren bzw. zu explizieren (siehe S. 127).

4.3.1 Kollektives Wissen bündeln, Managementinnovationen hervorbringen

2007 bringt Gary Hamel mit Bill Breen das Buch »The Future of Management« heraus, in dem die Autoren eine fundamentale Runderneuerung des Managements fordern. Denn nach Hamel ist das Management in einer *Zeitschleife* hängen geblieben. Während im Zeitalter von Internet und Netzwerken Kreativität, Vernetztheit und Vielfalt unsere Gesellschaft prägen, sind in den Unternehmen die Uhren noch immer auf Effizienz, Kontrolle, Hierarchie und Bürokratie gestellt. Hamels Urteil: In die »Management-DNA« sind Managementprinzipien aus dem 19. Jahrhundert und Managementprozesse aus dem 20. Jahrhundert einkodiert, das 21. Jahrhundert brauche ein *Postmanagement* mit neuen Werten und Idealen.

Dazu muss das Managementgenom umgeschrieben werden. Der erste Schritt dazu sei die Entschlüsselung des bestehenden Managementgenoms, das sich aus zentralen Prinzipien wie Standardisierung, Spezialisierung, Hierarchie, Abstimmung der Ziele, Planung und Kontrolle, dem Einsatz äußerer Belohnungen zur Beeinflussung menschlichen Verhaltens usw. zusammensetzt. Produkte wie Wikipedia, die Suchmaschine Google, Open-Source-Codes etc. hätten im klassischen Organisationsmodell nicht entstehen können – es gab weder Verantwortungs- und Entscheidungsstrukturen noch ein Budget, noch eine Hierarchie der Arbeitsteilung oder eine Profiterwartung.

Das Internet mit seinen kollaborativen, sozialen Strukturen (siehe S. 127) ist für Hamel und Breen das »anpassungsfähigste, innovativste und fesselndste Phänomen, das der Mensch je geschaffen hat«; es verbindet auf völlig neue Art menschliche Kreativität und individuelle Leistungen: Es ist ganz Peripherie, ohne Zentrum. In Analogie zum damaligen IT-Technologie-Release fordern die Autoren ein neues *Management 2.0.*

Um den »genetischen Code« im Management umzuschreiben, braucht es *Managementinnovationen.* Sie stehen an der Spitze der Innovationspyramide, über den strategischen Innovationen (z. B. die Einführung neuer Geschäftsmodelle), den Produkt- und Dienstleistungsinnovationen und über Innovationen in den Betriebsabläufen.

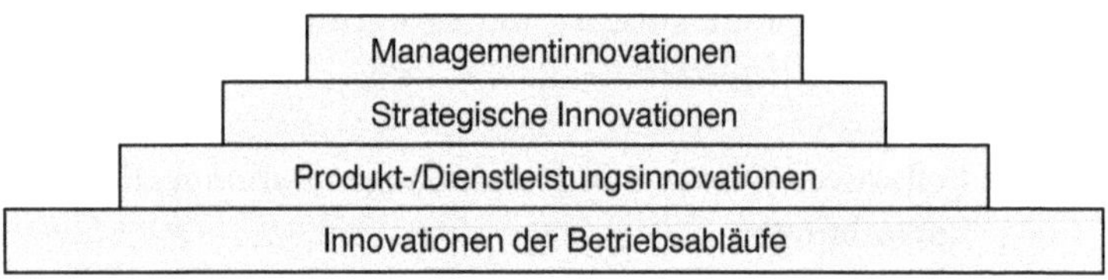

Abb. 6: Die Innovationspyramide nach Gary Hamel und Bill Green

Eine *Managementinnovation* liegt vor, wenn ein Vorgehen auf einem neuartigen Managementprinzip beruht, das der seit Langem etablierten Orthodoxie widerspricht, wenn sie »systemumspannend« eine Vielzahl von Prozessen und Methoden umfasst und/oder wenn sie Teil eines programmatischen Vorgehens ist, das kontinuierlich solche Erfindungen generiert. Managementinnovationen richten sich auf die Annahmen und Prämissen, die Manager über die eigene Branche haben, auf die Glaubenssätze, Werte, Normvorstellungen darüber, wie Menschen besondere Leistungen erbringen, das richtige Verhältnis von Kooperation und Konkurrenz usw.

Wie kommt es zu Managementinnovationen? Schon 1994 hatten Hamel und Prahalad gefordert, dass das Management einen Prozess der ständigen kollektiven, allgemeinen *Vorausschau* organisieren müsse (siehe S. 86 f.). *Foresight* entstehe durch die Zusammenführung kollektiven Wissens im laufenden Austausch über Entwicklungen bei Märkten, Technologien, Demografie, Regulierungen, Lifestyles und in ständiger Auseinandersetzung mit dem Business-Modell. Dadurch lassen sich Wettbewerbschancen und mitunter radikale Innovationen finden.

2007 nennen Hamel und Breen weitere Prinzipien auf dem Weg zu Managementinnovationen: Eine Demokratie der Ideen aufbauen, die menschliche Vorstellungskraft erweitern, eine dynamische Umverteilung der Ressourcen, das kollektive Wissen bündeln, den Sog der alten Denkmodelle verringern, allen Beteiligten Chancen geben, sich freiwillig zu engagieren, und die Entwicklungen verfolgen, die sich an den Randzonen des Unternehmens zeigen, wo etwas gut funktioniert.

Bei der Verarbeitung all dieser Informationen muss ein verschworenes Führungsteam laufend gemeinsam die eigenen Erklärungsmodelle explizieren und hinterfragen, wie Führung und Organisation auszulegen seien.

4.3.2 Strategie als Praxis – Strategizing

Schon Mintzberg, Ahlstrand und Lampel (1998) haben gelebte konsistente Handlungsmuster (*»patterns«*) als *eine* zentrale Säule von Strategie definiert (siehe S. 84); 1996 hat Richard Whittington das Konzept *strategy as practice* (SAP) vorgeschlagen, das sich inzwischen zu einem eigenständigen, international verbreiteten Ansatz im strategischen Management entwickelt hat und zuletzt von Bolland 2020 reviewed wurde. SAP[31] bricht mit den bisherigen Prämissen, dass sich komplexe Entwicklungen, und Zukunft vorhersagen, objektivieren, planen und kontrollieren lassen, und der Grundannahme, dass Handeln dem Denken folge, was sich z. B. der Aufteilung des Strategieprozesses in Strategy Development und Strategy-Deployment spiegelt.

Die Beobachtung von für die Zukunft relevanten, frühen Entwicklungen war immer auch Teil des Strategieprozesses; nun wird sie zu dessen Kern; statt auf Ursache-Wirkungs-Zusammenhänge schaut man auf Emergenz; die Explizierung von Strategie ist weniger abstrahiert und formalisiert; diese handlungsnahen Strategien haben eine höhere »Umschlagrate«.

31 Das Akronym ist nicht zu verwechseln mit der Software-Marke bzw. dem Konzern SAP.

Konkret fokussiert SAP auf den Diskurs, der Strategie entstehen lässt und umsetzt. Gegenstand des Diskurses sind alle auf die Zielsetzungen und den Erfolg der Organisation ausgerichteten praktizierten Handlungen. Strategiearbeit wird dabei verstanden als *Strategizing*, als ein im gesamten Unternehmen verteilter Prozess »dynamischer Handlungen« bzw. Interaktionen. Im Diskurs selbst geht es um den beständigen, kontinuierlichen Austausch über Entwicklungen in den für die Organisation bedeutsamen Umwelten, um die Reflexion dieser Entwicklungen hinsichtlich des Impacts, den sie auf die Organisation haben können, und um die Gewichtung und Abwägung von Handlungsoptionen in gegebenen Kontexten.

Der Diskurs braucht Orte, soziale Interaktionsräume wie Workshops, Präsentationen, Besprechungen, informelle Gespräche, in denen die aus verschiedenen Bereichen zusammengesetzten Teams zusammenkommen, um die Business-Strategie zu erkennen, zu formulieren und durchzuführen. Organisationsmitglieder, die sich aktiv engagieren wollen, sollen die Möglichkeit zur Partizipation bekommen.

Wichtig ist, dass diese Kommunikationsräume auf kontinuierlicher Basis eingerichtet werden und dass sie unter Moderation – im Idealfall im Modus des Dialogs nach David Bohm (1998) –, d. h. als gemeinsames Denken im erkundenden Gespräch, ablaufen. Für die Strukturierung des Diskurses lassen sich bestehende Strategie-Tools wie die *5-Forces* oder die SWOT-Analyse einsetzen[32] – nicht zur Analyse und Formalisierung, sondern als Denkrahmen; im Grunde kann sich aber jede Organisation einen eigenen Strategiemonitor zusammenstellen. Wichtig ist es, auch frühe Signale für disruptive Entwicklungen aufzuspüren; dafür sollte besonderes Augenmerk auf Abweichungen der Praxis von bisherigen Praktiken oder von Erwartungen, insbesondere auf unerwartete positive Abweichungen gerichtet sein.

In der Praxis ist *Strategizing* eine Form der Beteiligung von Mitarbeitenden in die Strategiearbeit; das Management ist nicht Teil der Teams. In dieser Form kann Strategizing in der Organisation Funktionen in der Strategiebestimmung und -entwicklung und auch einige Funktionen in der Strategieumsetzung realisieren, insbesondere Koordination und Alignment und das Stiften von Perspektiven und Sinn für die Handelnden. Dem Management liefert Strategizing kol-

32 Sie bieten den Vorteil, dass die Ergebnisse in Prozesse der Strategiekonzeption und -formalisierung im Management übergeleitet werden können.

lektives Wissen, den Zugriff auf viele kleine Feedbackschleifen und generell eine profundere Informationsbasis für Entscheidungen. Andere Funktionen von Strategie wie die Vorsteuerung von Ressourcen, z. B. bei Investitionsentscheidungen, oder die Steuerung von Erwartungen der Umwelten, insbesondere von Shareholdern, Geschäftspartnern und Öffentlichkeit, benötigen eine abstraktere Konzeptionalisierung und mehr Formalisierung durch das Management. Bei der Implementierung von Strategizing ist deshalb auch auf die fruchtbare Verbindung zu anderen Instanzen und Formen der Strategiearbeit zu achten. Strategizing als Ersatz für Strategiearbeit und die Rolle des Managements als weitgehend obsolet zu betrachten, wie dies manche New-Work-Ansätze in der Logik ihre Gesamtmodelle propagieren, dürfte für wenige Organisationen praktikabel sein.

Im Idealfall würde der unternehmensweite Prozess des Strategizing auch das Management selbst umfassen und damit eine Struktur für die Entwicklung von Foresight (s. o.) bereitstellen.

4.4 Organisationskonzepte in der Postmoderne

In der Postmoderne stehen Organisationen unter den Trends der sozialen Medien und der Fahrt aufnehmenden Digitalisierung. Die Kritik an skrupelloser Profitorientierung und der Organisation von Arbeit in klassischen Organisationslayouts ist angekommen: *Corporate Social Responsibility* und Gemeinwohl-Ökonomie weisen Organisationen neue Verantwortung zu.

Angesichts hoher Volatilität der Umweltverhältnisse und immer steigender Komplexität kommen die klassischen Organisations- und Entscheidungsstrukturen an ihre Grenzen. Die aus der Softwareentwicklung übernommenen Arbeitsformate zerlegen große, zentralisierte Planungsprozesse in eine Vielzahl iterativer Arbeitspakete in lokaler Autonomie. Sie werden als Modelle für *agile* Arbeitsformen von unzähligen Firmen übernommen und ausprobiert. Dazu kommen weitere New-Work-Ansätze, Ansätze, die grundsätzlich auf Partizipation und Dezentralisierung von Entscheidungen setzen.

4.4.1 Digitalisierung

Nach der Einführung integrierter Standard-Software-Programme wie SAP ist in den großen Unternehmen um die Jahrtausendwende bereits eine Grundlage für die Digitalisierung geschaffen. Ab Anfang der Nullerjahre werden in großem Maßstab Daten auf Disketten, Festplatten, CD-ROMs gespeichert und Produktionsprozesse durch digitale Abbildung der Daten und Algorithmen weiter automatisiert und verbessert, was 2014 unter dem Begriff *Industrie 4.0* firmiert. Mit der Einführung interner IT-Netzwerke, die die Arbeitsplätze im Unternehmen mit zentralen Servern verbinden, richten immer mehr Unternehmen ihr *Intranet* ein. Anfangs soll es den durch eine *Firewall* nach außen geschützten Zugriff mehrerer Nutzer auf zentral abgelegte Daten ermöglichen; um 2010, nach der Erfindung des iPhones und der sich schlagartig verbreitenden Social Media, wird es zum *social intranet,* das firmenintern abgesicherte Kommunikationskreise bereitstellt. Um diese Zeit setzen Unternehmen zunehmend auf *Cloud-Computing,* um aufwendige Rechenprozesse und immer größere Datenmengen auszulagern. Ab 2013 spricht man von *Digitalisierung* als allgemeinem Trend.

1989 am Genfer Forschungszentrum CERN als *World Wide Web* aus den Anfängen des Internets entwickelt, hat 2003 dessen Erweiterung in das *Web 2.0* bzw. *Social Media* es Nutzern ermöglicht, eigene Inhalte als Text-, Audio- oder Videodatei ins Netz zu stellen und auf sozialen Plattformen miteinander zu interagieren. Mit der Erfindung und Verbreitung des iPhone wird das *Internet* zum Treiber der Digitalisierung und die *Digitalisierung* zum *gesellschaftlichen Mainstream.* Die Technik nimmt in immer mehr gesellschaftliche Bereiche Einzug, und vor allem auf Ebene der Haushalte entstehen immer weitere Nutzungsbereiche. Nach den lustigen Klingeltönen reißt die Kette neuer *Apps* nicht ab, *Messaging Dienste* wie Twitter und WhatsApp verbreiten sich, das Videoportal YouTube nimmt ab 2013 Fahrt auf, *Streaming Dienste* wie Spotify oder Netflix treten 2012 bzw. 2014 in den deutschsprachigen Markt ein. Mit der explodierenden Nachfrage muss die Technologie Schritt halten: Der Regulator gibt Frequenzen frei, die Telekommunikationsunternehmen bauen Netze aus, der Staat fördert den Infrastrukturausbau in nicht-urbanen Gebieten. In engen Rückkopplungsschleifen treiben technische Infrastruktur und Nutzerverhalten einander an, um immer leistungsfähigere Netze – mit Geschwindigkeiten im Gigabit-pro-Sekunde-Bereich – und verlässliche Internet-Performance zu erreichen.

Vor dem Hintergrund der technischen und gesellschaftlichen Entwicklungen kommen Organisationen aller Funktionsbereiche unter Druck, eine *Digitalisierungsstrategie* zu entwickeln: Sie sollen aus dem Potenzial der neuen Technologien neue oder verbesserte Prozesse, Produkte und Geschäftsmodelle ableiten. In den meisten Unternehmen ist dies für das Management tatsächlich ein »Sollen«, angetrieben von der Angst, etwas zu verpassen, beziehungsweise vom Zwang mitzumachen, da es klare Wettbewerbsnachteile bringen würde, diesen Megatrend zu ignorieren.

Bei der Entwicklung ihrer Digitalisierungsstrategie gehen die meisten Unternehmen so vor, dass sie ihr Geschäftsmodell, ihre Produkte und Prozesse auf Digitalisierbarkeit überprüfen. Oder sie folgen dem Ablauf eines üblichen Strategieentwicklungsprozesses (siehe S. 39), um Verbesserungspotenzial und Wettbewerbsvorteile durch Digitalisierung aufzuspüren.

Das Ergebnis können verbesserte Produkte oder völlig neue Dienstleistungen sein. Alle Unternehmen kommunizieren künftig über Websites und digitalisieren ihre Kundenschnittstelle: Aus Call Centern werden Listen mit FAQs und digitale Assistenten, die schriftlich gleichzeitig mehrere Kundenfragen beantworten. Viele Unternehmen setzen auf digitale Absatzkanäle, den Onlinehandel, und schließen Filialen oder ganze Standorte.

Die meisten Veränderungen liegen im Bereich Effizienzsteigerung, die vielfach dadurch erreicht wird, dass Leistungen an Kunden ausgelagert werden, die sich nun selbst Rechnungen ausdrucken, ihre Einkäufe einscannen, Routen und Fahrpläne recherchieren, am Flughafen einchecken, in adrenalintreibenden Warteschleifen hängen, in denen sie nach wiederholtem Drücken von 2, 4, 1, 5 gestrandet sind, um zu erkennen, dass die Mobiltelefonie sich ad absurdum führt: Es kann zwar jede/r jederzeit von überall anrufen, aber niemand hebt ab.

In den Organisationen ändert sich mit der Digitalisierung die Qualität der Arbeit: Die Abläufe sind formalisierter und regelgesteuert. Um mit dem IT-System zu »kommunizieren«, müssen alle Akteure immer so denken, wie einmal wenige mit ihrem Denken das System instruiert haben. Organisationen verlieren massiv an Verhaltensvarietät, Spontanität, Kreativität, ungeplanten Begegnungen und sozialen Bindungen. Kurz: Die informelle Seite der Organisation kommt in der digitalisierten Arbeitswelt unter die Räder.

Auch an Bedeutung, an Zentralität in der Lebenswelt ihrer Mitarbeitenden verlieren Organisationen. Die Menschen sind in vielfältige soziale Beziehungen und Zugehörigkeiten eingebunden; sie verfügen über reichhaltige Ressourcen, ihre Aufgaben eigenständig zu organisieren; für ihre Problemlösungen suchen sie Unterstützung bei Facebook oder Google, nicht im eigenen Team oder gar bei ihren Vorgesetzten.

Während für viele Organisationen der Prozess der Digitalisierung kontinuierlich, inkremental und im Schlepptau radikaler Umwälzungen in den gesellschaftlichen Lebenswelten vor sich geht, gehen einige Branchen durch eine *digitale Transformation*, in der sich ihre Märkte und Geschäftsmodelle radikal und umfassend wandeln. Dabei gibt es klare Verlierer: Die Dienstleistungen von Reisebüros sind weitgehend substituiert durch Buchungsportale, der Einzelhandel kämpft gegen den Online-Markt und dessen Monopolbildungen.

Vor allem bei den Massenmedien bleibt kein Stein auf dem anderen: Scheuten noch vor 15 Jahren Redaktionsmitglieder von Printmedien den Kontakt mit Kollegen aus dem Verlag wie der Teufel das Weihwasser – um jeden Verdacht auf Gefälligkeitsartikel im Abtausch für Werbeeinschaltungen im Keim zu ersticken – müssen die Online-Redaktionen heute froh sein, wenn sie genügend Anzeigen bekommen, zwischen denen sie ihren Text verpuzzeln können. Die Budgets für Werbeeinschaltungen sind zu den *Sozialen Medien* abgewandert, wo mehr Traffic ist. Printausgaben sind in einen Teufelskreis schwindender Auflagen und steigender Kosten für Produktion und Verteilung geraten. Journalisten, bis vor kurzem staatstragende Wissensarbeiter, werden zu Tausenden ins Prekariat abgeschoben.

Bis zum Ende der Postmoderne krempelt die Digitalisierung die gesamte Medienlandschaft um. In dem Maß, wie das Geld den Klicks folgt, erodieren die Prinzipien des Berufsethos – mit fatalen Folgen. Denn mit dem schwindenden Einfluss der Medien als der *vierten Gewalt* nehmen Demokratie und Politik ernsten Schaden. Das Motto »Fakt oder Fake? Hauptsache Quote« hebelt ihre Kontrollfunktion über die Staatsgewalten Legislative, Exekutive und Judikative aus; wenn wahrhaftige Berichterstattung und Vermittlung der öffentlichen Meinung nicht mehr nachgefragt werden, sind dem Machtmissbrauch durch Populisten Tür und Tor geöffnet.

4.4.2 Corporate Social Responsibility und Gemeinwohl-Ökonomie

In der Folge der auf die Finanzkrise 2008 folgenden Weltwirtschaftskrise entstehen und verbreiten sich Ansätze neuen Wirtschaftens.

Islamic Banking bekennt sich zu Finanzgeschäften im Rahmen der Werte des Islams: Wirtschaft und Handel dürfen keinen Schaden für die Gesellschaft verursachen. Zinsen und intransparente oder hochriskante Spekulationen sind den Banken ebenso verboten wie Geschäfte mit Glücksspielcharakter und Investitionen in hoch verschuldete Unternehmen oder in Unternehmen aus der Rüstungs-, Tabak- oder Alkoholindustrie. Bald bilden alle Banken eigene Abteilungen für die Entwicklung und Vermarktung ethischer Produkte oder vertreiben zumindest auch Anlageportfolien, die nur Unternehmen umfassen, die ethischen Kriterien genügen.

Ab 2001 beschäftigt sich die EU mit der zentralen Verantwortung von Unternehmen für ihre gesellschaftlichen Auswirkungen in sozialen, ökonomischen und Umweltbelangen. In der *Corporate Social Responsibility (CSR)-Strategie* 2011–2014 wird die freiwillige Einbeziehung dieser Verantwortungsbereiche und die ausgewogene Beziehung zu allen Stakeholdern in die Unternehmenstätigkeit in den Mitgliedstaaten diskutiert. Die Richtlinie 2014/95/EU fordert Banken, Versicherungen und Fondsgesellschaften und kapitalmarktorientierte Unternehmen mit mehr als 500 Mitarbeitenden auf, ab 2017 ihre CSR-Konzepte offenzulegen.

Ab 2011 übernehmen diese Unternehmen sukzessive CSR in den Kanon ihrer offiziellen Unternehmenspolitiken und Jahresberichte. Eine Reihe von Modellen spezifiziert Kriterien für die Verfolgung und Darlegung von CSR. Schon 2010 erschien der »Leitfaden zur gesellschaftlichen Verantwortung von Organisationen«, die DIN EN ISO 26000. Diese (nicht zertifizierbare) Norm benennt und itemisiert sieben Handlungsfelder für CSR: Organisationsführung, Menschenrechte, Arbeitspraktiken, Umwelt, faire Betriebs- und Geschäftspraktiken, Konsumentenanliegen, Einbindung und Entwicklung der Gemeinschaft. Andere CSR-Modelle gruppieren die freiwilligen, über die jeweiligen gesetzlichen Vorgaben und Marktchancen in anderen Ländern hinausgehenden Verpflichtungen in: verantwortliche Gewinnerzielung, Selbstverpflichtungen in Bezug auf die Einhaltung von Arbeits- und Umweltstandards, ein nachhaltiges Lieferkettenmanagement und »philanthropische« Selbstverpflichtungen in Form karitativen Engagements; später kommen Kriterien für den nachhaltigen Umgang mit Umwelt und Ressourcen dazu.

Mit österreichischen Unternehmern entwickelt Christian Felber ab 2008 ein alternatives Wirtschaftsmodell, das nach Erscheinen seines Buches »Gemeinwohl-Ökonomie« (2010) in 12 Sprachen übersetzt, eine weltweite Bewegung begründet. Ziel dieses Wirtschaftsmodells ist nicht die Vermehrung von Geldkapital, sondern ein *gutes Leben für alle auf einem gesunden Planeten*. Der Begriff »gutes Leben« definiert sich in Bezug auf die allgemeine Erklärung der Menschenrechte, demokratische Grund- und Verfassungswerte, Erkenntnisse der Sozialpsychologie und Hirnforschung bezüglich gelingender Beziehungen und die 16 ethischen Prinzipien der *Erd-Charta* sowie das Konzept der *Planetaren Grenzen*.

Ab 2013 können Unternehmen und Organisationen aus Kommunen, aus dem Bildungs- oder dem Non Profit Bereich eine *Gemeinwohl-Bilanz* erstellen. Anhand eines Kriterienkatalogs können sie den Beitrag ihrer Organisation zum Gemeinwohl messen und nach außen sichtbar machen. Dazu bewerten Sie ihren Entwicklungsstand bezüglich der einzelnen Kriterien auf Skalen. In den ersten Jahren soll das Instrument der Gemeinwohl-Bilanz, mithilfe eines detailliert operationalisierten Kriterienkatalogs, nach Art der TQM-Preise[33], einen Standard zu setzen. Seit 2017 ist die *Gemeinwohl-Matrix 5.0* in zwanzig Wertebereiche komprimiert, denen jeweils Zielsetzungen und grundsätzliche Kriterien für den Beitrag zum Gemeinwohl hinterlegt sind (Abb. 7).

Die Gemeinwohl-Matrix hat heute vorrangig den Zweck, die Selbstbeobachtung der Organisation anzuleiten und die umfassende Dokumentation der gelebten Werte und nachhaltigen Leistungen einer Organisation zu strukturieren. Auf eine tiefergehende Operationalisierung der Kriterien wird verzichtet; das Instrument soll die werteorientierte Weiterentwicklung der Organisation fördern. Dies geschieht durch den Dialog über die Kriterien und über die Bewertung des eigenen Verhaltens auf einer der zehn Entwicklungsstufen zwischen »Mindestanforderung« und »höchstem Ziel« sowie im Austausch mit anderen Gemeinwohl-bilanzierenden Organisationen.

Die heute in 35 Ländern in Regionalgruppen und Vereinen organisierte Bewegung der Gemeinwohl-Ökonomie engagiert sich, neben der Entwicklung von Organisationen, vorrangig in Politik und Bildung. Sie steht mit ihrem konkreten Wirtschaftsmodell und dem Modell danach handelnder Organisationen heute in einem Spektrum zahlreicher Ini-

33 Siehe die Total-Quality-Modelle des Malcolm Baldridge Awards und der EFQM, vgl. S. 48.

GEMEINWOHL-MATRIX 5.0

WERT / BERÜHRUNGSGRUPPE	MENSCHENWÜRDE	SOLIDARITÄT UND GERECHTIGKEIT	ÖKOLOGISCHE NACHHALTIGKEIT	TRANSPARENZ UND MITENTSCHEIDUNG
A: LIEFERANT*INNEN	**A1** Menschenwürde in der Zulieferkette	**A2** Solidarität und Gerechtigkeit in der Zulieferkette	**A3** Ökologische Nachhaltigkeit in der Zulieferkette	**A4** Transparenz und Mitentscheidung in der Zulieferkette
B: EIGENTÜMER*INNEN & FINANZ-PARTNER*INNEN	**B1** Ethische Haltung im Umgang mit Geldmitteln	**B2** Soziale Haltung im Umgang mit Geldmitteln	**B3** Sozial-ökologische Investitionen und Mittelverwendung	**B4** Eigentum und Mitentscheidung
C: MITARBEITENDE	**C1** Menschenwürde am Arbeitsplatz	**C2** Ausgestaltung der Arbeitsverträge	**C3** Förderung des ökologischen Verhaltens der Mitarbeitenden	**C4** Innerbetriebliche Mitentscheidung und Transparenz
D: KUND*INNEN & MITUNTERNEHMEN	**D1** Ethische Kund*innenbeziehungen	**D2** Kooperation und Solidarität mit Mitunternehmen	**D3** Ökologische Auswirkung durch Nutzung und Entsorgung von Produkten und Dienstleistungen	**D4** Kund*innen-Mitwirkung und Produkttransparenz
E: GESELLSCHAFTLICHES UMFELD	**E1** Sinn und gesellschaftliche Wirkung der Produkte und Dienstleistungen	**E2** Beitrag zum Gemeinwesen	**E3** Reduktion ökologischer Auswirkungen	**E4** Transparenz und gesellschaftliche Mitentscheidung

Abb. 7: Die 20 Werte-Kriterien für Unternehmen für die Gemeinwohl-Bilanz (2017), Quelle: www.ecogood.org[34]

tiativen und Bewegungen zu Wirtschaft, Wissenschaft, Arbeit, Politik, Globaler Gerechtigkeit, Rechten der Natur, Ethik und Achtsamkeit, die ähnliche Zielsetzungen wie die Gemeinwohl-Ökonomie verfolgen.

4.4.3 Managing Complexity

Mit der Finanzkrise brechen die Planungen der meisten Unternehmen schlagartig zusammen. Reagiert das Management zuerst noch damit, sich für einige Wochen einzubunkern, um die Pläne zu überarbeiten, wird bald klar: Formalisierte Zielsetzungen, Pläne und Kaskadierungen sind obsolet geworden, »Fahren auf Sicht« ist angesagt, »Nebelkompetenz« gefordert. Währungskursschwankungen, die wirtschaftliche Depression in Europa, die finanzielle Instabilität Chinas, die Volatilität auf Energiemärkten, staatliche Regulierungen auf den neuen Märkten, Fragen der Cyber Security, kurz: Ringsum unkalkulierbare Unsicherheiten machen das Business-Umfeld zur white-water-condition, wo wechselseitige Abhängigkeiten, dynamische Entwicklungen und uneinschätzbare Risiken jederzeit ins Chaos führen können. Dazu kommt, dass mit den Jahren die Organisations-

34 https://germany.ecogood.org/tools/gemeinwohl-matrix/ [Zugriff 18.12.2023]

strukturen so aufgefächert, ineinander verwoben und unüberschaubar verteilt sind, dass Abstimmprozesse Entscheidungen lähmen und oft genug ins Entscheidungspatt führen.

Eine IBM Studie (Berman 2010) mit 1.500 leitenden Führungskräften folgert 2010, dass die größte Herausforderung im privaten, wie im öffentlichen Sektor in der schnellen Eskalation der Komplexität liege. Die Studie »The Future of Jobs Report« des World Economic Forum (2016) nennt *»complex problem solving«* als oberste Kompetenzanforderung an Führungskräfte.

Bereits Ende der 1970er-Jahre war im militärischen Bereich das *VUCA-Modell* entwickelt worden, das sich 2014 im Zusammenhang mit dem Diskurs um die steigende Komplexität verbreitet. Das Akronym steht für die vier typischen Handlungskontexte, die sich zwischen den Dimensionen »Wissen über die bestehende Situation« und »Wissen über die Folgen eigener Handlungen« aufspannen: *V*olatilität, *U*ngewissheit, Komplexität (*C*omplexity) und *A*mbiguität, abgekürzt mit dem Akronym VUCA. Dasselbe Akronym steht für das Antidot, d.h. für die jeweiligen Handlungsmaximen in diesen Handlungskontexten: Vision haben bei Volatilität, Understanding gewinnen in Uncertainty, Clarity gewinnen bei Complexity und Agility, agiles Handeln, in Ambiguität. Woher genau Klarheit und Vision kommen sollen, bleibt, ebenso wie die Begründung für Agilität bei Ambiguität, unbeantwortet.

Am Beispiel von VUCA lässt sich die eigentliche Schwierigkeit im Umgang mit Komplexität veranschaulichen: Einerseits wird ein Problem als paradigmatisch neues beschrieben, andererseits bleibt es, wenn es um geeignete Steuerung geht, bei Appellen und Handlungsstereotypen, die ja gerade, definitionsgemäß, in diesem Paradigma verunmöglicht sind.

2003 unterscheiden Gosling und Mintzberg erstmals zwischen *einfachen, komplizierten* und *komplexen Aufgabenstellungen.* David Snowden und Mary Boone arbeiten 2007 in ihrem *Cynefin-Modell* typische Merkmale und Führungsstile für einfache, komplizierte, komplexe und *chaotische* Kontexte heraus. Mit ihrem Konzept der *kontextübergreifenden Führung* sehen sie die erste Aufgabe von Führung darin, zu reflektieren, um welchen Kontexttyp es sich handelt, um den angemessenen Steuerungszugang zu wählen.

Dieses Vorgehen wird im folgenden *Modell der vier Führungsparadigmen* der Autorin unterstützt, das zwei Kernfunktionen von Füh-

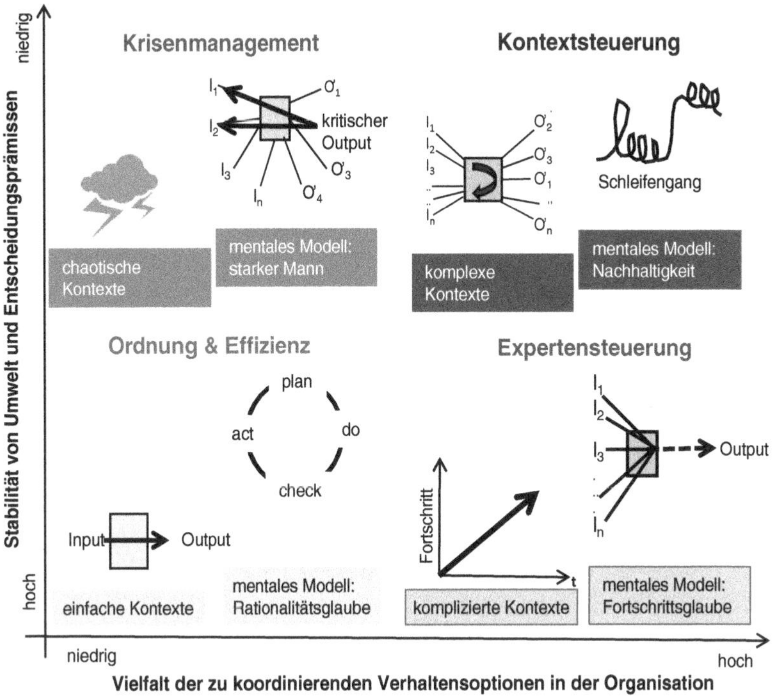

Abb. 8: Vier Führungsparadigmen, mentale Modelle und Steuerungszugänge (J. Krizanits)

rung herausgreift: das Treffen von Entscheidungen und die Koordination bzw. das Alignment von Verhaltensweisen in der Organisation (Abb. 8).[35] Konkret werden die vier grundsätzlichen Kontexte von Führung einer Matrix zwischen *Volatilität der Umweltbedingungen und Entscheidungsprämissen* und der *Vielfalt der zu koordinierenden Verhaltensweisen* verortet; für jeden Kontext wird das Funktionsmuster des Systems und der idealtypische Steuerungszugang angegeben:

- Bei hoher Umweltstabilität und geringer zu koordinierender Verhaltensvielfalt gilt das Paradigma von *Ordnung und Effizienz:* Die vorherrschenden kausalen Input-Output-Relationen sind mit dem klassischen Management-Regelkreis des Plan-Do-

35 Die Matrix geht zurück auf eine Anregung von Niklas Luhmann aus dem Jahr 1986, Zusammenhänge auf den Achsen Vielfalt und Redundanz abzubilden, die H. Jarmai von der Beratergruppe Neuwaldegg zur Abbildung verschiedener Zusammenhänge anwandte.

Check-Act zu steuern; Abweichungen vom Plan werden ausgesteuert.

- Bei hoher Umweltstabilität und hoher Verhaltensvielfalt gilt das Paradigma der *Expertensteuerung:* Komplizierte Aufgaben sind in Teilpakete zu zerlegen und diese so zu verschneiden, dass viele verschiedene Inputs zu einem richtigen Output führen, und zwar so, dass sich über die Zeit ein linearer Fortschritt realisiert, sodass man jederzeit einen Soll-Ist-Vergleich des Status quo auf die Planung vornehmen kann.
- Das Paradigma des *Krisenmanagements* ist gekennzeichnet durch jeweils wenig Umweltstabilität und Verhaltensvielfalt, da das Verhalten in der Organisation auf sehr wenige, überlebenswichtige Optionen reduziert ist. Steuerung geht aus von den überlebenswichtigen Outputs, z. B. Liquidität, die erreicht werden müssen, und verändert die wesentlichen, darauf einwirkenden Inputs, z. B. Zahlungsziele und Außenstandsmanagement.
- Niedrige Umweltstabilität und hohe Verhaltensvielfalt bestimmen das Paradigma der *Kontextsteuerung:* In komplexen Kontexten gibt es keine stabilen Input-Output-Relationen; der jeweilige Funktionsmodus des Systems ist pfadabhängig und ändert sich immer wieder auf unvorhersehbare Weise. Kleine Abweichungen können Vorboten für Turbulenzen und spätere Kippeffekte sein; Systemgrenzen springen. Steuerung folgt dem Prinzip des *Schleifengangs:* In einem gegebenen Zeitfenster sind die manifesten Funktionsmuster unter besonderer Berücksichtigung von Abweichungen immer wieder zu erkunden. Nach hinreichendem Verstehen lassen sich kontextbezogene Lenkungseingriffe setzen, deren Auswirkungen und neue Einwirkungen wiederum laufend zu erkunden sind. Irreversible Lenkungseingriffe, die weitere Pfadabhängigkeiten prägen, sind so weit wie möglich zu vermeiden bzw. bewusst und begründet zu setzen.

Häufig fällt es uns zu spät auf, dass es sich überhaupt um ein komplexes Wirkungsgefüge handelt. Denn komplexe Wirkungsgefüge weisen – wie komplizierte – Phasen (scheinbar) stetigen Verhaltens auf. Tatsächlich setzen rekursive Operationen aufeinander auf, bis kleine Abweichungen sich aufschaukeln und zu Turbulenzen und Kipppunkten führen, an denen die Systemgrenzen auf weitere Bereiche überspringen und sich die Funktionsmuster grundlegend und ergebnisoffen ändern.

Heinz von Foerster hat mit seinem Konzept der *nicht trivialen Maschine* veranschaulicht, dass komplexe Systeme weder viele Einflussgrößen noch viele Wirkweisen voraussetzen, um »unberechenbar« zu werden.[36] Das Beispiel einer Lawine veranschaulicht dies:

> Wenn stetig Schnee auf Schnee fällt, kann sich ein Schneebrett bilden, das reißen und eine Lawine auslösen kann; während diese talabwärts stetig mehr Fahrt und Masse aufnimmt, entsteht eine Druckwelle, die Bäume mitreißt, sodass Erde ins Rutschen kommen und ein Dorf unter Schnee und Schlamm begraben kann.

Komplexe Wirkungsgefüge lassen sich nicht in einfache oder komplizierte umwandeln, und sie lassen sich nicht »durchsteuern«. Tatsächlich sind Steuerungszugänge aus anderen Paradigmen nicht nur wirkungslos, sondern potenziell gefährlich: Während beim Paradigma von Ordnung und Effizienz Abweichungen nach der Steuerungslogik Plan-Do-Check-Act beseitigt werden, müssen sie in komplexen Kontexten hohe Aufmerksamkeit (Mindfulness) finden, weil sie auf frühe Turbulenzen hinweisen können.

In hochkomplexen Kontexten wird häufig an Führung appelliert, Komplexität herauszunehmen und die Dinge zu vereinfachen, die richtigen Experten oder gleich jemanden, der durchgreift, ans Ruder zu lassen. Hinter diesen Appellen stehen mächtige *mentale Modelle,* gesellschaftlich tradierte Zugänge dafür, was die Natur des Problems und was der angemessene Lösungszugang sei:

- Dem Paradigma Ordnung und Effizienz ist das mentale Modell eines *Rationalitätsglaubens* hinterlegt, man müsse nur die zweckmäßigen Schritte setzen, um eine klare Wirkung zu erzielen.
- Hinter dem Modell der Expertensteuerung steht das mentale Modell des *Fortschrittsglaubens,* demzufolge der Fortschritt durch Expertise linear und gerichtet immer weiter fortschreiten werde.
- Hinter dem Paradigma des Krisenmanagements steht das mentale Modell des *Glaubens an den »starken Mann«,* der Bedrohungen wegräumt und den Turnaround schafft.

---

36 Eine Maschine, die ihren »inneren Zustand« auf unvorhersehbare Weise ändert, kann angeblich schon bei jeweils vier verschiedenen Eingabe- und Ausgabemöglichkeiten über die Zeit 2^{8192} Funktionsmuster zeigen.

- Für komplexe Kontexte haben wir gesellschaftlich noch kein mentales Modell ausgeprägt – es müsste die *Nachhaltigkeitsorientierung* sein –, und auch der Steuerungszugang des Schleifengangs ist uns ungewohnt.

Rationalitäts- und Fortschrittsglaube sind tief in die Strukturen von Organisationen eingraviert, z. B. durch MbO, Planung und den in Meetings vorherrschenden Kommunikationsstil der Diskussion mit Pro-und-Kontra-Argumentation bestehenden Wissens statt der Exploration des Unwissens.

Menschen reagieren auf hohe Komplexität mit einer unspezifischen neuronalen Stressreaktion, die beim Individuum zu Fehlern beim Problemlösen und in Teams zum Verlust von Aufmerksamkeitsfokus und Kommunikationsanschlüssen führt. Dem lässt sich begegnen durch Lenken des Denkens – Beobachten, Explorieren, Aufspüren vielfacher Wirkungszusammenhänge – und indem die Intuition an Bord genommen wird. Für die Kommunikation im Team gilt: einen Aufmerksamkeitsfokus schaffen, dialogische Gesprächsformen einsetzen, um, Muster erkennend, ein kohärentes Sinngefüge zu konstruieren.

4.4.4 Scrum, SAFe und der Spotify-Ansatz für agiles Management

Das Konzept des *agilen Managements* geht zurück auf die Anfang der 1990er-Jahre von Ken Schwaber und Jeff Sutherland entwickelte Praxis der *agilen Softwareentwicklung* mit *Scrum*, einem System von Rollen, Strukturen und Spielregeln der Teamarbeit. Hintergrund war, dass bei langwierigen, großen Softwareentwicklungen anfängliche Zielsetzungen mit der Zeit durch Änderungen in Technologie und Kundenanforderungen überholt waren, sodass ein durchkaskadierter Planungsprozess nach hohen Kosten ins Leere und zum Abbruch führen konnte. Nach der Veröffentlichung des Scrum Guide (Schwaber u. Sutherland 2013) verbreitete sich Scrum als System der Arbeitsorganisation in Softwareunternehmen weltweit.

Scrum geht davon aus, dass bei Innovations- und Entwicklungsprozessen sich anfangs nur allgemein formulierte Ziele setzen, die konkreten Anforderungen sich aber schrittweise, in Iterationen, bestimmen lassen, und zwar durch Kundeneinbindung, frühes Feedback und immer wieder schnelles Prototyping. Im Verlauf des Entwicklungsprozesses sind dazu immer wieder der gegenwärtige Kontext und die jüngsten Entwicklungen zu reflektieren, um den nächsten Entwicklungsabschnitt zu planen.

Das »Spielsystem« im Scrum wird durch definierte Rollen und eine klare Regelkommunikation ausgelegt. Konkret werden drei Rollen unterschieden: Der *Scrum Owner* oder *Project Owner* trägt die Ergebnisverantwortung und steuert den Entwicklungsprozess. Da die Ergebnisvorgaben vorab nur vage definiert werden und sich unterwegs ändern können, bedeutet Ergebnisverantwortung: den maximalen Wert des Produkts und der Arbeit des Entwicklungsteams zu erreichen. Das *Scrum Team* besteht aus drei bis neun Mitgliedern, die abteilungsübergreifend zusammenarbeiten. Der *Scrum Master* hat die Verantwortung für das Scrum-System, für Transparenz der Ergebnisse und monitort das Portfolio der laufenden Scrums. Als Ansprechpartner für Auftraggeber und Umwelten gewährleistet er, dass das Team ungestört von Außeneinflüssen arbeiten kann. Er bestellt den Project Owner.

Das kulturprägende Merkmal von Scrum ist die Gestaltung der Regelkommunikation, die für jeden Meeting-Typ genaue Zeitressourcen, die *Time-Boxes*, definiert. Time-boxing kann man in einer doppelten Bedeutung auch als Boxen um die Ressource Zeit verstehen, und das kommt, wie der Begriff des Scrum, der ja »Gedränge« bedeutet, nicht von ungefähr. Der deutsche Scrum Guide zitiert eine typische Nutzeraussage: »Jeder wird Scrum mögen; das ist es, was wir bereits machen, wenn wir mit dem Rücken an der Wand stehen.« Es ist diese Kultur der hohen Konzentration auf einen gemeinsamen Fokus mit höchster Bedeutung, die Bereitschaft zur schnellen Initiative, das bedingungslose Zurückstellen aller Ablenkungen bei hoher Wachsamkeit für relevante Details, die agiles Management auszeichnet. Erreicht wird dies durch strikte Meeting-Moderation.

Was sind nun die im Scrum angelegten Arbeits- und Kommunikationsräume mit ihren Zeitboxen? – Die Entwicklungsarbeit verläuft in Arbeitsscheiben von maximal einem Monat, den sogenannten *Sprints*. In den Sprints gibt es *Daily Scrums*, das sind 15-minütige Teamtreffen mit dem Ziel, die Aktivitäten zu synchronisieren und den kommenden Tag zu planen. Die Agendapunkte sind hier: Was waren gestern meine Beiträge zur Erreichung der Sprintziele, und was werde ich heute dazu beitragen? Wo gibt es Hindernisse, die das Erreichen der Sprintziele gefährden? Nach bzw. vor jeder Arbeitsscheibe gibt es das maximal vierstündige *Sprint Review;* neben den Teammitgliedern nehmen daran relevante Stakeholder teil. Die Agenda: Feststellen der abgearbeiteten Entwicklungsvorgaben, des Gesamtfortschritts und des gegenwärtigen Anwendernutzens, Reflexion des Arbeitsprozesses, Planung des nächsten Sprints mit Festlegung der Entwicklungsziele dieser Zeitspanne. Neben der inhaltlichen Auswertung gibt es eine Prozessreflexion des letzten Sprints, die *Sprint Retrospective*. Sie wird vom Scrum Master geleitet, dauert maximal drei Stunden und dient dazu, Erfolgsfaktoren und Verbesserungsmöglichkeiten in der Arbeitsweise des Teams zu identifizieren.

2011 veröffentlichen Dean Leffingwell und Drew Demilo ihr *Scaled Agile Framework* (SAFe), eine Sammlung von Organisations- und Workflowleitlinien zur Implementierung von agilen Praktiken im Software-Unternehmen. Sie betreffen die Zusammenarbeit in Rollen und Zuständigkeiten in Agile-Teams und in Abstimmung *über mehrere Agile-Teams* hinweg. »Scaled« bedeutet das Ausmaß, in dem Agile-Praktiken im Unternehmen verbreitet sind, SAFe umfasst die vier Skalierungsebenen *Essential SAFe, Large Solution SAFe, Portfolio SAFe* und *Full SAFe*. Der Ansatz sieht vor, dass auf allen Ebenen des Unternehmens feste Rhythmen für Planung und Reflexion eingehalten werden, damit die Mitarbeitenden Ziele und aktuellen Stand des Unternehmens kennen und ihre Aktivitäten darauf und untereinander abstimmen können. Die Prinzipien sollen gewährleisten, dass Informationen zeitnah und auch Bottom-up fließen und Entscheidungen über funktionale und organisatorische Grenzen hinweg weitgehend dezentral getroffen werden können. Führungskräfte sollen strategische Entscheidungen fällen und Teams bei deren eigenständiger Entscheidungsfindung unterstützen. Auf Teamebene wird die Arbeit in kleinere Elemente aufgeteilt, damit Probleme früh sichtbar werden; Arbeitsschritte werden im *Backlog* wie in einem Logbuch protokolliert. Transparenz und Eigenverantwortung sollen das kreative Potenzial der Mitarbeitenden freisetzen und ihre intrinsische Motivation fördern. Wie Scrum setzt SAFe auf inkrementelle Entwicklung unter veränderlichen Zielsetzungen mit dem Ziel, Optionen offenzuhalten, und auf schnelle, integrierte Lernschritte.

Ein anderes Modell, agile Arbeitsformen zu skalieren, bietet das Strukturmodell, das der schwedische Streamingdienst Spotify 2012 für das eigene Unternehmen entwickelt hat. Im *Spotify-Modell* ist die Programmierarbeit auf *Squads, Tribes, Chapter* und *Guilds* verteilt:

- *Squads* sind funktionsübergreifende, autonome Teams aus sechs bis zwölf Personen mit einem eigenen Aufgabenbereich und einer eigenen Mission, an der die Arbeit ausgerichtet wird. Spezielle Rollen sind der *Produktinhaber,* der die Arbeit anleitet, und ein *Agile Coach* zur Unterstützung. Das Spotify-Modell gibt – anders als Scrum und SAFe – keine speziellen Arbeitsformen *(Frames)* vor, diese können die Squads selbst wählen.
- Ein *Tribe* besteht aus mehreren Squads im selben Funktionsbereichs, umfasst 40 bis 150 Mitarbeitende und hat einen *Tribe Lead,* der die Koordination zwischen den Squads unterstützen und ihre Zusammenarbeit fördern soll.
- Im *Chapter* schließen sich Spezialisten unter einem Technologieleiter zusammen, um untereinander Best Practices abzustimmen und die Einhaltung bestimmter Entwicklungsstandards in den Squads zu gewährleisten.
- Eine *Guild* ist eine Interessengemeinschaft wie ein Netzwerk, der sich Teammitglieder aus unterschiedlichen Squads anschließen können; ein Mitglied übernimmt die Rolle des *Guild Coordinator.*

Jeder Tribe hat ein Führungs*trio* aus Tribe Lead, Produktleiter und Designleiter; manche Entwicklungen entstehen in der Zusammenarbeit mehrerer Tribes. Diese *Alliances* werden in der Zusammenarbeit von mehreren Tribe-Trios geleitet.

Scrum, SAFe und das Spotify-Modell bieten neue Formen der Arbeitsorganisation auf Team- und Organisationsebene, die es ermöglichen, die Ziele langfristiger Entwicklungsprozesse iterativ zu konkretisieren, durch Einbindung von Stakeholdern immer wieder zu validieren und an sich ändernde Rahmenbedingungen anzupassen. Die Arbeit wird in kleinteiligen Portionen nacheinander in Teams abgearbeitet und dokumentiert. Die Teams arbeiten in mehr oder weniger vorgegebenen Zeit- und Kommunikationsformaten zusammen; gemeinsam ist ihnen ein hoher Grad von Autonomie und dezentraler Entscheidungsmacht. Das setze Motivation und Kreativität frei. Führung ist zuständig für die Rahmensetzung und Förderung der Teamstrukturen.

Diese neuartige, *agile* Arbeitsorganisation ist *die* Antwort für viele Unternehmen in hochvolatilen Umwelten, die sich im klassischen Organisationsdesign von Aufbau- und Ablaufstrukturen, Planung und Steuerung, im tradierten Verständnis von Führung und Organisationskultur, aufreiben. Deshalb werden die Prinzipien der agilen Arbeitsorganisation bald übertragen auf jede Art von Produktentwicklungen, generell auf Projektarbeit und temporäre Arbeitsformen bzw. Zusammenarbeit in komplexen Aufgabenstellungen.

Dabei wird schnell klar: Um *agiles Management* und *agile organization* in Unternehmen zum Fliegen zu bringen, braucht es die Einbettung in eine allgemeine Kultur von Flexibilität, Wendigkeit, Schnelligkeit, des »Dranbleibens« und schnellen Agierens auf Entwicklungen bei Kunden. Softwareunternehmen sind in gewisser Weise wirklich ein eigener »Stamm«: Entwickler sind einer Professionskultur verbunden, die von jeher eine hohe Autonomie, Motivation durch die Aufgabe, die Arbeit mit und in Formaten, Intellekt, Expertentum und kollegiale Zusammenarbeit hoch bewertet hat. Das müssen andere Unternehmen erst einmal schaffen.

4.4.5 Reinventing Organizations

2014 löste der Bestseller »Reinventing Organizations« des McKinsey-Beraters Frederic Laloux (2015) eine Welle von *New-Work-Ansätzen* aus, die sich bis heute in umfangreichen Beratungsprojekten in Organisationen manifestiert.

Ausgehend von den tiefgehenden Veränderungen in Bewusstsein, Kultur und sozialen Systemen versucht Laloux in Pionierorganisationen jene Werte, Praktiken und Organisationsstrukturen zu identifizieren, die von einem weltweit bemerkbaren Bewusstseinswandel angetrieben werden. Er stellt die heutigen Entwicklungen im Bewusstsein in eine geschichtliche Entwicklung, in der er folgende Stadien abgrenzt: *»Archaic«*, *»Magic«* (*»Tribal«*), *»Mythic«* (*»Traditional«*), *»Rational«* (*»Modern«*), *»Pluralistic«* (*»Postmodern«*), und *»Integral«* (*»Post-postmodern«*). Damit lehnt er sich an ein Strukturmodell der Bewusstseinsgeschichte des Schweizer Kulturphilosophen Jean Gebser an. In jedem Stadium seien nicht nur unsere kognitiven moralischen und psychologischen Fähigkeiten, mit der Welt umzugehen, sprunghaft gestiegen, daraus sei auch ein Durchbruch in unserer Fähigkeit erfolgt, in einem neuen Organisationsmodell zusammenzuarbeiten.

Konkret beschreibt Laloux, in Anlehnung an die »Metaanalysen« von Ken Wilber und Jenny Wade in deren *Integraler Theorie*[37] die Ent-

37 Siehe https://en.wikipedia.org/wiki/Integral_theory (Ken_Wilber) [Zugriff 13.12.2023].

wicklung von fünf Organisationsmodellen und Zusammenarbeitsformen und schreibt ihnen, wie Wilber und Wade, Farben zu (siehe Kasten).

Organisationen in den verschiedenen Bewusstseinsstadien nach Laloux

- *Rote Organisationen* funktionieren wie ein »Wolfsrudel«: Die Entscheidungsmacht ist in der Hand eines starken Führers konzentriert, der Mitarbeitende oft in Angst versetzt, um seine Autorität zu festigen. Rote Organisationen seien zum Beispiel bei der Mafia oder bei Verbrechergruppen zu finden, aber kaum in der Unternehmenswelt.
- *Bernsteinfarbene Organisationen* funktionieren wie die Armee: Sie weisen hoch formalisierte, verlässliche, erprobte Rollen und stabile, abpausbare Prozesse auf und lassen sich leicht führen. Sie können einflussreich sein, wie die katholische Kirche oder Regierungsinstitutionen, können aber nicht gut mit Veränderungen umgehen und vermeiden Innovation.
- *Orangefarbene Organisationen* funktionieren wie Maschinen: In ihnen gibt es eine strenge Hierarchie, die Entscheidungen fallen oben; jedoch haben die Mitglieder eine gewisse Freiheit und Flexibilität bei ihren Aufgaben. Mit ihrem Streben nach Wachstum, Profit und Leistung dominieren sie die Unternehmenslandschaft. Mitarbeitende finden mit ihren Kompetenzen und Leistungen Aufstiegsmöglichkeiten. Beispiele für orangene Unternehmen sind Coca-Cola oder Banken.
- *Grüne Organisationen* funktionieren wie Familien: Für sie ist Profit genauso wichtig, aber sie erzielen ihn durch Empowerment der Angestellten und eine wertegetriebene Kultur, die hohe Produktivität bewirkt. Sie motivieren ihre Mitglieder über die Softfaktoren in Management und nehmen alle Stakeholder in den Blick, nicht nur die Shareholder. Grüne Organisationen wie z. B. Starbucks oder Ikea sind noch immer Hierarchien, aber die Pyramide ist auf den Kopf gestellt.
- *Blaugrüne (»teal«)* Organisationen sind das Ideal, sie funktionieren ganzheitlich, wie lebende Organismen: In ihnen herrscht Selbstorganisation ohne Chefs, aber in einem festen Rahmen. Ihre Grundstruktur ist nicht die Pyramide, sondern ein Kreis von selbstorganisierten Teams.

In Teal-Organisationen werde die Komplexität in einer Organisation gleichermaßen verteilt. Entscheidungen werden nicht als hierarchische oder Konsensentscheidungen getroffen; vielmehr kann jedes Mitglied der Organisation entscheiden, aber nur nach Beratung mit jenen, die die Expertise in einem bestimmten Feld haben, und mit jenen, die von den Folgen der Entscheidung betroffen sein werden. Laloux nennt dies *»advice process«*; er unterstützt die Handelnden mit einer breiteren Perspektive, statt ihnen bestimmte Entscheidungen vorzugeben. So verfüge die Organisation über »kollektive Intelligenz«. Blaugrüne Organisationen setzen nicht auf den Egotrip; sie ermöglichen ihren Mitgliedern, aufrichtig und kongruent mit ihren Werten zu bleiben und interne Konflikte zu vermeiden. Das Modell der miteinander verbundenen Kreise fördere Transparenz, und die Arbeit in parallelen Teams ermögliche es den Mitgliedern, das große Ganze zu sehen.

In traditionellen Organisationsmodellen ist Strategie Dreh- und Angelpunkt: Sie setzt die Ziele und den Weg. Dabei kann leicht der *Purpose,* der eigentliche Sinn und Zweck, die Bestimmung, aus dem Blick geraten, Entscheidungen können inkonsistent werden und Mitarbeitende ihre Motivation verlieren. Teal-Organisationen haben keine Strategie, aber eine klare Absicht, d.h. *intent.* Anstatt die Zukunft vorhersagen zu wollen, handeln sie nach dem Prinzip »go with the flow« jeweils mit einem bestimmten Purpose. Es geht nicht um ein Purpose-Statement, an dem man gegen alle Widerstände festhält, sondern darum, Flexibilität zu erhalten und den Purpose evolutionär anzupassen. Mitarbeitende sollen einander zuhören und herausfinden, in welche Richtung sie gemeinsam gehen wollen.

In Fallstudien untersuchte Laloux 12 (von anfangs 50) Organisationen mit mindestens 100 Mitarbeitenden, die in den vergangenen mindestens fünf Jahren Strukturen, Praktiken, Prozesse und Unternehmenskultur gepflegt hatten, die die Merkmale des kommenden Bewusstseinsstadiums aufwiesen. In diesen Unternehmen untersuchte Laloux angeblich 45 übliche Praktiken und Prozesse in Strategiefindung, Marketing, Verkauf, Budgetierung, Controlling, HR-Prozessen, Meetings, Informationsflüssen, Bürogestaltung und Führung; im Anhang des Buches ist ein Fragebogen mit 70 Fragen dazu abgedruckt. Daten oder nachvollziehbare Zusammenhänge seiner Thesen mit den Fallbeschreibungen sind im Text allerdings nicht zu finden.

Laloux' Buch war trotz oder wegen der uneingeschränkten Verortung seiner Thesen in kulturphilosophischen und metaphysischen Theorien ein Bestseller; der Autor hat enorme Aufmerksamkeit bis Gefolgschaft in Führungs-, HR- und Beraterkreisen gefunden; sein Buch läutete eine Welle von New-Work-Projekten in Organisationen ein.

4.4.6 Holacracy

Auch Brian Robertson war Gründer einer Softwarefirma, in der er mit alternativen Organisationsstrukturen, vor allem aus dem Ansatz der *Soziokratie*, experimentierte, bevor er 2007 ein erstes Konzept seiner *Holacracy* vorstellte; ein Jahr darauf gründete er mit zwei Kollegen die Beratungsfirma HolacracyOne, die heute die Lizensierungen und Ausbildungsprogramme für die Implementierung von Holakratie in Unternehmen vertreibt.

Er geht davon aus, dass es nicht hinreiche, neue Prozesse auf bestehende Organisationen »draufzusetzen«, um sie reagibler zu machen: Organisationen benötigen insgesamt eine neue »Sozialtechnologie«. In der richtigen Rahmensetzung von *Regeln* und individueller Freiheit soll laufend Arbeit so zugeschnitten, Verantwortung so verteilt und gemeinsame Ausrichtung (Alignment) so hergestellt werden, dass ständig eine angemessene Ordnung emergiere und mit den Anforderungen mitwachse. Holakratie sei das *Betriebssystem,* die Strukturen und Algorithmen, die die Abarbeitung der Aufgaben ermöglichen; zusätzlich gebe es – wie in jedem Unternehmen – »Apps« (Anwendungen) für spezifische Aufgabenbereiche wie Finance oder Recruiting.

Was konkret sind die Strukturen und Algorithmen dieses Betriebssystems? Sie werden in einer 30-seitigen »Verfassung« beschrieben, die bei der Einführung des Systems vom Top Management unterschrieben wird; mit der Unterschrift gibt Letzteres Macht und Einflussnahme an das Holacracy-System ab und unterwirft sich selbst ebenfalls dessen Regeln. Robertson vergleicht sie mit den Spielregeln für das Zusammenwirken in einem Mannschaftssport.

In Holacracy arbeiten Menschen in *Rollen;* das ist nicht neu, auch nicht der Umstand, dass eine Person mehrere Rollen bekleiden kann. Neu ist, dass Rollen sich nicht an den Erwartungen der Umwelten messen und mit diesen ausgehandelt werden, sondern, dass sie nach einer Segmentierung in *chunks of work* an geeignete Rolleninhaber vergeben werden, die die Autonomie haben, diese Rolle auszugestalten, d. h. mit den Handlungs- und Entscheidungsbefugnissen und Freiräumen auszustatten, die die Verrichtung ihrer Arbeit erfordern. Im Unterschied zum früheren Stellenplan mit seinen Aufgaben, Kompetenzen, Verantwortungen (AKV) für jede Stelle bleibt es nicht bei einer einmaligen Festlegung. Rollen können laufend verändert werden. Zu jeder Rolle gehört eine *Domain,* eine Art Territorium, in das andere Rollen nur mit Erlaubnis des Rolleninhabers eingreifen dürfen. Umfasst eine Rolle z. B. die Zuständigkeit für eine Website, darf eine andere Rolle nur mit Erlaubnis der ersten etwas darin einstellen.

Rollen mit gleichen oder zusammengehörigen Aufgaben arbeiten in einem *Kreis* zusammen. Neben den aufgabenbezogenen Rollen hat jeder Kreis vier fixe Rollen:

- den *Lead Link,* verantwortlich für das Vergeben von Rollen
- den *Rep Link,* Adressat von und zuständig für die Bearbeitung von *Spannungen (»tensions«)*
- den *Facilitator,* zuständig für die Gesprächsführung nach genauen Kommunikationsformaten
- und schließlich den *Sekretär,* zuständig für die Planung und Dokumentation von Meetings und Rollen – mit einer eigenen Holacracy-Software.

Kreise arbeiten in übergeordneten Kreisen und die in wiederum übergeordneten Kreisen zusammen. Ein übergeordneter Kreis ist durch zwei Rollen mit einem untergeordneten verbunden: von oben nach unten durch den Lead Link, der Rahmensetzungen und Rollen weitergibt, und von unten nach oben durch den Rep Link, der die Anliegen des Kreises im übergeordneten vertritt. Im Unterschied zum klassischen *Linking-Pin-Prinzip,* in dem jede Führungskraft, die eine Einheit leitet, auch Mitglied im übergeordneten Führungskreis ist, gibt es hier *zwei* unabhängige Mandate in zwei getrennten Rollen und keine intra-personalen Rollenkonflikte.

Das System der *verschachtelten Kreise* spiegelt de facto über- und untergeordnete Aufgaben wider; das ist nicht anders als in der klassischen Linienorganisation. Anders sei die Verteilung der Macht zwischen den Ebenen: Kreise geben den jeweils untergeordneten Kreisen Rahmenvorgaben für ihre Aufgaben, aber keine Anweisungen für den Aufgabenvollzug; sie üben auch keine Kontrolle oder Sanktionen aus. Macht und Autorität für Handeln und Entscheiden liegen in den Rollen. Damit werde Macht dezentral verteilt, Mitarbeitende seien empowered, sie sind ihre eigenen Führungskräfte und sollen sich im engen Bezug auf den *Purpose* (s. u.) wie Unternehmer verhalten. So werden viele Führungskräfte obsolet; sie erhalten ebenfalls Rollen bzw. Aufgabenpakete.

Jedes Mal, wenn Rolleninhaber eine Spannung spüren, können sie fordern, dass Hindernisse in einem *Governance-Meeting* ausgeräumt, neue Zuständigkeiten eingeräumt oder Arbeitsaufgaben umgeräumt werden. So bleiben Rollen *dynamisch*. Der Begriff der »Spannung« ist zentral für die Veränderungsfähigkeit des gesamten Systems. Spannung bildet sich durch die Lücke zwischen dem gegenwärtigen Zustand und dem Potenzial, wo man, gemessen am *Purpose des Kreises*, in der eigenen Aufgabenerfüllung sein könnte. Der Purpose des Kreises bleibt mehr oder weniger gleich, aber das Potenzial, ihn konkret zu erreichen, kann sich durch Umstände, z. B. Hindernisse, ändern. So seien Spannung und Purpose Treiber eines evolutionären Wandels, der sich aus laufenden kleinen Anpassungen im Handeln ergibt.

Der jeweilige Purpose der Kreise leitet sich ab vom *Purpose der Organisation*, von deren Daseinszweck oder Bestimmung. Der Purpose der Organisation wird in einem eigenen Prozess mit dem Board-Kreis, der höchsten Organisationsebene, gesucht und definiert.

Wesentlicher als die Strukturen – Rollen, Kreise, Purpose, Verfassung – sind für Holacracy die »Algorithmen«; das sind die Prinzipien, nach denen Kommunikation gesteuert und Entscheidungen getroffen werden. Robertson war es wichtig, die Kommunikation um den Aufgabenfokus zu strukturieren. Sein Fokus auf Rollen statt (wie organisationssoziologische Ansätze) auf Rollenträger ist in seinem Stereotyp über »die Person« begründet: Personen mit ihren informellen Beziehungen und Einflussnahmen aufeinander blähen die Kommunikation auf, machen Meetings zur Qual und organisationales Handeln ineffektiv. Wo die klassische Organisationstheorie davon ausgeht, dass Organisationen zwangsläufig eine Bühne für Mikropolitik bereitstellen, reguliere das Holacracy-System die Kommunikation so, dass solche Attitüden und Dynamiken außen vor bleiben.

Die Regelkommunikation findet auf Ebene des Kreises, d. h. der zusammengehörigen Rollen, statt und umfasst *Tactical Meetings* und *Governance-Meetings*. Die Kommunikationskultur in diesen Meetings wird wie ein Alleinstellungsmerkmal von Holacracy ausgelobt; de facto handelt es sich dabei – wie bei den Scrum-Meetings – um eine klassische Meeting-Moderation.

Tactical Meetings finden – wie Jour fixes – einmal wöchentlich statt, um operative und dispositive Fragen zu klären. Man kommt im Stehen für eine Stunde zusammen, tauscht in einer Aufwärmrunde aus, wie – in welcher Verfassung, aus welchem Kontext – man ins Meeting kommt und wie hoch der Energielevel ist. Alle Teilnehmenden haben einen PC vor sich und können die vom Sekretär laufend erstellte Protokollierung bzw. Visualisierung verfolgen. Handys und Ablenkungen sind nicht erlaubt, Blickkontakt, hohe Konzentration und kurze Antworten sind Vorschrift. Eine zweite Runde dient der Standortbestimmung mit kurzem Feedback zu Kennzahlen und Tätigkeiten. Dann wird die Agenda aufgestellt: Alle Teilnehmenden nennen *Tensions*, die Spannungen, d. h. Umstände, die ihn oder sie im Job behindern, oder neue Ideen. Diese werden nacheinander prozessiert: Nach Beschreibung der Tensions gibt es eine Runde mit Klärungsfragen, dann eine Runde mit inhaltlichen Stellungnahmen, dann eine Entscheidungsrunde. Entscheidungen werden nach dem – vom Soziokratie-Modell übernommenen – Prinzip des *KonsenT* getroffen: Dabei geht es nicht um Konsens, sondern um die Frage, ob jemand aus Sicht der eigenen Rolle in Hinblick auf das gemeinsame Ziel einen schwerwiegenden Einwand, eine *Objection*, gegen eine Veränderung hat. Wenn dies nicht der Fall ist, kann die Spannung beseitigt werden. Am Ende des Meetings gibt es eine Reflexionsrunde, was am Meeting gut bzw. verbesserungsfähig war; der Sekretär stellt nachher eine Dokumentation zusammen. Grundsätzliche Fragen zur Ausgestaltung und Abgrenzung von Rollen z. B. werden im monatlichen *Governance-Meeting* (s. o.) bearbeitet, das ebenfalls klassisch moderiert wird.

Der *Purpose-Finding-Prozess* im Executive Board ist nach dem Modell des *Dialogs* nach David Bohm (1998) strukturiert. Wie alle professionell geführten Dialoge ist er in hohem Maße sinnstiftend. Dabei ist es weniger der Purpose, sondern der interaktive Prozess gemeinsamer Bedeutungsgebung, der zu *Metanoia*[38] führt.

Holacracy kann man – wie die Soziokratie – als System eines Autodidakten sehen, der ihm aus der Softwareentwicklung bekannte Organisationsansätze mit eigenen Improvisationen über Rollen und Struktur zu einer Cuvée verschnitten hat. Das ist legitim. Das System mag viele ersehnte Wirkungen erzielen: die Zufriedenheit und Identifikation der Mitarbeitenden, die Dezentralisierung vieler Entscheidungen und damit eine höhere Schnelligkeit und Güte unmittelbar handlungsrelevanter Entscheidungen, eine bessere Wirksamkeitserfahrung der Handelnden, der Fokus auf den Businesszweck, ein laufendes Nacheichen vieler Tätigkeiten zur Aufgabenerfüllung, weniger Reibungsverluste in der Kooperation u. a. m.

38 Metanoia ist ein Konzept der lernenden Organisation und bezeichnet die Teilhabe an einem neuen »Sinnreservoir« durch den Dialog (Bohm 1998).

Ob diese segensreichen Wirkungen allerdings aus der Struktur abgegrenzter Rollen für Aufgabenpakete und aus ihrer Bindung an einen – letztlich doch herunterkaskadierten – Purpose kommen, sei dahingestellt. Tatsache ist, dass die Mitarbeitenden mehr Aufmerksamkeit und Zentralität als Handelnde und miteinander Interagierende genießen (eine Art zweiter Hawthorne-Effekt; siehe S. 18) als in überholten, grundsätzlich eher entmündigenden Formen von Führung. Tatsache ist auch, dass die praktizierten, keinesfalls neuen Kommunikationsformate in den Tactical und Governance-Meetings und im Purpose-Finding-Prozess professionell gestaltete soziale, interaktive Sinngebungsprozesse (siehe S. 89 f.) darstellen.

Ein wirkungsvoller Beitrag zur Agilität ist das – aus dem Modell der Soziokratie übernommene – Entscheidungsprinzip des *KonsenT*, das auf Kreisebene Hürden aus dem Weg räumt und Rolleninhabern ermöglicht, schnell nächste Schritte zu setzen, statt zu warten, bis sich viele kleine Störungen so chronifiziert haben, dass ein grundsätzliches Problem zur Lösung die Hierarchie hinaufgeschickt wird.

Durch das Prinzip der ineinander geschachtelten Kreise werden Arbeitspakete und Rollen mit Entscheidungsbefugnissen, wie in der klassischen Linienorganisation, vertikal, wenn auch bidirektional, verteilt. Für die Querverbindungen der Kreise untereinander, in derselben Aufgabenebene oder darüber hinweg, legt Holacracy keine Kommunikationsräume zur Aushandlung von Rollen an. Es ist der Initiative der bzw. des Einzelnen überlassen, ein Government-Meeting eines anderen Kreises aufzusuchen, für die weitere Prozessierung gibt Holacracy keine Regeln vor. Gerade in der Zusammenarbeit in funktionsgemischten Teams liegt aber meist der Schlüssel zum Verständnis komplexer Problemlagen, für agiles Handeln, für Innovationen.

Aus managementtheoretischer Sicht ist es grundsätzlich fragwürdig, wie agiles Handeln aus der genauen Abgrenzung von Aufgabenbereichen und Rollen resultieren können soll. Im Gegenteil: Auch wenn die einzelnen Rolleninhalte laufend nachgestellt werden, gelten für die Rolleninhaber doch – »im Verfassungsrang« – die Prinzipien rollenkonformen Handelns und der Rollenabgrenzung in Domänen. Das läuft auf eine *enge Kopplung* hinaus. Änderungen in Verhaltens*mustern* lassen sich nur mit Zeitaufwand und Zeitverzug im Nachhinein und nur auf Kreisebene ausverhandeln. Dabei bleibt die grundsätzliche Frage, ob Musterveränderungen überhaupt durch Addition von

Rollenangleichungen erzielt werden können oder ob die Arbeit nicht gleich von übergeordneter Ebene neu paketiert und verteilt werden müsste. Wie können diese Arbeitsprinzipien agil sein oder gar einen wirksamen Umgang mit Komplexität – d. h. mit unerwarteten Störungen, Turbulenzen, plötzlichen Kippeffekten – verheißen? Ebenso unbegründbar sind in der Folge die Behauptungen, Holacracy bringe der Organisation Selbstorganisation und mache Führung obsolet.

Schließlich ist anzuführen, dass die Umstellung der Arbeitsweise auf das »Betriebssystem« Holacracy zeit- und (allein für die lizensierte Ausbildung der zentralen Systemrollen) kostenaufwendig ist.

4.5 Fazit: Kollektive Führung in der Postmoderne

In der Postmoderne ist auch den Wirtschaftsunternehmen – bislang Rollenmodelle für Organisationen jeglicher Provenienz – die normative Basis abhandengekommen. Was ist passiert in der kurzen Schockstarre der Weltwirtschaftskrise bis zum Aufdämmern der Krise der Erderwärmung im allgemeinen Bewusstsein? Ist kapitalistische Wirtschaftssystem wirklich nur gestolpert, wieder aufgestanden, hat sich abgeputzt, um mit der Marschverpflegung des Liberalismus unbeirrt loszustiefeln? Sind all die Bücher über Kapitalismus, über Postkapitalismus, neuen Kapitalismus, das Ende oder das unabdingbare Weiterbestehen des Kapitalismus, die zwischen 2008 und 2019 erschienen sind, an den Ohren vorbeigerauscht? Oder hat der abendländische Kapitalismus in Wirklichkeit Tritt verloren?

In dem Maß wie die Umweltbedingungen volatiler bis chaotisch werden und Komplexität und Schwierigkeitsgrad des Führungsgeschehens steigen, spüren Führungskräfte, dass sie mit der alten Software linearen Denkens und des Fortschrittsglaubens mit dem klassischen MbO, die in jeden Aspekt des Aufgabenvollzugs einpunziert ist, nicht weiterkommen. Der Appell, vernetzt, neu, anders zu denken und zu handeln, wird schnell abgenickt, aber noch dreht man sich im Kreis der bewährten mentalen Modelle: Angesichts komplexer Fragen geht es reflexhaft zu immer noch tieferer Analyse oder zu brachialen Aufrufen zur Komplexitätsreduktion.

Gleichzeitig ist das neue Denken nicht mehr so befremdend. In unzähligen moderierten Change-Workshops und Seminaren haben systemtheoretische Zugänge und dialogische Kommunikation ein

Tor zur Hinterfragung eingespielter Wirklichkeitskonstruktionen geöffnet. Postmoderne Führung ist entmythologisiert; das neue Rollenbild, die Organisation sozial in Verbindung zu bringen, ist so viel greifbarer und weniger überfordernd – und überhaupt: Es sind ja die Organisationen, die agiler werden müssen, nicht die Personen in Führungsverantwortung.

Die neuen Arbeitsformate von Scrum, SAFe und Spotify, die langfristige Entwicklungsprozesse in Iterationen mit Reviews, Feedback, Reflexion und sukzessiver Ableitung von Zielen und Vorgehensweisen für den nächsten Sprint gliedern, praktizieren de facto das *Prinzip des Schleifengangs* (siehe S. 138); sie sind effektiv für den Umgang mit Komplexität. Ein vergleichbarer Trend zur Abkehr von kategorischen Vorgaben, die über die Zeit und von oben nach unten ausgerollt werden sollen, zeigt sich auch in Ansätzen wie dem Strategizing, verbindendem Leadership und distributed Leadership: Auch dort setzt man auf Iterationen von handlungsnahen Entscheidungen.

Gleichzeitig lässt sich an Bestsellern wie »Theorie U«, »Reinventing organizations« und »Holacracy« ablesen, wie viel Glaubwürdigkeit und Status die Wissenschaft in der Postmoderne bei Profis aus HR und OE sowie Führungskräften eingebüßt hat. Sie markieren, dass auch bei den Management- und Organisationstheorien ein Ende der bisherigen »großen Erzählungen« erreicht ist. Nur um allerdings gleich wieder eine neue große Erzählung zu verbreiten, die über das *New Work,* in dem Arbeitsformen mit Freiheit, Selbstständigkeit und Teilhabe der Mitarbeitenden an der Gemeinschaft Garanten für agiles Management in einer komplexen Welt seien.

Vor dem Hintergrund konkreter, spürbarer Trends in Organisationen sind die New-Work-Organisationsformate zwar kryptisch, mit ihren Claims aber radikal genug, den Geltungsanspruch bisheriger Führungspraktiken endgültig zu demontieren. Topmanager aus immer mehr Unternehmen sind hinreichend verunsichert und neugierig, um sich mit Charterflügen ins Silicon Valley zu beamen und dort an den Red-Bus-Touren durch die sagenhaften Innovationslandschaften teilzunehmen. Nach ihrer Rückkehr beauftragen sie Berater, setzen agile Projekte auf – und warten, ratlos (?), sich selbst und andere ermunternd, auf Ergebnisse.

5 Führen in der Transformation zur klimaverträglichen Gesellschaft

Im Frühjahr 2019 beschließen die großen deutschsprachigen Tageszeitungen, das Thema Klimawandel über die Ressorts zu mainstreamen. Im Laufe des Jahres verkünden etliche Staaten einen »New Green Deal«; am 11. Dezember 2019 stellt auch EU-Präsidentin Ursula von der Leyen den »European Green Deal« vor.

Elf Jahre dauert es, bis eine tiefgreifende Transformation Fahrt aufnimmt, so der Wissenschaftliche Beirat der Bundesregierung Globale Umweltveränderungen (WBGU)[39] 2011 in seinem Hauptgutachten »Welt im Wandel – Gesellschaftsvertrag für eine Große Transformation«. Begrifflich lehnt sich das interdisziplinäre Gremium namhafter Wissenschaftler aus verschiedenen Disziplinen an Karl Polanyi an: Er bezeichnete 1944 jenen Prozess als »The Great Transformation«, der ab den 1920er-Jahren bewirkte, dass eine zunehmende Marktorientierung zur Verselbstständigung der Wirtschaft gegenüber der Gesellschaft führte. Dabei hat sich die Ökonomie aus ihren sozialen und lebensweltlichen Bezügen »entbettet« und ausdifferenziert – eine Entwicklung, die ungeahnte Produktivitätszuwächse, aber auch die Ökonomisierung der Gesellschaftsordnung nach sich gezogen hat: Die Funktionsprinzipien der Wirtschaft haben über ihre Systemgrenzen hinaus in sämtliche gesellschaftlichen Teilsysteme (wie Politik, Kultur, Familie usw.) ausgestrahlt und rationale Kosten-Nutzen-Kalküle zum handlungsprägenden Deutungsmuster der Gesellschaft gemacht.

Es brauche, so der WBGU 2011, angesichts der dramatischen *Erderwärmung* heute eine vergleichbar fundamentale Transformation wie die von der Agrar- zur Industriegesellschaft; diese müsse gipfeln in einem neuen klimaverträglichen *Weltgesellschaftsvertrag* für eine *nachhaltige Weltwirtschaftsordnung* mit tiefgreifenden Änderungen von Regulierungssystemen, Produktionsprozessen, Infrastrukturen und Lebensstilen. Dazu müssen – im Gegenwind von *Pfadabhän-*

39 Der WBGU wurde nach dem Erdgipfel von Rio 1992 von der Deutschen Bundesregierung als unabhängiges, interdisziplinär-wissenschaftliches Beratungsgremium eingerichtet.

gigkeiten und Beharrungswünschen auf politischer, institutioneller, ökonomischer und Mindset-Ebene – Politik, Gesellschaft, Wissenschaft und Wirtschaft auf neue Weise zusammenarbeiten:

> »Die bisherigen großen Transformationen der Menschheit waren weitgehend ungesteuerte Ergebnisse evolutionären Wandels. Die historisch einmalige Herausforderung bei der nun anstehenden Transformation zur klimaverträglichen Gesellschaft besteht darin, einen *umfassenden Umbau aus Einsicht, Umsicht und Voraussicht voranzutreiben.*«[40]

So klar die Ziele einer solchen klimaverträglichen Weltgesellschaft durch Einsicht, Umsicht und Voraussicht definiert sind, so wenig lässt sich ein solcher Transformationsprozess dadurch instruieren. Wie kann ein Prozess des umfassenden Umbaus aussehen?

Solche Prozesse lassen sich, anders als technologische oder technokratische Reformen, nicht direkt steuern; Steuerung kann vielmehr nur heißen, einen *evolutionären Prozess zu simulieren* (siehe S. 89 f.), indem man einen Rahmen für neue Kommunikationsanschlüsse setzt und in diesem Rahmen Vielfalt und Häufigkeit von Kommunikationen steigert und so Varietät und Emergenz von neuen Kommunikationen fördert. Konkret besteht die Rahmensetzung darin, dass sich Nationalstaaten inner- und zwischenstaatlich klima- und energiepolitische Ziele setzen und auf Grundlage der *planetaren Leitplanken* und in *internationaler Kooperation* ein rechtliches Instrumentarium und einen zweckmäßigen Policy-Mix zwischen privaten, halbstaatlichen und öffentlichen Akteuren etablieren.

Globale Transformationsprozesse gehen nicht von einem eindeutigen Zentrum aus; sie folgen nicht aus einzelnen *Kippeffekten* und nicht »schlagartig«. Vielmehr dauern große Epochenwechsel, die zur »Verwandlung der Welt« führen, mehrere Dekaden an. In Phasen der *Übergänge* überlagern und verdichten sich ökonomische, kulturelle, soziale und ökologische Prozesse unterschiedlicher Tempi zu transformativen Dynamiken. Kollektive Deutungsmuster von Wirklichkeit, die nicht mehr wirklich »viabel« sind, verflüssigen sich *(Defreeze)*, neue Deutungsmuster entstehen; sie werden von einer *großen Zahl an Akteuren* aus Politik, Wissenschaft, Wirtschaft, Zivilgesellschaft und Konsumenten beeinflusst. So kommt es zu *Innovationen*, und *Selektionen* durch Nutzer finden statt (Move). Sie werden

40 WBGU 2011, Hauptgutachten, »Welt im Wandel – Gesellschaftsvertrag für eine Große Transformation«, S. 5 (Hervorh. durch die Verf.).

gesellschaftlich verankert über Märkte, Regulierungen, Infrastrukturen und neue gesellschaftliche Leitbilder. Letztlich ergeben sich umfassende Transformationen aus *Häufigkeitsverdichtungen,* die kontinuierlich oder diskontinuierlich, additiv oder kumulativ, reversibel oder irreversibel, mit stetigem oder wechselndem Tempo, letztlich aber *koevolutionär* verlaufen, und zwar in unterschiedlichen soziotechnischen Systemen, auf lokalen, nationalen und globalen Handlungsebenen.

So weit die Thesen des WGBU 2011. Sie wurden auf internationaler Ebene auf Klimagipfeln, im Weltwirtschaftsforum in Davos, vom Umweltprogramm der Vereinten Nationen, der UNEP, seit 2014 von der Umweltversammlung der Vereinten Nationen weitergeschrieben. In den letzten fünf Jahren zeichnen sich Anfänge einer neuen klimaverträglichen Makroordnung ab. Sie weist der Gesellschaft den obersten Zweck der *Klimaverträglichkeit* zu und die Rolle eines Partners im Vertrag der Nationalstaaten und der Generationen mit dem Planeten und manifestiert sich in ersten Regulierungen auf globaler, EU- und nationalstaatlicher Ebene.

Soll eine solche klimaverträgliche Makroordnung außerdem den Rahmen für eine neu verstandene *Wohlfahrtsstaatlichkeit* setzen, wird es auch um einen umfassenden Wertewandel in Wirtschaft, Politik und bei den Bürgern der reichen Industrieländer gehen, die für 80 bis 85 % der klimaschädlichen Emissionen Verantwortung tragen. Der Politik – blasse Hintergrundfigur im Turbokapitalismus und in der Postmoderne – kommt dabei eine zentrale Stellung zu, der Wirtschaft wird statt »freiem Markt« der Rahmen einer *Gemeinwohlökonomie* zugewiesen, deregulierten Branchen wie Transport- und Energiewesen und Sektoren wie dem Gesundheitswesen, Bildungswesen (wieder) ein *Versorgungsauftrag* als »kritische Infrastruktur«, den Bürgern statt Konsum der Appell zu einem *wertekongruenten Lebensstil.*

So weit die Utopie. Fix sind derzeit erste Regulierungen und Gesetze auf der Ebene der EU und anderer großer Staatenverbände, fix sind auch einsetzende Umweltkatastrophen, die in den kommenden Jahren eskalieren und den Regulierungen Legitimität verschaffen werden. Dazwischen liegt der Prozess der Transformation. Wie er verlaufen wird, ob er im heute gegrabenen Kanal dahinströmen, über die Ufer treten oder sich ein neues Flussbett suchen wird, all das ist offen.

Wo stehen wir am Ende der Postmoderne auf diesem Weg? Wie wird es weitergehen, und was bedeutet das konkret für das Funktionssystem Wirtschaft, für die gesellschaftlichen Funktionssysteme insgesamt und für Führung in deren Organisationen? Welche Beharrungskräfte stellen sich dem Wandel entgegen? Welche anderen, weltpolitischen Ereignisse und globalen Entwicklungen wirken in den Wandel hinein? Wie ernst, wie verbindlich kann ein solches neues Wirtschaftsmodell sein? Was sind konkret die neuen Rahmensetzungen für Organisationen? Was können Führungskräfte erwarten, welche Planungssicherheit haben sie heute in dieser Transition für weichenstellende Entscheidungen in ihren Organisationen?

5.1 Die Entwicklungen in Gesellschaft und Politik

2019 ist in Gesellschaft und Politik ein Wendejahr, in dem erste prägende Entwicklungen in der Transformation zur klimaneutralen Gesellschaft manifest werden. Dabei kommen ganz unterschiedliche Faktoren weichenstellend zusammen: eine ungerechte Gesellschaft, Politikverdrossenheit und ein tiefgehender Vertrauensverlust in die Demokratie als Regierungsmodell, der unaufhaltsame Fortschritt der Digitalisierung, insbesondere die selbstbeschleunigenden Umwälzungen der Künstlichen Intelligenz (KI), globale und nationale Initiativen, einen »Deal« mit dem Planeten zu abzuschließen, Unterbrüche in Wirtschaft und Gesellschaft sowie Lockdowns, Krieg und andere weltpolitische Ereignisse, die in den Transformationsprozess hineinspielen.

5.1.1 Gerechtigkeit, Demokratie, Partizipation

Vom Soziologen Andreas Reckwitz stammt die These, dass die Aufspaltung des wachsenden tertiären Sektors in eine Wissensökonomie einerseits und einfachste Serviceleistungen andererseits, zu einer Gesellschaft von Gewinnern und Verlierern ohne Mitte geführt hat. In diesem Prozess haben unzählige Menschen *Deklassierung* und Entwertung erfahren; nun kippe die Fortschrittserzählung der Spätmoderne in eine Stimmung populistischer Revolte um.

Seit Jahren gibt es neben einer allgemein feststellbaren Abwendung von Politik und Rückzug in soziale Blasen die *Wutbürger,*[41] die beim Hyperprojekt »Stuttgart 21« erstmals in über die Maße eska-

41 In Bremen war schon 2004 eine rechtspopulistische »Partei der Wut« gegründet worden.

lierenden Diskursen sichtbar werden. Sichtbar wird eine wachsende *Politikverdrossenheit,* die sich in den OECD-Ländern in sinkender Wahlbeteiligung und einem allgemeinen Misstrauen gegenüber Politikern und Regierungen zeigt und sich bei einem konkreten Anlass unvermittelt in anwachsenden und anhaltenden Protestbewegungen entlädt; ein Beispiel ist die französische Gelbwestenbewegung 2018. Sie speist sich aus dem Zorn über eine täglich größer werdende Ungerechtigkeit in der Gesellschaft, die die demokratischen Systeme nicht steuern.

Über die Jahre hat sich eine ungeheure Schere zwischen Arm und Reich aufgetan. Laut Oxfam besitzt die gesamte ärmere Hälfte der Bevölkerung Deutschlands lediglich 1,3 % des Vermögens, die reichsten 10 % hingegen 67,3 %, die Top 0,1 % sogar 20,4 %. Krisen brandbeschleunigen diesen Trend. So verteilt sich der Vermögenszuwachs während der Covid-19-Pandemie 2020 bis 2021 zu 81 % auf das reichste 1 % der Bevölkerung.

Neben Reich versus Arm beschränken weitere Dimensionen sozialer Ungleichheit, wie Stadt/Land, Bildung, Geschlecht, Alter u. a. m. gesellschaftliche und politische Teilhabe der Menschen; wesentliche Gruppen werden von der auf Wahlen beruhenden repräsentativen Demokratie nicht vertreten. *Fridays for Future* organisieren am 15. März 2019 den ersten weltweiten Klimastreik, an dem 1,8 Mio. Menschen teilnehmen. Es sind Jugendliche, die noch nicht wählen dürfen, deren Leben aber in nie gekanntem Ausmaß vom Klimawandel geprägt sein wird.

Schon 2004 hat Colin Crouch mit dem Begriff »Postdemokratie« ein Gemeinwesen bezeichnet, in dem PR-Teams der Parteien Wahlkämpfe als Spektakel inszenieren, die Mehrheit der BürgerInnen passiv, schweigend bis apathisch verharren und politische Entscheidungen hinter verschlossenen Türen von gewählten Regierungen, Eliten und Interessenvertretern der Wirtschaft getroffen werden. 2016 plädiert der Belgier David van Rebrouck für »Bürgergremien« und gesetzgebende Kammern, deren Mitglieder, wie in der antiken »Polis«, in – für die Bevölkerungszusammensetzung – repräsentativen Quoten per Losentscheid gewählt werden, um auf befristete Zeit und gegen Entlohnung politisch zu beratschlagen; eine z. B. zweijährige Mitgliedschaft der Bürger in einem solchen *mini populus* könnte bei einem rollierenden *phasing in* und *phasing out* eine anhaltend hohe Expertise bei laufender Zufuhr frischer Impulse ermöglichen.

Van Reybroucks Buch »Gegen Wahlen« steht beispielhaft für die Debatte über *deliberative Demokratie,* in der unterschiedliche Formate von Beteiligungsverfahren – z. B. »Planungszellen«, *»deliberative opinion polls«* (beratende Volksbefragungen), »Loskammern«, »Zukunftskonferenzen« u. a. m. – den politischen Willen der Bevölkerung bzw. von bestimmten Themen Betroffener ermitteln sollen. Dabei werden auch *»Zukunftsquoren«* diskutiert: die Vertretung vermuteter Interessenlagen von Kindern oder zukünftigen Generationen.

Studien belegen deutliche Veränderungen im Mindset von Bürgern nach solchen, nach dem Prinzip des *Action Research* (siehe S. 20) durchgeführten Beteiligungsverfahren: Sie zeigen ein deutliches *political learning* mit kognitiv ausgereiften neuen Positionen, die auf Faktenwissen beruhen, logisch schlüssiger, der Komplexität der Problemstellung angemessener und mit den eigenen Werthaltungen konsistent sind. Solche Willensbildungsprozesse schlagen sich in nachhaltigen, politischen Entscheidungen nieder – ganz anders als populistische Mehrheitsabstimmungen wie z. B. das britische Brexit-Referendum vom 23.06.2016, das mit nur 52-prozentiger Mehrheit den Austritt Großbritanniens aus der EU entschied; bis diese Entscheidung am 01.01.2021 überhaupt vollzogen werden konnte, dominierte sie jahrelang die täglichen Nachrichten.

Mit einer ausgehöhlten, lediglich aus periodischen Wahlen und Mehrheitsabstimmungen legitimierten Demokratie lässt sich die Transformation zur klimaneutralen Gesellschaft nicht steuern; die politischen Akteure bleiben in den Fesseln von Populismus und Opportunität gefangen. Denn ein Staat, der eine proaktive Transformationspolitik betreibt, muss immer wieder regulativ in die Freiheitsräume von Bürgern eingreifen. Dieses notwendige *Mehr an Staat* kann sich nur mit einem gleichzeitigen *Mehr an Bürgerpartizipation* demokratisch legitimieren. Konkret ist es Aufgabe der Politik, den *breiten gesellschaftlichen Dialog* über Klimawandel, Lebensstile, Dekarbonisierung und Transformation zu initiieren und auf globaler, nationaler, regionaler und lokaler Ebene mit unterschiedlichen Mitteln (Konferenzen, Kampagnen, Bildungsangeboten usw.) die wissenschaftliche und gesellschaftliche Debatte zu führen. Die maßgeblichen Akteure aus Politik, Wissenschaft, Wirtschaft, Verbänden und Medien sind einzubinden, um alle Sichtweisen und Einschätzungen zusammenzuführen und kooperativ Lösungskorridore zu erarbeiten, so der WBGU.

Einen solchen Prozess der Bürgerbeteiligung führt die EU in eigener Sache im Rahmen ihrer *Konferenz zur Zukunft Europas*[42] ab Mai 2021 durch. Neben einer allen EU-BürgerInnen zugänglichen digitalen Plattform werden vier – in Hinblick auf geografische und sozioökonomische Herkunft, Geschlecht, Alter und Bildungsstand repräsentative – *europäische Bürgerforen* mit jeweils 200 ausgelosten Bürgerinnen und Bürgern eingerichtet, die jeweils für einen von vier Themenkreisen Empfehlungen und Maßnahmen für die Zukunft der EU entwickeln. Die Themenkreise sind eine stärkere Wirtschaft / soziale Gerechtigkeit und Beschäftigung / Bildung, Kultur, Jugend und Sport / digitaler Wandel, europäische Demokratie / Werte und Rechte, Rechtsstaatlichkeit, Sicherheit, Klimawandel und Umwelt / Gesundheit, die EU in der Welt / Migration.

Jedes dieser Bürgerforen tagt dreimal; ihre Vorschläge werden mit Mitgliedern des Europäischen Parlaments, des Europäischen Rates, der Europäischen Kommission, der nationalen Parlamente, von Vertretern regionaler und lokaler Behörden und der Sozialpartner erörtert und dem Europäischen Parlament vorgelegt. Der Abschlussbericht vom 30. April 2022 enthält 49 Vorschläge und 325 Maßnahmen zu verschiedenen Themenbereichen, die, nach Zustimmung der EU-Kommission und des Europäischen Rates zur Durchführung einer Reformversammlung, eine wichtige Grundlage für eine Reform der Europäischen Union werden können.

Im Rahmen dieses Prozesses spricht sich das Europäische Parlament für die *regelmäßige Durchführung zufällig geloster Bürgerräte* und die Einrichtung interaktiver digitaler Plattformen auf EU-Ebene aus, um die Zivilgesellschaft in die EU-Politik einzubinden. Ein weiterer Vorschlag ist, dass für die EU-Gesetzgebung ein »Jugend-Check« eingeführt werden soll, um durch die Beratung mit Vertretern junger Menschen eine *Folgenabschätzung* vorzunehmen, wenn eine Gesetzgebung Auswirkungen auf junge Menschen hat; es sollen auch Kinder zwischen 10 und 16 Jahren in Bürgerforen in Schulen beteiligt werden.

42 Buchstein hatte schon 2009 sein Konzept eines aus 200 ausgelosten Bürgern bestehenden *House of Lots* als »Zweite Kammer« des EU-Parlaments vorgeschlagen.

Am 06. März 2023 fordern die Klimaaktivisten der »Letzten Generation« (LG), die deutsche Bundesregierung auf, einen *Gesellschaftsrat* aus gelosten Bürgern einzusetzen, der darüber beraten soll, wie Deutschland bis 2030 klimaneutral werden kann.

5.1.2 Digitalisierung und KI

Am Ende der Postmoderne sind digitalisierte Prozesse in den Organisationen zum Rückgrat der Leistungsprozesse geworden. Internet und Digitalisierung haben Branchen wie Musikindustrie, Printmedien, die Filmindustrie und ganze Sektoren wie den Handel umgekrempelt; die meisten europäischen Staaten haben ihre Behörden und Verwaltungseinrichtungen auf E-Government umgestellt. In Organisationen aus allen gesellschaftlichen Bereichen werden immer mehr Datenbestände digitalisiert, deren Vernetzung exponentiell ansteigt. Datenschutz ist kaum, Datensicherheit sicher nicht mehr zu realisieren: Datenlecks belegen die Hortung und Verknüpfung von personenbezogenen Informationen; seit 2019 steigen die bekanntgegebenen *Cyberangriffe* auf Unternehmen, Behörden, Parlamente, auf selbstfahrende Autos, Kreditkarten, persönliche Identitäten, jedes Jahr um 20, 30 %; die Dunkelziffer dürfte viel höher liegen.

Die Digitalisierung bringt nicht nur Speichervolumen und automatisierte Abläufe mit sich, sondern auch *künstliche Intelligenz* und weitreichende Innovationen: Der *3D-Drucker* kann kleinste bis große Strukturen materialisieren; Ideen lassen sich schnell zu Prototypen iterieren. Das treibt Innovationen an und hinterfragt die klassische Massenfertigung mit der dezentralen Verteilung von Waren. Wenn Netzwerke von Nutzern kollaborieren, lassen sich Produkte vor Ort, bedarfsorientiert, flexibel und kostengünstig produzieren; ihre Herstellung kann ohne großen Kosten- und Strukturremanenz wieder eingestellt werden, das Produktionsmittel für andere Produkte verwendet werden.

Eine andere bahnbrechende Innovation der Digitalisierung sind die *Kryptowährungen,* von denen es im Mai 2023 23.000 Arten mit einer konvertierbaren Gesamtmarktkapitalisierung von 1,1 Billionen Euro gibt. Der Wert dieser Währungen und ihre Umrechnung in einen Wechselkurs schwankt stark. Das ist der Grund, warum sie zu einem erheblichen Anteil selbst Ware bzw. Spekulationsobjekt oder langfristige Wertanlage und nur zu einem Teil Zahlungsmittel für Waren oder im Transfer zwischen Personen sind. Von den 50 Kryptowährungen mit der größten Marktkapitalisierung ist Bitcoin die erste und weltweit am stärksten vertretene; sie macht fast die Hälfte der Gesamtmarktkapitalisierung aus.

Der Kunstwelt bringt die Digitalisierung elektronische *NFT-Besitzurkunden (non-fungible Token)*: Sie bestätigen die Echtheit der elektronischen Abbildung eines Kunstobjekts; statt der originalen Kunstobjekte werden auf dem Kunstmarkt nun diese Echtheitszertifikate gehandelt, die, wie Kunstwerke, Einzelstücke sind oder begrenzte Auflagen haben.

Seit 2018/2019 übersetzen DeepL und Google Translate sinnerfassend umfangreiche Texte von fast allen Sprachen in fast alle Sprachen; handgroße Sprachübersetzer bringen Menschen auf Knopfdruck bilateral oder in ganzen Gruppen unterschiedlicher Sprachzugehörigkeit in Kommunikation – mit Kopfhörern ins Ohr, wie Douglas Adams sich seinerzeit den »Babelfish«[43] erträumte. Nebenbei verwandeln sie gesprochenes in geschriebenes Wort und umgekehrt, indem sie Besprechungen gleich schriftlich protokollieren und Texte versprachlichen. Gleichermaßen fortgeschritten sind Bilderkennungssysteme z. B. für die Gesichtserkennung.

Avatare haben sich aus der Welt der Computerspiele befreit und sind in die allgemeine Lebenswelt eingezogen: Sie sprechen mit uns im Navi und in Chatbots, als persönliche Butler lesen uns Siri und Alexa jeden Wunsch, höflich oder herrisch gesprochen, von der Stimme ab, und die ABBA-Avatare machen 2023 die Alten zu den alten Jungen. Längst weiß die Bäckersoftware, wie viel von jeder Sorte an Werktagen, Feiertagen, bei Ausflug- oder Regenwetter zu produzieren sind, und die ersten Tourismusbetriebe stellen den KI-Concierge vor. Vom 24. bis 23. April 2023 entwickeln 150 ausgeloste EU-Bürger im Bürgerforum zu virtuellen Welten acht Prinzipien und 23 Vorschläge zur Nutzung von *Metaversen,* der Verkörperung des Internets.

Im Dezember 2022 wird *ChatGPT* als einer der *»Generative Pretrained Transformers«* vorgestellt, eine Anwendung, die in den ersten zwei Monaten 100 Mio. aktive Nutzer hat, woraufhin Microsoft weitere 10 Mrd. in das Softwareunternehmen OpenAI steckt. Mit der Generation *ChatGPT-4* vom 14. März 2023 lassen sich Recherchen,

43 Douglas Adams erfand in seinem Kultroman »Per Anhalter durch die Galaxis« den Babelfish, ein fiktives Kleinstlebewesen, das im Ohr des Menschen sitzend, alle Sprachen direkt in dessen Gehirn übersetzt und damit ein für alle Mal mit babylonischer Sprachverwirrung aufräumt.

Texte, Zusammenfassungen erstellen, Fotos und Skizzen versprachlichen. Da die Version 4 nur auf Datenbestände bis 2021 zugreift, handelt es sich eigentlich um einen Prototyp, dem Hunderte Millionen Menschen täglich zum Weiterlernen verhelfen. Unzähligen Menschen, die sich mit Recherche und Texterstellung quälen oder gar davon leben müssen, steht hier ein neuartiges Rationalisierungstool zur Verfügung. Schülern und Studierenden verheißt es den kurzen Weg zu Seminararbeiten und ECTS; der wissenschaftliche Bereich sieht sich neben dem durch das Internet ohnedies gestiegenen Risiko von Plagiaten vor die grundsätzliche Frage nach der Verifizierbarkeit von Urheberschaft gestellt.

Im März 2019 hatte der WBGU gewarnt:

> »[Die Digitalisierung] wirkt in allen wirtschaftlichen, sozialen und gesellschaftlichen Systemen tiefgreifend und entfaltet eine immer größere transformative Wucht, die den Menschen, die Gesellschaften und den Planeten zunehmend fundamental beeinflusst und daher gestaltet werden muss«,

um nicht als »Brandbeschleuniger von Wachstumsmustern zu wirken, die die planetarischen Leitplanken durchbrechen.«

Denn die Digitalisierung geht auch mit steigendem Energie- und Ressourcenverbrauch und Produktions- und Konsummustern einher, die die Ökosysteme massiv belasten. So verbraucht die *Blockchain-Technologie*, die den virtuellen Währungen und Echtheitszertifikaten (s. o.) zugrunde liegt, jährlich mehr Strom als manche Nationalstaaten; eine einzige NFT-Transaktion[44] entspricht den CO_2-Kosten eines Zweistundenfluges, dem Stromverbrauch eines EU-Bürgers von einem Monat; die Kosten beim noch gebührenfreien ChatGPT – eine Anfrage kostet zwischen 0,3 und 5 Cent, was sich bei 13 Mio. Zugriffen pro Tag (Nutzerstand im April 2023) auf einige Hundertmillionen US-Dollar Kosten pro Tag addiert – trägt derzeit Microsoft, in der Absicht, den Chatbot langfristig in der eigenen Suchmaschine Bing einzusetzen.

Am 23. März 2023 ruft ein offener Brief, u. a. von Steve Wozniak und Elon Musk unterschrieben, dazu auf, Entwicklungsarbeiten für KI-Systeme für ein halbes Jahr zu sistieren, um Maßnahmen zur *Regulierung von KI* zu entwickeln, zum Beispiel KI-Governance-Systeme, Herkunftsnachweise zur Unterscheidung maschinengenerier-

44 Siehe die Zusammenstellungen (des Künstlers) Memo Akten (2023).

ter von menschengenerierten Daten, technische Sicherheitssysteme und Haftungen für KI-Folgeschäden. Denn der Wettlauf um immer leistungsfähigere KI-Systeme bringe tiefgreifende Risiken mit sich: gesellschaftlich tragende Wissensarbeiter wie Journalisten, Fachautoren, Lehrkräfte u. a. m. können obsolet, die Wissensgesellschaft mit einer neuen Generation von Fake News und Propaganda unterspült werden, Entwickler und Nutzer die Kontrolle über die emergierenden Fähigkeiten der lernenden Systeme verlieren.

Ansätze zur Einhegung der Digitalisierung und vor allem der KI werden laufend auf nationalstaatlicher und globaler Ebene entwickelt. Im September 2019 wurde dazu im Rahmen des Klimagipfels der Vereinten Nationen der Entwurf einer *Charta für ein nachhaltiges digitales Zeitalter* veröffentlicht. Im Juni 2023 geht das von der EU-Kommission vorgeschlagene Gesetz über künstliche Intelligenz in parlamentarische Verhandlungen; am 9. Dezember einigen sich die Unterhändler des Europaparlaments und der EU-Mitgliedsstaaten auf den *AI-Act* als Rechtsrahmen für öffentliche und private Anbieter und Nutzer von KI-Systemen innerhalb und außerhalb der EU.

Damit ist die EU der erste maßgebliche Regulator, der klare Regeln für die Nutzung von KI setzt, die einerseits Sicherheit und Grundrechte von Menschen und Unternehmen schützen, ohne andererseits den weltweiten Wettbewerb von KI-Entwicklungen zu behindern. Der Rechtsrahmen betrifft Verbote bzw. Kennzeichnungsverordnungen, um KI-Anwendungen, die Grundrechte verletzen, zu sanktionieren; solche Grundrechtsverletzungen können die Bewertung sozialen Verhaltens durch Behörden betreffen, Techniken zur unterschwelligen Beeinflussung und die Schutzwürdigkeit von Kindern, biometrische Echtzeit-Fernidentifizierungssysteme im öffentlichen Raum, Sicherheitskomponenten, Transparenz von Informationen, Cybersicherheit oder generell systemgenerierte Inhalte, Vorhersagen, Empfehlungen, Entscheidungen selbstlernender »generativer« KI-Systeme. In diesem Zusammenhang müssen Texte oder Bilder, die durch KI entstanden sind, gekennzeichnet sein. Ebenso reguliert werden – in der neuen *Maschinenverordnung* – Maschinenprodukte der Digitalisierung von Robotern (z. B. Reinigungsroboter, persönliche Assistenzroboter, kollaborative Roboter, Industrieroboter), 3D-Druckern und Baumaschinen bis zu industriellen Produktionslinien.

Bis solche Regulierungen als nationales Recht in den EU-Mitgliedsstaaten implementiert sind, vergehen 2 Jahre. Bis dahin werden die selbstbeschleunigenden Entwicklungen in der Digitalisierung, vor allem im Bereich der KI, durch technischen Fortschritt, selbstlernende Systeme, Wettbewerb und Milliardeninvestitionen in die Softwareentwicklung, neue Fakten geschaffen haben, die für uns heute so wenig vorstellbar sind wie 2018 die Innovationen der vergangenen Jahre.

Ob sich solche Regulierungen international durchsetzen lassen, ob sich eine europäische Insel schaffen lässt, steht in den Sternen. Während die gesellschaftspolitischen Auswirkungen der Digitalisierung für 448 Mio. Europäer Fragen der Identität betreffen, 339 Mio. US-Amerikaner tolerant darüber hinwegsehen, 1,417 Mrd. Inder, davon 900 Mio. Internetbenutzer, sie in Kauf nehmen, um in einer Demokratie die Fesseln der Armut abzustreifen, sind sie im zentralistischen China unverzichtbare, perfektionierte Infrastruktur zur »Erschaffung einer harmonischen sozialistischen Gesellschaft« und seit der Einführung des Sozialkreditsystems 2014 schillernder Alltag für 1,466 Mrd. Menschen.

5.1.3 Die Covid-19-Pandemie

Das EU-Modell regelmäßig durchgeführter Bürgerforen im Vorfeld politischer Willensbildung und zur Abklärung von Folgewirkungen von Gesetzen (siehe S. 159 f.) konkretisiert nicht nur, wie sich ein aktiv agierender, intervenierender Staat durch ein Mehr an Bürgerpartizipation legitimieren kann; es entspricht auch dem *Steuerungsprinzip des Schleifengangs* für komplexe Handlungskontexte (siehe S. 138): Ein Kontext wird in mehreren Schleifen erkundet, bevor weichenstellende Entscheidungen getroffen werden; der darauf folgende Kontext wird wieder in mehreren Schleifen erkundet.

Ganz anders, nämlich mit einer Mischung der Steuerungsprinzipien des Krisenmanagements und der Expertensteuerung, wird in den meisten europäischen Ländern der wirklich komplexe Kontext der Covid-19-Pandemie gesteuert: Outputs wie die Überlastung des – zusammengesparten – Gesundheitssystems, (intensiv)medizinische Triage und der dadurch bedingte Teil der Übersterblichkeit sollen verhindert werden durch eine Stauchung der Infektionskurven. Politiker ziehen Experten aus Virologie, Epidemiologie und Modellierungsmathematik zurate und erlassen radikale Kontaktbeschränkungen wie wiederholte, generelle Lockdowns, Reisebeschränkungen und die Stilllegung ganzer Branchen sowie eine Batterie von Verhaltensverordnungen, angefangen beim Desinfizieren von Händen und Oberflächen, über das Maskentragen, Abstandhalten, Testpflichten in Schulen, Spitälern und öffentlichen Einrichtungen, Zutrittsbeschränkungen in Abhängigkeit von Testergebnis und Impfstatus, Quarantänevorschriften, Kontaktnachverfolgung u. a. m.; in Österreich wird sogar eine generelle Impfpflicht beschlossen, die kurze Zeit später widerrufen werden muss.

Ein – mit Ausnahme von Kriegssituationen – nie gekanntes Ausmaß an ein- und übergreifendem Staat manifestiert sich in sukzessiven Entscheidungsketten und politischen Anzeigenkampagnen, aber gänzlich ohne demokratische Partizipation und ohne Folgenabschätzung. Ab dem Frühsommer 2021 mildern Impfungen den Krankheitsverlauf und verhindern Tausende Sterbefälle; bis zum Ende der Pandemie durchleben fast alle EU-BürgerInnen mit oder ohne Impfung eine Infektion mit einer Virusvariante. In Deutschland entfallen bis Ende April 2023 44 % der Sterbefälle auf die Altersgruppe der 80 bis 89-Jährigen und 89 % auf Menschen über 69 Jahre, eine Verteilung, die fast identisch ist mit jener der ersten 105 Sterbefälle in Italien bis zum 4. März 2020 (und den folgenden, bis zum 6. April 2020 veröffentlichten Auswertungen).

Die Folgen der staatlichen Covid-19-Maßnahmen sind beträchtlich: Nach dem Motto »Koste-es-was-es-wolle«[45] werden Staatsschulden zur Finanzierung der Maßnahmen, allen voran der Lockdowns, angehäuft; entgegen allen Beteuerungen, dass diese angesichts der niedrigen Zinsen nicht ins Gewicht fallen werden, führt eine Reihe von Interdependenzen (u .a. mit dem russischen Angriffskrieg gegen die Ukraine), Kettenreaktionen und Kippeffekten, die in komplexen Kontexten ja zu erwarten sind, binnen zwei Jahren zu weltweiter Inflation und Anzeichen einer allgemeinen Wirtschaftskrise. Weitaus schwerer einzuschätzen sind die gesellschaftlichen und demokratiepolitischen Folgen der unsachgemäßen Steuerung der Pandemie (die irreführenderweise als Pandemiefolgen bezeichnet werden): ein allgemeiner Verlust von Bindung und Vertrauen zwischen gesellschaftlichen Gruppen, ein massiver Verlust an Selbst-Wirksamkeitserfahrung der BürgerInnen, verbunden mit der wachsenden Überzeugung

45 Populistisches Statement des damaligen Bundeskanzlers Sebastian Kurz, der sich vier Tage nach Beginn des ersten Lockdowns froh zeigte, als eines der ersten Länder »ganz harte Maßnahmen« beschlossen, Österreich auf »Notbetrieb hinuntergefahren« und in einem ersten Schritt 38 Mrd. Euro bereitgestellt zu haben.

vieler, dass die eigenen Geschicke von fremden Mächten gesteuert werden, die sich gegen sie verschworen haben.

Unter dem Regime der Lockdowns und Reisebeschränkungen zeigen sich geänderte kollektive Verhaltensmuster: Wenn man nicht mehr im Büro arbeiten kann, tut man dies zuhause, wenn Geschäfte geschlossen haben, bestellt man online, wenn die Flugzeuge am Boden bleiben und man sowieso nirgends einreisen, ja nicht mal mehr ausreisen kann, ist Mobilität abgesagt. Unter dem Strich sinken in dieser Zeit die CO_2-Emissionen.

Wer glaubt, dass diese Verhaltensänderungen zwangsläufig eine Lernstrecke von Einstellungsänderungen für die klimaneutrale Gesellschaft darstellen, hat das Wesen der Transformation nicht verstanden. Kipppunkte und Zwang können nicht, per se, gerichtete, breit getragene Verhaltensänderungen auslösen (siehe S. 168). Vielmehr werden manche der unter Zwang ausgeübten Verhalten beibehalten, manche vielleicht auch häufiger ausgeführt, wie sich am Online-Handel zeigt; andere werden zugunsten früherer Gewohnheiten aufgegeben, sobald der Zwang endet.

Letzteres zeigt sich bei der Mobilität, insbesondere im Flugverkehr. Am Ende der Coronapolitik-bedingten Mobilitätsbeschränkungen hatten praktisch alle nationalen Flugunternehmen massiv Personal abgebaut, mehr als von traditionell subventionierten Unternehmen zu erwarten gewesen wäre – als hätten sie an den eigenen Branchenszenarien gezweifelt, die 2021 zurückgelegten 3,8 Billionen Flugkilometer bis 2041 CO_2-neutral auf 20,08 Billionen zu versechsfachen. Trotz vorübergehenden organisatorischen Ungemachs und auf ein Mehrfaches gestiegener Preise ist die Nachfrage nach Flugreisen nach dem Ende der Reisebeschränkungen höher als zuvor. Von »Flugscham«[46] keine Rede, obwohl der Beitrag des Luftverkehrs zur menschengemachten Erderwärmung inzwischen von 5 auf über 20 % gestiegen sein dürfte und 2018 nur etwa 11 % der Weltbevölkerung am Luftverkehr teilnehmen; berücksichtigt man zusätzlich den linienunabhängigen, privaten und geschäftlichen Flugverkehr, dürfte die Hälfte des Klimaeffekts durch Luftverkehr von nur einem Prozent der Weltbevölkerung verursacht sein.

46 Der Begriff wurde 2017 geprägt und steht für das schlechte Gewissen, angesichts von Ressourcenverbrauch und Klimaschädigung zu fliegen, und hat in Schweden zu einem Rückgang des Flugverkehrs geführt.

5.1.4 The Great Reset

Von Kurt Lewin stammt der Spruch »Willst du ein System kennenlernen, verändere es«. Wie groß Beharrungskräfte sein und welche Dynamiken losgetreten werden können, wenn man Zwangslagen für Motivlagen instrumentalisieren will, veranschaulicht das Beispiel des *»Great Reset«*.

Anfang Juli 2020, dreieinhalb Monate nach dem ersten Lockdown, veröffentlichten Klaus Schwab, Gründer und CEO des World Economic Forum und Thierry Malleret, Gründer und Vorsitzender des Global Risk Network dort, das Buch »Covid-19: The Great Reset«. Bildlich gesprochen sehen sie die Covid-19-Pandemie – eigentlich die Lockdowns, die die gegenwärtige Art des Wirtschaftens auf Halt gestellt haben – als Möglichkeit, das Wirtschaftssystem neu zu starten und die Festplatte mit Fokus auf Gerechtigkeit, Gesellschaft und Nachhaltigkeit neu zu konfigurieren. Ein *neuer Gesellschaftsvertrag* könne Grundlage sein für die Gestaltung internationaler Beziehungen im Sinn einer wirtschaftlichen Deglobalisierung und in Richtung für globale Gemeinsamkeit. Viele der Thesen stimmen mit jenen des WBGU überein, und viele dieser Thesen hatten die Autoren schon vor Ausbruch der Pandemie im WEF ventiliert. Hinzugekommen sind die Thesen, dass es »nach Corona« zum Zusammenbruch des Neoliberalismus und zu einer Umverteilung »von den Reichen zu den Armen und vom Kapital zur Arbeit« kommen werde.

Am 3. Juni hatte auch Prinz Charles im Rahmen einer virtuellen Konferenz sein *Great Reset Project* beim WEF vorgestellt, in dem er warnte, dass der menschengemachte Klimawandel weitaus verheerendere Folgen für viele Menschen haben werde als die Pandemie, und zu einer »Bioökonomie« aufrief, die der Natur so viel zurückzugeben solle, wie ihr genommen werde; dazu müsse die Weltwirtschaft auf einen Kurs der Nachhaltigkeit gebracht werden. Auch der kanadische Premierminister Justin Trudeau sagt in einer Rede vor der UNO im September 2020, dass die Pandemie die Gelegenheit biete zu einem *Reset*, um Wirtschaftssysteme angesichts globaler Herausforderungen wie extremer Armut, Ungleichheit und Klimawandel »besser wieder aufzubauen«.

Diese Thesen sind damals ein Stich ins Wespennest und lösen ringsum vehemente, unerwartete Abwehrreaktionen aus: Linke Kräfte sehen darin den Versuch von Plutokraten, ihre wahren Absichten zu maskieren, rechte Kräfte die Absicht, unter dem Deckmantel von

Corona Sozialismus und Kommunismus, in der antisemitischen Variante auch: das Weltjudentum einzuführen. Der gemeinsame Nenner ist, dass Verschwörungstheorien den Begriff Great Reset usurpieren und dabei mühelos so weit gehen, zu behaupten, die Pandemie sei überhaupt eine Erfindung beziehungsweise das Virus sei bewusst entwickelt und freigesetzt worden, damit eine globale Elite die Macht ergreifen und die Weltordnung ändern werde.

Was immer die Gründe für diese heftigen Reaktionen zu diesem Zeitpunkt sein mögen – von Angst, Kontrollverlust und staatlicher Willkür geprägte Affektlagen, Beharrungskräfte von Interessengruppen oder eine »Pandemie von Entscheidungsdefiziten« infolge von Wissensmangel und kollektiven Kommunikationsbeschränkungen – ein Kontext von Zwang produziert Zwanghaftigkeit, aber keine Motivation, sich auf Utopien einzulassen.

5.1.5 Planetare Grenzen, Donut-Modell und der European Green Deal

Am 22. Oktober 2008 veröffentlichte das Umweltprogramm der Vereinten Nationen (UNEP) den *»Global Green New Deal«* als Antwort auf das kohlenstoffbasierte Weltwirtschaftsmodell, das die Stabilität des Klimasystems und damit die Existenzgrundlagen künftiger Generationen gefährdet. Ein ökologisches Wirtschaftsmodell soll Kohlenstoffabhängigkeit und Umweltzerstörung reduzieren, neue Jobs und nachhaltiges Wachstum schaffen.

Seitdem wird der Begriff der *Dekarbonisierung* – des Ausstiegs aus der kohlenstoffbasierten Wirtschaft – zum Schlüsselkonzept einer neuen weltweit einsetzenden expliziten Klimapolitik, die die *planetaren Belastungsgrenzen* zur Grundlage nimmt. In Folge eines auf dem Umweltgipfel von Rio 2012 erstellten Dokuments beschließen die 193 Staaten der Generalversammlung der Vereinten Nationen (UNGA) am 25. September 2015 die *Agenda 2030*, um hinsichtlich wirtschaftlicher, sozialer und Umweltkriterien nachhaltige Entwicklungen zu fördern. Sie umfasst 17 *»Sustainable Development Goals«* (SDG), die in 169 Zielsetzungen und 232 Indikatoren operationalisiert werden.

2017 erscheint das Buch »Die Donut-Ökonomie«, in dem Kate Raworth die Bedürfnisse von Gesellschaften und Planet gleichermaßen in einem Modell einer neuen nachhaltigen Wirtschaft integriert. Ab 2019 verkünden Wirtschaftsregionen und immer mehr Nationalstaaten ihren *Green New Deal*, um durch den ökologischen Umbau des Wirtschaftssystems gleichermaßen die Einhaltung der planetaren Grenzen und die Grundlagen gerechter Gesellschaften zu gewährleisten.

In ihrem *Donut-Modell* definiert Raworth einen risikofreien und gerechten Lebensraum für die Menschheit, der zwischen einer Überlastung der planetaren Grenzen einerseits und Defiziten in existenziellen, gesellschaftlichen Parametern andererseits liegt; die Metapher des Donuts ergibt sich aus der der Grafik mit ihrer ringförmigen Abtragung der planetaren Grenzen außen und der gesellschaftlichen Parameter innen (Abb. 9). Dieser Lebensraum fußt auf einer Wirtschaft, die *»regenerative and distributive«* ist, d. h. auf einer Kreislaufwirtschaft, die Ressourcen und Wohlstand – gerecht und inklusiv – an alle Gesellschaftsmitglieder verteilt.

Die planetaren Grenzen definieren Parameter, die bei Überschreitung zu Kippeffekten und nicht reversiblen Entwicklungen im Erdsystem führen. Konkret wird bezüglich der *planetaren Leitplanken* folgender Status festgehalten:

- Klimawandel: Die globale Erderwärmung soll bis 2100 nicht um mehr als 2 Grad Celsius gegenüber der vorindustriellen Zeit steigen; Ende 2018 reduziert ein Sonderbericht dieses Ziel auf 1,5 Grad. Dazu müssen die weltweiten Treibhausgasemissionen weltweit um 50 %, in den Industrieländern um 80 bis 95 % gegenüber 1990 sinken.
- Versauerung der Ozeane durch Aufnahme von Kohlendioxid
- Verschmutzung durch Chemikalien in Grundwasser und Nahrungsketten, generell die Verschmutzung der Umwelt durch neue, synthetische Stoffe
- Zerstörung natürlicher Kreisläufe und die resultierende Stickstoff- und Nitratbelastung vor allem durch extensive Landwirtschaft mit Düngung bzw. Überdüngung
- Süßwasserverbrauch aus vorhandenen Ressourcen
- Flächenumwandlung von Wald und Grünland zu landwirtschaftlichen und Siedlungsflächen
- Verlust an Biodiversität, d. h. Reduktion der genetischen Vielfalt und Artensterben
- Luftverschmutzung durch Aerosole, d. h. kleine Partikel in der Luft
- Zerstörung der Ozonschicht, die die Lebewesen vor ultravioletter Strahlung schützt.

Die Entwicklungen in den Parametern interagieren, und die globalen Grenzen variieren auf regionaler Ebene (»subglobale Grenzen«). Sechs der neun planetaren Grenzen sind derzeit überschritten, bei der Versauerung der Ozeane und beim Süßwasserverbrauch sind sie im Mai 2023 noch nicht erreicht, aber die Süßwasservorräte schwinden weltweit in besorgniserregendem Tempo; die Ozonschicht regeneriert sich wieder, seit 1987 Fluorchlorkohlenwasserstoffe (FCKW) verboten wurden.

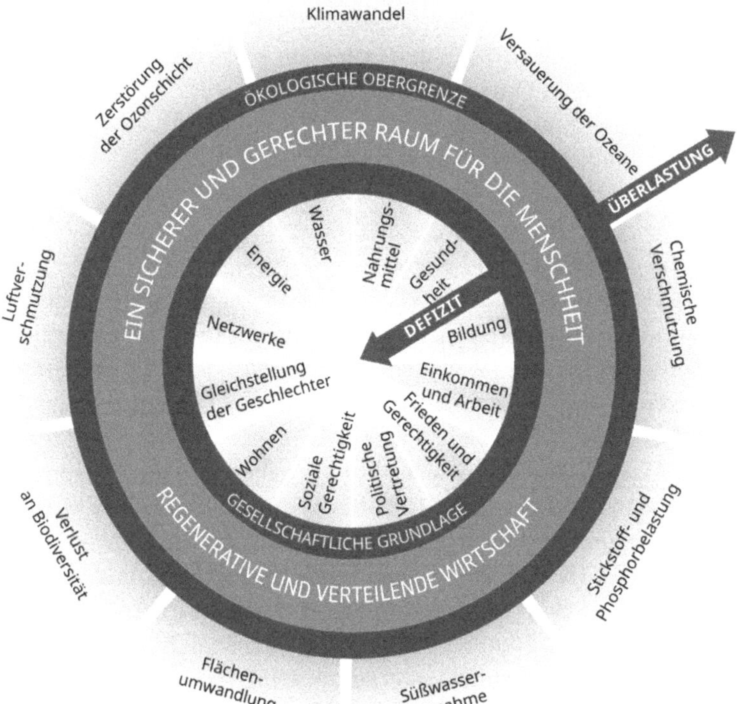

Abb. 9: Donut-Modell: der sichere und gerechte Raum für Menschen und Wirtschaft zwischen planetaren Obergrenzen und sozialen Untergrenzen (Raworth 2018)

Die *sozialen Fundamente gerechter Gesellschaften* im Donut-Modell betreffen die folgenden elf Parameter (Abb. 9):

- Versorgung mit Nahrung, Wasser und sanitären Anlagen sowie Energie
- Frieden und Gerechtigkeit (operationalisiert über Korruptions- und Kriminalitätsraten)
- Einkommen und Arbeit insbesondere bei den Jungen sowie Armutsrate
- Gesundheit definiert in Lebenserwartung und Kindersterblichkeit
- Zugang zu Bildung
- Wohnen, insbesondere in großen Agglomerationen
- soziale Gerechtigkeit (abgebildet im Einkommensverhältnis der obersten 10 % zu den untersten 40 % der Bevölkerung)
- Gleichstellung der Geschlechter
- Zugang zum Internet
- Einbindung in soziale Netzwerke
- politische Teilhabe.

5.1.6 Arbeitswelt und Werte

Am Ende der Postmoderne zeigen sich in manchen Bereichen von Gesellschaft und Wirtschaft Veränderungen, die als Verflüssigung (Defreeze-Phase des Wandels) bestehender oder als beginnende Emergenzen neuer Strukturen (Move-Phase) gelesen werden können: Neue Märkte entstehen, die Arbeitswelt nimmt neue Formen an, und andere gesellschaftliche Funktionsbereiche als die Wirtschaft kommen in den Fokus gesellschaftlicher Aufmerksamkeit.

Die Schließung der Geschäfte während der Lockdowns der Covid-19-Politik treibt dem *E-Commerce* neue und wachsende Kundengruppen zu. Neben Amazon & Co bauen Handelsunternehmen jeder Größe ein zweites Standbein im Onlinehandel auf. In der Folge bereinigen große Einzelhandelsunternehmen ihr Produktangebot im stationären Handel, ja überhaupt ihr Angebot: Etliche Produkte sollen die KundInnen nun selbst beim Produzenten bestellten. Denn alle Unternehmen organisieren ihren Vertrieb online und leiten Warenströme, am Handel vorbei, direkt zu ihren Kunden. Zu den Folgen gehören Arbeitsplatzverluste im stationären und im Zwischenhandel sowie die in die Volkswirtschaft externalisierten Umweltkosten für die unzähligen Einzeltransporte, z.B. durch CO_2-Ausstoß, die Beseitigung von Unmengen von Verpackungsmüll, ausbeuterische Billiglohn-Jobs in der Zustellung und: Retouren. Letztere verursachen nicht nur dieselben Aufwände ein zweites Mal, sondern führen bei großen Händlern wie Amazon nach Ankunft meist direkt zur Vernichtung der neuen, völlig ungebrauchten Waren. Einer im März 2023 veröffentlichten Umfrage unter über 6.000 deutschen VerbraucherInnen zufolge haben nur 45 % in den vergangenen 12 Monaten *keine* Onlinebestellung zurückgeschickt; jedes fünfte Paar Schuhe und jedes fünfte Produkt der Kategorien Taschen, Gepäck und Accessoires treten nochmals in Einzelverpackung den Postweg an, ein Drittel der zugestellten Kleidung – mit 16,8 Mrd. Umsatz 2022 in Deutschland das umsatzstärkste Segment – wird retourniert, jedes fünfte Stück davon verbrannt.

Nicht nur der Onlinehandel verändert Märkte; mit eBay und willhaben,[47] entstehen neue Modi, wie Angebot und Nachfrage zusammentreffen: Secondhand-, Tausch- und Schenkungsmärkte führen Preise als Regulativ für Angebot und Nachfrage in absurde Schwankungsbreiten. Große Städte bieten Carsharing und kostenlose Bike- und E-Scooter-Stationen an; mit dem Handylogin kann man ein- und aussteigen, wo man möchte, ohne Fixkosten, ohne Garage, ohne Wartungsaufwand. Der aufgeklärte Konsument definiert sich nicht mehr aus dem Kalkül des Preisvergleichs, sondern über Metafragen: Will ich besitzen oder nutzen? Neu oder gebraucht? Bezahlt oder geschenkt? Auf diesen Märkten werden Werte nicht nur über Geld, sondern über immaterielle Währungen getauscht.

In den postindustriellen Gesellschaften zeigen Gewinner und Verlierer deutliche polarisierende Unterschiede in *Werthaltungen und Lebensstilen*. Es sind dieselben Unterschiede, die die 7. zwischen 2017 und 2021 durchgeführte Erhebungswelle des »World Values Survey«[48] auch zwischen Nationalstaaten erhoben hat:

- In Lebensverhältnissen mit existenzieller Unsicherheit, rigiden intellektuellen und sozialen Einschränkungen der individuellen Autonomie steht vor allem die wirtschaftliche und physische Sicherheit im Vordergrund; die Menschen fühlen sich bedroht von Fremdem, ethnischer Diversität und Kulturwandel. Konkret zeigen sich diese Werthaltungen in traditionellen Geschlechterrollen, autoritären politischen Einstellungen, Intole-

47 Ein österreichischer Onlinemarktplatz wie eBay.

48 Seit 1981 erheben auf Initiierung von Ronald Inglehart die World Values Surveys weltweit Werthaltungen und Wertewandel, zuletzt in 80 Staaten aus fünf Kulturräumen der Welt.

ranz gegenüber Homosexuellen und anderen Randgruppen. Die Gewaltbereitschaft im privaten Umfeld scheint zu steigen: In Europa soll eine von drei Frauen im Alter über 15 Jahre körperliche oder sexuelle Gewalt erlebt haben.
- Eine hohe Existenzsicherheit und Autonomie des Individuums ist verbunden mit Werthaltungen von Toleranz, Vertrauen, zivilgesellschaftlichem Engagement, einer Emanzipation von Autorität sowie der Betonung von eigenem Wohlbefinden, Selbstverwirklichung und Lebensqualität. Konkret zeigen sich diese Trends in der wachsenden Wichtigkeit des Umweltschutzes, der Frauenrechts- und der Genderbewegung, in Forderungen nach mehr Partizipation in ökonomischen und politischen Entscheidungsprozessen.

Auch bei den gesellschaftlichen Gewinnern sind die Werthaltungen, was die Transformation zur klimaneutralen Gesellschaft betrifft, nicht widerspruchsfrei: Ernährungsgewohnheiten werden verändert, Konsumverzicht gern geleistet, auch eine grundsätzliche Bereitschaft zu gewissem Wohlstandsverlust wird über die Lippen gebracht, aber die Ayurvedakur in Indien, der Badeurlaub in Thailand, die Wochenendflugreise nach Amsterdam u. a. m. sind sakrosankte Pfeiler des individuellen Wohlbefindens.

Diese Unterschiede in Werthaltungen und Lebensstilen werden täglich manifester und polarisieren. Während die Begünstigten in den ersten Lockdowns Vogelzwitschern und die Stille des angehaltenen Alltags genießen, steigt die Gewalt gegen Frauen und wahrscheinlich gegen Kinder in überfüllten, abgeriegelten Wohnungen und führt angeblich zu einem sprunghaften Anstieg der Femizide in den Pandemiejahren. Einerseits stellen Supermärkte massiv um: Die Regalfläche für Fairtrade, vegetarische, vegane und Bioprodukte wird größer, das Fleischangebot weniger; andererseits wachsen die Menschlangen vor den Tafeln und die abgelaufenen aber noch konsumierbaren Lebensmittel werden knapp. Die anhaltende Teuerung und steigende Zinsen treffen verschuldete Haushalte ungleich härter als unverschuldete; in die reichsten Länder der Welt zieht Kinderarmut ein und stellt die Uhr für Chancengleichheit um Jahrzehnte zurück.

Auch in der *Arbeitswelt* zeigen sich deutliche Unterbrüche: Mit den Lockdowns schicken fast alle Organisationen ihre Mitarbeitenden ins Homeoffice. Ein Großteil der Organisationen behält diese

Arbeitsform nach Pandemieende bei: Die Vorteile für die Arbeitgeber liegen auf der Hand: Mit dem Laptop in der Hand sorgen die Mitarbeitenden selbst für Arbeitsraum, Arbeitsplatz, Büromittel, Kaffeeküche usw.; keine Gewerbeaufsicht überprüft Sicherheit, Belüftung, Beleuchtung oder gar Ergonomie, kein Betriebsrat die Arbeits- oder Pausenzeiten. Homeoffice verringert spürbar die Infrastrukturkosten, viele Meetings lassen sich virtuell abhalten, mittelfristig lassen sich Flächen abmieten.

Es sind aber vor allem die Mitarbeitenden selbst, die nicht mehr auf diese Arbeitsform, auf geschenkte Arbeitswegzeiten und Autonomie der Zeiteinteilung verzichten wollen. Es sind vor allem die Jüngeren, die gut Ausgebildeten in abwechslungsreichen, befriedigenden, gut bezahlten Jobs, die nun ihre Homeoffice-Tage einfordern.

Im Mai 2023 fordert Wolfgang Katzian, gerade zum Vorsitzenden der europäischen Gewerkschaften gewählt, dazu die 4-Tage-Woche bei vollem Lohnausgleich; Studien zufolge gebe es hinsichtlich der Produktivität keinen Unterschied zur 5-Tage-Woche. Solche Formen der Arbeitsgestaltung lassen sich für Sektoren der Wissensökonomie realisieren, nicht aber für den tertiären Sektor der *einfachen Dienstleistungen*, konkret der Dienstleistungen in Medizin, Pflege, Schule, Gastronomie usw. Sie weisen einmal mehr auf die Spaltung der Gesellschaft in Gewinner und Verlierer des sozioökonomischen Wandels hin.

5.1.7 Unterbrüche der Strukturen

Im Lebensstil spiegelt sich die Struktur des Problems beim Klimawandel: Die reichsten zehn Prozent der Menschheit sind für 47 % (einige Studien sprechen sogar von 52 %) aller CO_2-Emissionen verantwortlich, während weltweit die Hälfte aller Menschen nur ein Zehntel davon verursachen. Das bedeutet: Wenn diese reichen 10 % ihren Lebensstil nicht ändern, ist das 1,5-Grad-Ziel nicht erreichbar, selbst wenn die anderen 90 % der Erdbevölkerung die Vorgaben erfüllen. 80 bis 85 % der jährlichen CO_2-Emissionen werden in den G20-Staaten verursacht. Umgelegt auf den jährlichen *Pro-Kopf-CO_2-Ausstoß* nehmen Saudi-Arabien, Kanada, Australien und die USA die Spitzenpositionen mit 16 bis über 14 Tonnen ein; etwa halb so hoch ist der Pro-Kopf-Ausstoß in China, Deutschland, Österreich, noch einmal halb so hoch ist er in der Schweiz und in Schweden; um das Klimaziel einer maximalen Erderwärmung um 1,5 Grad zu erreichen, dürften es, nach einer Schätzung 2022, weltweit nur 2,8 Tonnen pro Kopf sein.

Während diese Strukturen stumm und stetig wirken und Musterverstörungen in Lebensstilen und auf Märkten sukzessive, aber kaum merkbar anwachsen – wie im Fall des Frosches im lauwarmen Wasser des Kochtopfes (siehe S. 96) – zeigen sich andere Störungen als sprunghafte Erschütterungen in der Gesellschaft.

Am 23. März 2021 blockiert das Containerschiff Ever Given für sechs Tage den Suez Kanal; Hunderte von Frachtschiffen müssen tagelang warten oder große Umwege in Kauf nehmen. Weitaus länger anhaltende Unterbrechungen der Lieferketten als Folge der globalen Reisebeschränkungen, später in Folge der anhaltenden null-Covid-Politik Chinas, machen deutlich, wie eng die internationalen Lieferketten mit der Just-in-Time-Fertigung der Industriestaaten inzwischen gekoppelt sind, wie wenige Puffer in Form kapitalbindender Lager für kritische Produkte – von Elektronik-Chips bis Arzneimittel – nur mehr existieren. Die exzessive Abhängigkeit von Unternehmen, ja ganzen Wirtschaftsräumen, voneinander ist nun nicht mehr Licht-, sondern Schattenseite der Globalisierung. Ab 2021 und zuletzt mit den anhaltenden Lieferengpässen für Antibiotika um den Jahreswechsel 22/23 werden Forderungen laut, kritische Infrastrukturen und Wertschöpfung wieder zurück nach Europa zu holen, Unabhängigkeit und Versorgungssicherheit zurückzugewinnen.

Mit dem Angriff russischer Truppen auf die Ukraine am 22. Februar 2022 und der folgenden Sanktionspolitik der EU wird die gerade fertiggestellte North-Stream-2 Pipeline vor ihrer Inbetriebnahme aus dem Verkehr gezogen. Die EU arbeitet einen Gas-Notfallplan aus,[49] Regierungen erlassen Maßnahmen zum Energiesparen, z. B. die Begrenzung der Beheizung öffentlicher Gebäude auf maximal 19 Grad Celsius. Weltweit setzt ein Run auf alternative Energielieferanten ein, neue Infrastrukturen werden aus dem Boden gestampft, eine Krise abgewendet. Bis zum Ende des Winters werden die meisten öffentlichen Gebäude beheizt wie eh und je und Verbote oder Einschränkungen, z. B. für den Betrieb von Heizpilzen im Freien, ignoriert. Im Hintergrund steigen die Preise für Gas, Strom und Erdöl in kürzester Zeit auf Spitzenniveaus. Die Energieunternehmen fah-

49 Etwas später auch den Aktionsplan »REPowerEU« zur Stärkung der Resilienz und Sicherheit des Energiesystems in der EU und des Umstiegs auf nachhaltige Energie.

ren Höchstgewinne ein, die Bevölkerung spürt die Folgen ab Herbst 2022 in teils exorbitanten Energiekosten-Abrechnungen und Inflationsraten um 10 %.

Die Covid-19-Pandemie hat eine lange schwelende Krise im Gesundheitswesen aufgedeckt. Auch nach dem Abflauen bleibt die Überlastung im Gesundheitswesen Dauerthema. Mehrere Faktoren schlagen hier auf: der steigende Bedarf an Leistungen in einer älter werdenden Gesellschaft, der Mangel an Arbeitskräften in der Pflege, eine beginnende Pensionierungswelle beim medizinischen Personal, Dauerhöchstbelastung der Leistungsträger in zusammengesparten Strukturen, gestiegene Qualifikationsanforderungen und -kosten, neue Krankheitsbilder, ungeklärte Zuständigkeiten in föderalen Strukturen u.a.m. Ein Teufelskreis spielt sich ein zwischen der Überlastung des Personals und der Abwanderung aus dem Beruf, steigendem Versorgungsbedarf und leerstehenden Betten, Komplexität der Problemlage und Trägheit von Entscheidungsprozessen.

Ein anderes Thema ist dabei, sich zum Dauerbrenner zu entwickeln: der Mangel an Arbeitskräften, vor allem an Facharbeitern, insbesondere in den für den Klimawandel zentralen Branchen wie Baugewerbe, HKL[50] und Clean Technologies.[51] In den westlichen europäischen Ländern sind 2023 fast 30 % der Bevölkerung über 60 Jahre alt; bis 2030 wird dieser Anteil steigen. Angesichts dieser demografischen Grundstrukturen sind Bemühungen, die Erwerbsquote zu erhöhen, Grenzen gesetzt. In weiten Teilen der Gesellschaft werden in den kommenden zehn Jahren kritisch viele Lehrer, Beamte, Ärzte, u.a.m. aus dem Erwerbsleben ausscheiden.

5.1.8 Krieg, Kapital und andere Auslöser von Kippeffekten

Nicht nur Klimawandel und Wirtschaftssystem bestimmen die Geschicke der Menschen auf unserem Planeten; unvermindert können auch andere Strukturen jederzeit *Kippeffekte* auslösen, die alle anderen Entwicklungen determinieren: die politischen Machtblöcke mit ihren Hegemonialstrategien, die Verteilung des Kapitals an sich, Finanzkrisen, nukleare Katastrophen, tödliche Pandemien u.a.

Seit dem Überfall Russlands auf die Ukraine ist in Europa deutlich geworden, wie existenziell und dabei verletzlich und prekär

50 HKL: Heizung, Klima, Lüftung.

51 Produkte, Prozesse oder Dienstleistungen, welche die Effizienz verbessern oder natürliche Ressourcen schonen sowie Verschmutzung und Abfälle reduzieren.

Frieden ist. Wie bei allen komplexen Systemen ist es eine Frage der Interpunktion, des Moments, ab wann Beobachter jene pfadprägenden, nicht reversiblen Entwicklungen wahrnehmen und welche Zusammenhänge sie herstellen. Unbestreitbar ist, dass nach Jahren des Wandels durch die Annäherung der politischen Mächte, nach Jahren von fernab gelegenen Kriegen mit dem Ziel eines *Regime-Change*, nun in der Ukraine ein grässlicher Krieg zwischen Hegemonialmächten tobt und ein Zeitenwechsel in Europa proklamiert wird. Im Dominoeffekt werden, nach der Ausmusterung und Überlassung überalterten Kriegsmaterials an die Ukraine, in europäischen Staaten massiv neue Waffen und Kriegsmaterialien beschafft und diesbezügliche Produktionen hochgefahren. Gegenwärtig verlagern sich Wirtschaftstätigkeiten und Kapital – koste es, was es wolle? – in den Kriegssektor; dazu kommt, dass Unternehmen aller Branchen dem Wiederaufbau nach Kriegsende entgegenfiebern.

Welche Chancen hat vor diesem Hintergrund ein neues, nachhaltiges Wirtschaftsmodell? Wird das Kapital, werden Schlüsselbranchen (z. B. die Bauwirtschaft) kostbare Ressourcen an andere Stellen, in Kriegswirtschaft und Wiederaufbau, tragen, wo schneller Profit garantiert ist? Überhaupt: Wohin geht das ganze Kapital, das mit der Dekarbonisierung aus Veranlagungen in fossile Investitionen frei wird? Wie werden sich diese Entwicklungen auf die Transformation zur klimaverträglichen Gesellschaft auswirken?

Nicht veränderbare Einflussgrößen und Ausprägungen von Stellgrößen, die sich ultimativ auf alles andere auswirken, können in Szenarien und Planungen nicht berücksichtigt werden. Bestenfalls können Extremszenarien Wirkungszusammenhänge in einem abgrenzbaren Feld erkunden; alles andere ist per Definition nicht »denkbar« und kann vorausschauendes Handeln nicht anleiten.

Die Große Transformation zur klimaverträglichen Gesellschaft ist selbst ein ultimatives Extremszenario bzw. eine alternativlose Utopie. Ob der Ukrainekrieg zum alles bestimmenden Flächenbrand oder bald vorbei sein wird, eine Wirtschaft, die darauf aufsetzt, wird nicht nachhaltig sein. Die Party des Neoliberalismus sei vorbei, so der Soziologe Andreas Reckwitz. Der Klimawandel ist da, und er bleibt; das Fenster für seine Gestaltung wird täglich kleiner. Ob einzelne Unternehmen im Windschatten der Entwicklungen weiter bei bisherigen Praktiken bleiben oder als Trittbrettfahrer von den Anpassungsleistungen anderer profitieren werden, ist weitgehend unbedeutend. Der rechtliche Rahmen ist gesetzt. Die meisten Organisationen werden sich in den neuen Rahmen des Wirtschaftens einfinden müssen, ob ihre leitenden Führungskräfte das neue Wirtschaftsmodell im Herzen teilen oder nicht – sehr viele tun das aber ohnedies.

5.2 Neue Rahmensetzungen für Wirtschaft und Organisationen

Im Mai 2019 verkündet Kanada einen *Pact for a Green New Deal*, im Frühjahr nehmen solche Initiativen im UK an Fahrt auf, auch die australische Regierung kündigt 2019 ein *Climate Solution Package* an, der südkoreanische *Green New Deal* folgt am 14. Juli 2020, auch Staaten des afrikanischen Kontinents entwickeln Initiativen. China hat schon 2013 einen *nationalen Aktionsplan für den Klimawandel* erlassen und verkündet 2020 das Ziel, bis 2060 CO_2-neutral zu werden. US-Initiativen für ein *Green Deal Program* scheitern im März 2019 an der Trump-Regierung, werden jedoch 2021 unter der Biden-Harris-Regierung wieder aufgenommen. Zum Zeitpunkt, als dieses Kapitel geschrieben wird, gibt es praktisch täglich Meldungen über Green Deal Programme von Nationalstaaten. Nachdem 2019 auch Bestseller-Autoren wie Naomi Klein (»Warum nur ein Green New Deal unseren Planeten retten kann«) und Jeremy Rifkin (»Der globale Green New Deal«) das Thema aufgenommen haben, erscheint ein Buch nach dem anderen.

Am 11.12.2019 verkündet EU-Kommissionspräsidentin Ursula von der Leyen den *Europäischen Green Deal.*[52] Er soll die EU-Netto-Treibhausgasemissionen bis 2050 auf null bringen und Europa zum ersten klimaneutralen Kontinent machen durch den Übergang zu einer wettbewerbsfähigen, ressourceneffizienten Wirtschaft, in der Wachstum von Ressourcennutzung entkoppelt ist und niemand, »weder Mensch noch Region«, zurückgelassen wird.

Der Europäische Green Deal ist die konzeptuelle und gesetzgeberische Grundlage zur Umgestaltung von Wirtschaft und Gesellschaft:

---

52 Im seinem Hauptgutachten 2011 hatte der WBGU der EU eine *Global Governance* der Energiewende, eine Energie-Governance »im Mehrebenensystem« (von Regulierungsinstanzen) sowie jeweils eine *»transformative Governance«* für Urbanisierung, Landnutzung und Infrastrukturentwicklung verschrieben.

»Der Klimawandel ist die größte Herausforderung unserer Zeit. Zugleich bietet er auch eine Chance auf die Entwicklung eines neuen Wirtschaftsmodells.«[53]

Am 29.07.2021 tritt das *Europäische Klimagesetz* in Kraft, das die europäischen Staaten verpflichtet, ihre Netto-Treibhausgasemissionen *bis 2030 um* 55 % im Vergleich zum Jahr 1990 zu reduzieren. Ab Herbst 2022 schlagen sich die vielen Initiativen, die ab Anfang 2020 aufgesetzt wurden, in einem Stakkato von EU-Gesetzen, Verordnungen, Richtlinien, Aktionsprogrammen und EU-Strategien nieder. Ende Mai 2023 ist ein erstes, grobes Regulierungsgefüge erreicht, das Wirtschaftstreibenden eine gewisse Planungssicherheit und mittelfristige Perspektiven gibt. Es setzt sich zusammen aus:

- dem *Fit-for-55-Paket* zur Anpassung und Ergänzung bestehender Regularien an die neuen Klimaziele
- weichenstellenden *Regulierungen des Finanzmarktes* und von Branchen wie *Energiewirtschaft, Bauwirtschaft, Verkehrswesen*
- einer *Taxonomie* als nachhaltig definierter Wirtschaftstätigkeiten
- dem *Industrieplan* zum Green Deal
- dem *Aktionsplan für die Kreislaufwirtschaft*
- dem *Lieferkettensorgfaltsgesetz*
- neuen *Berichtspflichten* von Unternehmen *zur Nachhaltigkeit*
- Maßnahmen zur Aufbringung von Finanzmitteln
- noch im Vorfeld konkreter Regulierungen befindlicher, *umfassender Sektorstrategien* wie *farm to fork* für eine nachhaltige Lebensmittelwirtschaft, *blue economy* zum Schutz von Ozeanen und Küstenregionen und Nachhaltigkeitsstrategien für Textilien, Kunststoffe/Plastik, Waldwirtschaft, Landnutzung, Biodiversität u. a. m.

Da diese Entwicklungen neu, folgenreich und noch weitgehend unbekannt sind, werden im Folgenden die relevanten, zurzeit verfügbaren Informationen zusammengetragen, damit Entscheidungsträger in Organisationen eine erste Einschätzung gewinnen können zu den Fragen:

53 https://commission.europa.eu/strategy-and-policy/priorities-2019-2024/european-green-deal/delivering-european-green-deal_de [Zugriff: 29. Mai .2023].

- Welche der konkreten Entwicklungen seit 2019 sind in welcher Weise rahmensetzend für Wirtschaft und Organisationen?
- Wie können sich Märkte und Warenströme verändern?
- Welche der neuen Politiken und der globalen Entwicklungen haben Impact auf unser Businessmodell?
- Wie wird sich die Wirtschaft nach dem Neoliberalismus wirklich ausrichten?

Angesichts der Tatsache, dass wir uns gegenwärtig am Beginn einer Move-Phase befinden, sei betont, dass bislang lediglich Korridore aufgespannt sind und werden (siehe S. 155); welche Innovationen tatsächlich wo auftauchen, welche Häufigkeiten sich einspielen, welche Faktoren in diese Emergenzen hineinspielen werden, all das wird in den kommenden Jahren emergieren.

5.2.1 Das europäische Klimagesetz

Seit dem Erdgipfel von 1992 in Rio de Janeiro und mit jedem neuen Klimagipfel sind weltweit eine Reihe von Initiativen und nationalen Gesetzgebungen im Umweltbereich entstanden. Der European Green Deal bewirkt, dass diese Initiativen, Gesetze und Verordnungen hinsichtlich ihres Beitrags zum Ziel der Klimaneutralität 2050 zwischen EU-Mitgliedsstaaten harmonisiert, standardisiert, gebündelt, ergänzt und in Ausrichtung gebracht werden – wie Eisenspäne durch einen Magneten.

Grundlegend dafür ist das *Europäische Klimagesetz,* das am 29. Juli 2021 in Kraft tritt; die für die Wirtschaft wichtigen Zielbündel betreffen:

- die *Energiewende,* d.h. den Übergang zu einem nachhaltigen, erschwinglichen und gesicherten Energiesystem auf Basis erneuerbarer Energien, verbesserter Energieeffizienz, Verringerung von Energiearmut durch den Ausbau des *EU-Emissionshandelssystems (EU-EHS)* und durch ein CO_2-*Grenzausgleichssystem* für Importprodukte, die unter niedrigeren Umweltstandards hergestellt wurden
- die *Senkung der Netto-Treibhausgasemissionen* – der Emissionen nach Abbau von CO_2 – um 55 % gegenüber 1990 bis 2030 durch eine schrittweise Reduktion von *CO_2-Emissionen* für Wirtschaftsakteure und eine Steigerung des *Abbaus* von Treibhausgasen durch *Kohlenstoffsenken,* um nach 2050 gegebenenfalls »negative CO_2-Emissionen« zu erreichen

- nachhaltige, intelligente *Mobilitäts- und Verkehrssysteme* und einen Aktionsplan, um die verkehrsbedingten Emissionen bis 2050 um 90 % zu senken,
- die Stärkung der *Anpassungs- und Widerstandsfähigkeit* auf die negativen Folgen des *Klimawandels* durch Ausarbeitung umfassender nationaler Anpassungsstrategien und -pläne, die *Minimierung der Folgen* des Klimawandels – extreme Hitze, Überschwemmungen, Dürren, Wasserknappheit, Meeresspiegelanstieg, Gletscherschmelze, Waldbrände, Windbruch und Verluste in der Landwirtschaft – und die Bewältigung dieser Folgen auf sozial ausgewogene Weise
- eine sichere *Lebensmittelversorgung* auf Basis einer auf einer Kreislaufwirtschaft beruhenden klimaeffizienten Landwirtschaft, die *Wiederherstellung der Natur* in Hinblick auf Wälder, Böden, Feucht- und Torfgebiete als Quellen für den natürlichen CO_2-Abbau, den Schutz von Gebieten mit hoher *Biodiversität*
- *Maßnahmen*, die *Beiträge* zur öffentlichen Gesundheit, Qualität der Umwelt, zum Wohlergehen der Bürger und Wohlstand der Gesellschaft, zur Beschäftigung und Wettbewerbsfähigkeit der Wirtschaft leisten
- geeignete Bildungs- und *Ausbildungsprogramme* und einen *inklusiven Prozess auf EU-, nationaler, regionaler und lokaler Ebene,* um ein öffentliches und gesellschaftliches Engagement für den Klimaschutz zu schaffen, z. B. über das Instrument des *europäischen Klimapakts*
- die Widmung von mindestens *30 % des bis 2027 laufenden EU-Budgets* für klimarelevante Aktionen.

5.2.2 Fit for 55: Regulierungen für die Anpassung an den Klimawandel

Die Verschärfung der EU-Klimaziele vom 2-Grad-Ziel mit Senkung der Treibhausgasemissionen von 40 % im Vergleich zu 1990 auf das 1,5-Grad-Ziel und der Senkung um 55 % bis 2030 war Anlass, die meisten der bestehenden Richtlinien in den eng verflochtenen Politikbereichen Klima, Umwelt, Energie, Verkehr, Industrie, Landwirtschaft und Finanzwesen zu überarbeiten. Sie wurden im größten Paket »Fit for 55« zusammengefasst – wobei ihr jeweiliger Geltungsbereich meist erweitert, durch neue Regulierungsinitiativen ergänzt und Richtlinien zu verbindlichen Verordnungen umgearbeitet wurden. Sie lassen sich gruppieren in Maßnahmen

- zur Verringerung der Treibhausgasemissionen
- zur Senkung des Energieverbrauchs durch Verbesserung der Energieeffizienz
- zum Ausbau erneuerbarer Energieträger
- für einen fairen Übergang.

5.2.2.1 Verringerung von Treibhausgasemissionen und Abbau von CO_2

Das *Europäische Emissionshandelssystem* (*EU-EHS*) ist seit 2005 das wichtigste Instrument zur Lenkung von Treibhausgasemissionen. Jährlich wird eine bestimmte Anzahl von Zertifikaten an Mitgliedsstaaten bzw. deren Industrieunternehmen ausgegeben, die zum Ausstoß von Treibhausgasen berechtigen; wer mehr oder weniger als die zuerkannte Menge emittiert, kann fehlende Zertifikate an einer Börse an- oder verkaufen. Am Jahresende werden tatsächliche Emissionen mit den Berechtigungen verglichen und sanktioniert.

Bis 2019 wurden die Treibhausgasemissionen in der EU um 35 %, bis 2023 um 45 % reduziert; weitere Reduktionen sollen durch eine Erweiterung der betroffenen Sektoren und Branchen und die stetige Verringerung der jährlichen Zertifikatmenge erreicht werden. Waren bislang 10.000 Energieanlagen und energieintensive Industrieproduzenten von Eisen und Stahl, Zement- und Kalk, Kokereien und Raffinerien, Glas, Keramik und Ziegel, Papier- und Zellulose, und ab 2012 der innereuropäische Luftverkehr vom *EU-EHS* erfasst, weitet die im April 2023 vom Rat angenommene Verordnung den *Geltungsbereich* auf die in der EU auftreffende internationale Luftfahrt, und den Seeverkehr aus, erhöht das Emissions-*Reduktionsziel* auf 62 % gegenüber 2005 und *verringert* jährlich die Menge der »gedeckelten« *Zertifikate* um 4,3 %.

Ergänzend zur Verschärfung der CO_2-Emissionsgrenzen wurde das *Grenzausgleichssystem* (Carbon Border Adjustment Mechanism, CBAM) eingeführt: Um zu vermeiden, dass CO_2-intensive Industriezweige ihre Produktion in Länder mit niedrigeren Klimastandards verlagern und klimaschädlich produzierte Importe EU-Klimastandards unterlaufen, müssen Hersteller außerhalb der EU den Preisunterschied durch Zukauf von Zertifikaten ausgleichen. Sektoren mit hohen CO_2-Emissionen und einem hohen Verlagerungsrisiko sind Eisen und Stahl, Zement, Düngemittel, Aluminium, Wasserstofferzeugung und Strom.

Die Sektoren Straßenverkehr, Gebäude, Landwirtschaft, kleine Industriebetriebe und Abfallwirtschaft, die gegenwärtig 60 % der gesamten EU-Emissionen ausmachen, waren bislang nicht vom EHS, sondern von der *Lastenverteilungsverordnung/EU-Klimaschutzverordnung* reguliert, die den Beitrag zum EU-Klimaziel unter den Mitgliedsstaaten untereinander verteilt. Auch die Lastenverteilungsverordnung wurde überarbeitet: Sie verschärft die Pflicht zur Senkung der EU-Emissionen auf 40 % im Vergleich zu 2005. Außerdem wird ein eigenes Emissionshandelssystem für *Gebäude und Straßenverkehr* und für *Kraft- und Brennstoffe* eingeführt. Bis 2028 müssen neue Gebäude im Besitz öffentlicher Einrichtungen, bis 2030 alle neuen Gebäude emissionsfrei sein; bis 2050 alle bestehenden Gebäude in *Nullemissionsgebäude* umgewandelt sein.

Neben den Handelssystemen werden einigen Sektoren und Branchen direkte Emissionsziele vorgegeben:

- Pkw und leichte Nutzfahrzeuge, die 15 % aller EU-CO_2-Emissionen verursachen, sollen diese bis 2024 um 15 % reduzieren, bis 2034 nochmals um 50–55 %; ab 2035 sollen neue Pkw und Nutzfahrzeuge keine Treibhausgase mehr ausstoßen.
- Bäume und Pflanzen nehmen bei der Fotosynthese mehr CO_2 aus der Atmosphäre auf als Land- und Forstwirtschaft in die Atmosphäre freisetzen, jährlich fast 10 % aller EU-Treibhausgasemissionen. Die überarbeitete *Verordnung zu Landnutzung und Forstwirtschaft* schreibt den Mitgliedstaaten vor, bis 2025 – wie bisher – ihre Emissionen mit dem Abbau von CO_2 auszugleichen und 2026–2030 EU-weit um 30 % mehr CO_2 abzubauen.

Methan (CH_4) ist nach CO_2 das zweitwichtigste Treibhausgas, weil es, über 20 Jahre gesehen, die 84-fache Wirkung von CO_2 hat und 30 % zur Erderwärmung beiträgt. 60 % der Methangasemissionen entstehen durch Tätigkeiten des Menschen, davon die Hälfte im Energiesektor, fast die Hälfte in der Landwirtschaft, der Rest durch verrottenden Abfall und Verbrennung von Biomasse. Als Folge des *Global Methane Pledge,* in dem sich nach der Klimakonferenz in Glasgow mehr als 100 Staaten verpflichten, ihre Methangasemissionen bis 2030 um 30 % auf Basis 2020 zu senken, ist eine Verordnung in Ausarbeitung.

5.2.2.2 Senkung des Energieverbrauchs und Steigerung der Energieeffizienz

Mit der Überarbeitung der *Energieeffizienz-Richtlinie* soll durch Einsparungsziele bei *Gebäuden*, in der *Industrie* und im *Verkehr* die Gesamtenergienachfrage (Primärenergie) um 40,6 % und der Endenergieverbrauch um 38 % reduziert werden.

Gebäude verursachen 40 % des Energieverbrauchs in der EU. Auf Basis des Gebäudebestands 2020 soll der Energieverbrauch von Nichtwohngebäuden bis 2030 um 15 %, bis 2034 um 35 % gesenkt werden. Bis 2033 sollen Wohngebäude mindestens der Gesamtenergieeffizienzklasse D entsprechen; dazu müssen 75 % der bestehenden Gebäude in großem Maßstab renoviert werden.

Außerdem sollen Gebäude mit *grüner Energie* versorgt werden. Auf allen öffentlichen Gebäuden mit einer Nutzfläche von mehr als 250 qm sind bis 2027 Solaranlagen zu installieren, bis 2028 in allen bis dahin renovierten Gebäuden, bis 2030 in allen neuen Wohngebäuden. Finanzielle Unterstützung, Steuerermäßigungen und administrative Unterstützung sollen Anreize für Renovierungen geben.

5.2.2.3 Ausbau erneuerbarer Energien

Dreh- und Angelpunkt zur Erreichung der EU-Klimaziele ist der Ausstieg aus fossilen und der Umstieg auf erneuerbare Energieträger. Der Energiesektor verursacht 75 % der Treibhausgasemissionen in der EU; bis 2030 soll der Anteil erneuerbarer Energien am Gesamtenergiemix mindestens 40 % betragen. Dazu verfolgt die *Erneuerbaren-Energien-Richtlinie* drei Stoßrichtungen: Der Anteil erneuerbarer Energie soll in Gebäuden bis 2030 49 % betragen und jährlich bei der Wärme- und Kälteerzeugung und in der Industrie um 1,1 % gesteigert werden; außerdem soll der Anteil erneuerbaren *Wasserstoffs* auf 50 % bis 2035 gesteigert werden.

25 % der Treibhausgasemissionen in der EU entfallen auf den Verkehrssektor; sie sollen bis 2030 um 13 % sinken, oder ein Anteil erneuerbarer Energie von mindestens 29 % erreicht werden. Bis 2030 ist die *Infrastruktur für alternative Kraftstoffe* mit elektrischen Ladestationen, Wasserstoff- und Flüssiggastankstellen auszubauen, bis 2050 sollen 50 % der Pkw und Lkw mit alternativen Kraftstoffen betrieben werden.

Von den Emissionen des Verkehrssektors kommen 14,4 % aus dem Luft- und 13,5 % aus dem Seeverkehr. Die Verordnungen *Refuel-*

EU Maritime und *RefuelEU Aviation* schreiben den großen Container- und Passagierschiffen und den Flugzeugen am Boden vor, sich an örtliche Stromquellen anzuschließen; im aus Europa startenden Luftverkehr wird der Anteil synthetischer Kraftstoffe ab 2025 bis 2050 schrittweise auf mindestens 63 % zu erhöht.

CO_2-arme Gase verursachen 70 % weniger Treibhausgasemissionen als fossiles Erdgas. *Erneuerbare Gase* stammen entweder aus organischen Quellen in Landwirtschaft und Viehzucht (Biogas und Biomethan), oder sie entstehen aus nicht biogenen erneuerbaren Quellen, z. B. durch Elektrizität (synthetisches Methan oder erneuerbarer Wasserstoff). Bis 2030 soll ein *EU-Markt für Wasserstoff* mit 10 Mio. Tonnen und ein Netzwerk von Wasserstoffnetzbetreibern geschaffen werden.

Langfristige Lieferverträge für fossiles Gas sollen bis spätestens 2049 auslaufen, Planungen für Elektrizitäts-, Gas- und Wasserstoffnetze integriert, Genehmigungsverfahren für Produktionsstätten erneuerbarer Energien und die Einspeisung dieser Energien in Netze beschleunigt und zwischenstaatliche Solidaritätsvereinbarungen für Krisensituationen getroffen werden.

5.2.2.4 Maßnahmen für einen fairen Übergang

Der *Klimasozialfonds* zur Unterstützung der am stärksten betroffenen Menschen und Unternehmen soll die sozialen und verteilungspolitischen Auswirkungen des EHS auf Haushalte, Kleinstunternehmen und Verkehrsunternehmen abfedern; er umfasst bis zu 65 Mrd. Euro.

Regionen mit vielen Arbeitsplätzen in Industrien auf Basis fossiler Energien sollen durch den *Mechanismus für eine faire Transition* finanziell und technisch unterstützt werden. Mindestens 100 Billionen Euro sollen zwischen 2021 und 2027 für die am meisten betroffenen Regionen mobilisiert werden, um Arbeitsplätze in von der Transition betroffenen und in neuen Sektoren zu schaffen, Umschulungen durchzuführen, Gebäude zu sanieren und Technologien zugänglich zu machen.

Eine in Ausarbeitung befindliche Richtlinie sieht vor, dass Energieprodukte nicht mehr auf Mengenbasis, sondern im Verhältnis zu ihren schädlichen Umweltauswirkungen besteuert werden, wobei Kohle, Öl und Gas am höchsten besteuert werden, die Mindeststeuersätze für Kerosin und Schweröl schrittweise erhöht und nachhaltige Kraftstoffe steuerfrei gestellt werden. Bisherige Steuererleichterungen für industrielle oder gewerbliche Nutzer werden aufgehoben, für alle Nutzer wird derselbe Steuersatz angesetzt.

5.2.3 European Green Finance und die Taxonomie-Verordnung

Das EU-Legistikpaket *European Green Finance* soll Kapitalflüsse in Richtung nachhaltige Investitionen lenken, finanzielle Risiken, die sich aus Klimawandel, Naturkatastrophen, Umweltzerstörung und sozialen Problemen ergeben, abfedern, die langfristige Wertschöpfung von Unternehmen für Kapitalmarktteilnehmer transparent machen und Greenwashing vermeiden; eine Plattform für *nachhaltige Finanzierungen* soll öffentliche und private Investoren zusammenbringen.

Grundlage ist die *Taxonomieverordnung*, anhand derer der Grad der Nachhaltigkeit einer Investition bestimmt wird; die Bewertungen referenzieren auf die sechs Umweltziele Klimaschutz, Klimawandelanpassung, nachhaltige Nutzung und Schutz von Wasser- und Meeresressourcen, Übergang zu einer Kreislaufwirtschaft, Vermeidung und Verminderung von Umweltverschmutzung, Schutz und Wiederherstellung der Biodiversität und der Ökosysteme und auf das Prinzip des *Do no significant harm* – d. h., kein anderes Sustainability-Ziel darf verletzt werden. Das Paket legt Informations- und *Offenlegungspflichten* gegenüber Investoren fest und die *Berichtslegung* von Unternehmen zur *Nachhaltigkeit* (s. u.).

Ein Drittel der weltweiten öffentlichen Finanzmittel für Klimaschutz stammen aus der EU; 30 % der Mittel des EU-Instruments für Nachbarschaft, Entwicklung und internationale Zusammenarbeit sind der Unterstützung von Klimazielen gewidmet, einzelnen Regulierungen sind häufig konkrete Finanzierungen zugeordnet; so werden z. B. über einen Zeitraum von sieben Jahren 72,2 Mrd. EUR für die Renovierung von Gebäuden, den Zugang zu emissionsfreier und emissionsarmer Mobilität und für Einkommensbeihilfen bereitgestellt.

5.2.4 Der Industrieplan zum Europäischen Grünen Deal

Am 5. Mai 2021 stellte die Europäische Kommission die aktualisierte *europäische Industrie Strategie* vor, die insbesondere KMUs und Start-up-Unternehmen beim Übergang zu einer grünen und digitalen Wirtschaft unterstützen soll; zentrale Stoßrichtungen sind die Verringerung von Lieferabhängigkeiten, die Stärkung des Binnenmarktes und Maßnahmen zur Beschleunigung des grünen und digitalen Übergangs.

Um gezielte Maßnahmen abzuleiten, wird jährlich der Stand des Binnenmarktes analysiert und überwacht, und zwar in den *14 industriellen Ökosystemen* Luftfahrt-, Raumfahrt- und Verteidigungsindustrie, Agrar- und Lebensmittelsektor, Baugewerbe, Kultur- und Kreativwirtschaft, digitale Industrie, Elektronikindustrie, energieintensive Industriezweige, erneuerbare Energien, Gesundheitssektor, Mobilität (Transport- und Automobilindustrie), Lokal- und Sozialwirtschaft, zivile Sicherheit, Einzelhandel, Textilindustrie und Tourismus.

Ausgehend von der Analyse von *Abhängigkeiten, Lieferkettenproblemen* und *Engpässen* bei kritischen Produkten sollen internationale Partnerschaften diversifiziert und Industrieallianzen gegründet werden. Große Abhängigkeiten bestehen bei 137 Produkten, die 6 % des Gesamtwertes der EU-Importe ausmachen; in sechs strategischen Bereichen – Rohstoffe, Batterien, pharmazeutische Wirkstoffe, Wasserstoff, Halbleiter, Cloud- und Spitzentechnologien – ist die Abhängigkeit besonders groß.

Am 01. Februar 2023 stellt die Europäische Kommission den *Industrieplan zum europäischen Grünen Deal* vor; drei Gesetzespakete sollen Entscheidungsträgern durch einen effektiven *Rechtsrahmen* Planungssicherheit geben.

Das *Netto-Null-Industrie-Gesetz* will einen *Cleantech-Binnenmarkt* schaffen. Bis 2030 soll Europa mindestens 40 % des jährlichen Bedarfs an sauberen Technologien selbst decken. Schätzungen gehen von einer Verdreifachung der Massenfertigung sauberer Technologien aus. Das Gesetz fördert marktreife, strategische *Cleantech-Technologien,* insbesondere Fotovoltaik und Solarthermie, Elektrolyseure und Brennstoffzellen, Onshore-Windenergie und erneuerbare Offshore-Energie, nachhaltiges Biogas/Biomethan, Batterien und Speichertechnologie, Technologien zur CO_2-Abscheidung und -speicherung, Wärmepumpen und Geothermie, Netztechnologien, nachhaltige alternative Kraftstoffe und Technologien zur Energiegewinnung aus Kernkraft mit minimalem Abfall. Die Einrichtung der *europäischen Wasserstoffbank* soll private Investitionen in Wasserstoff-Wertschöpfungsketten ankurbeln.

Das *Europäische Gesetz zu kritischen Rohstoffen* umfasst die Förderung, Verarbeitung und Rückgewinnung kritischer Rohstoffe vor Ort sowie sichere Lieferketten. Die Batterieproduktion benötigt Lithium, Kobalt und Nickel, die Produktion von Solarpaneelen Gallium, Windtechnologien benötigen Rohbor, die Raumfahrt- und Verteidigungsindustrie Titan und Wolfram. 63 % des weltweit verwendeten Kobalts kommen aus der Republik Kongo, 97 % des in der EU benötigten Magnesiums aus China, ebenso wie 100 % der Seltenen Erden, 98 % des in der EU eingesetzten Borats stammen aus der Türkei. Bis 2030 soll die EU nicht mehr als 65 % des jährlichen Bedarfs an einem strategischen Rohstoff aus einem einzigen Nicht-EU-Land beziehen. Lieferketten sollen überwacht, europäische Kapazitäten und strategische Bestände über die gesamte Wertschöpfungskette (Abbau, Raffination, Verarbeitung und Recycling) aufgebaut, Investitionen in Forschung und Innovation, der Aufbau von Fachkompetenzen und eine kreislauforientierte Rohstoffwirtschaft (s. u.) gefördert werden.

Ziel der *Reform des Strommarktes* ist ein integrierter *EU-Energiemarkt* mit grenzüberschreitenden Infrastrukturen. Das Paket *Saubere Energie für alle Europäer* enthält die Elektrizitätsverordnung mit Regeln für einen internen Elektrizitätsmarkt, die Verordnung über den Umgang mit Energierisiken und -krisen, die Verordnung zur Integrität und Transparenz des Energiegroßhandels, die EU-Agentur für die Kooperation der Energieregulatoren (ACER) und neue Preisfindungsmodelle im Energiemarkt.

Außerdem sieht der Industrieplan für den Cleantech-Sektor einen schnelleren *Zugang zu Finanzmitteln* und den *Ausbau von Fachkompetenzen* vor, insbesondere den Aufbau von Akademien für Weiterbildungs- und Umschulungsprogramme sowie die Erleichterung der Beschäftigung von Nicht-EU-Bürgern.

Die vierte Säule des Industrieplans betrifft die *globale Zusammenarbeit* der EU-Mitgliedsstaaten *im Handel,* d. h. EU-Freihandelsabkommen und andere Formen wirtschaftlicher Zusammenarbeit. Denn die Vereinigten Staaten, Indien, China und Japan haben bereits eigene Industriepläne zur Investition in grüne Innovationen verabschiedet, die die Wertschöpfung in den eigenen Georäumen fördern. So wurde am 1. Januar 2023 der *Inflation Reduction Act* in Kraft gesetzt, der die Treibhausgasemissionen in den USA bis 2030 um 40 % unter das Niveau von 2005 senken soll; kurz darauf, am 17. Januar, stellte Ursula von der Leyen den Europäischen Industrieplan auf dem World Economic Forum in Davos vor.

5.2.5 Der Aktionsplan Kreislaufwirtschaft

Der Aktionsplan Kreislaufwirtschaft ist Bestandteil des Industrieplans, greift aber über die dort adressierten Sektoren hinaus. 50 % aller Treibhausgasemissionen und 90 % des Verlusts an Biodiversität sind auf die Gewinnung und Verarbeitung von Rohstoffen zurückzuführen; die Materialkosten betragen in Produktionsunternehmen durchschnittlich 40 % der Gesamtproduktkosten. *Kreislaufwirtschaft* trägt zur Dematerialisierung der Wirtschaft bei, macht sie unabhängiger von Rohstoffen und nachhaltige Produkte, Dienstleistungen und Business-Modelle zur Norm. Durch Reduktion von Abfall, Trennen, Sammeln und Recyceln von Wertstoffen entsteht ein Markt mit Sekundärrohstoffen für wiederholte Produktnutzungszyklen. Neue Marktformen wie Teilen oder Mieten von Produkten sollen gefördert werden.

Der *neue Aktionsplan für die Kreislaufwirtschaft* macht *Vorgaben zum Design nachhaltiger Produkte,* konkret für Haltbarkeit, Wiederverwendbarkeit, Nachrüstbarkeit, Reparaturfähigkeit von Produkten, ihre Energie- und Ressourceneffizienz und den Anteil recycelbarer Materialien. Das Kreislaufprinzip ist allgemein in Produktionsprozessen zu verankern, die Nachhaltigkeitsleistung ist in digitalen Produktinformationen zu dokumentieren. Einwegprodukte, die Vernichtung unverkaufter nicht verderblicher Waren und vorzeitige Obsoleszenz werden verboten, Materialien recycelt und Anreize für ein »Produkt als Dienstleistung« oder ähnliche Modelle geschaffen, bei denen der Hersteller über den ganzen Lebenszyklus die Verantwortung für das Produkt übernimmt. Ein Berichterstattungs- und *Zertifizierungssystem* der Industrien soll die kreislauforientierte Zusammenarbeit mit dem Ziel einer *Industriesymbiose* zwischen KMU fördern.

Verbraucher haben Informationsrechte über Lebensdauer, Ersatzteile, das *»Recht auf Reparatur«* und Nachrüstung einschließlich der Aktualisierung veralteter Software. Eine kreislaufwirtschaftsorientierte *Beschaffung der öffentlichen Hand,* die 14 % des EU-BIP ausmacht, soll die Nachfrage nach nachhaltigen Produkten ankurbeln.

Sektoren, die eine große Bedeutung in der Reaktion auf die Erderwärmung haben, sollen vorrangig auf Kreislaufwirtschaft umstellen. Dazu gehören Elektronik und IKT,[54] Batterien und Fahrzeuge, Verpackungen, Kunststoffe, Textilien, Bauwirtschaft und Gebäude, aber auch Möbel und Zwischenprodukte mit hohen Umweltauswirkungen wie Stahl Zement und Chemikalien sowie Lebensmittel Wasser und Nährstoffe. Weitere Produktgruppen werden auf Grundlage ihrer Umweltauswirkungen und ihres Kreislaufpotentials festgelegt.

54 Informations- und Kommunikationstechnologien.

Beispiele für konkrete Maßnahmen sind die Standardisierung von Ladekabeln für Mobiltelefone, die schrittweise Einstellung nicht aufladbarer Batterien, Vorschriften zum Recyceln von Altfahrzeugen, das Verbot unnötig aufwendiger Verpackungen und von Einwegkunststoffartikeln, der Ersatz von Einwegverpackungen, Geschirr und Besteck in Verpflegungsdienstleistungen durch wiederverwendbare Produkte, die Einrichtung von Trinkwasseranlagen in öffentlichen Räumen, um die Abhängigkeit von *abgefülltem Wasser* und damit verbundene Verpackungsabfälle zu verringern. Die Lebensmittelverschwendung – etwa 20 % der produzierten Lebensmittel gehen verloren oder werden weggeworfen – soll verringert werden. *Bauwirtschaft und Gebäude* sind für 50 % der gesamten Rohstoffgewinnung in der EU und für über 35 % des Abfallaufkommens verantwortlich; eine Strategie für eine nachhaltige bauliche Umwelt soll die Grundsätze der Kreislaufwirtschaft während des gesamten Lebenszyklus von Gebäuden vorgeben.

Am 22. Mai 2023 legt der EU-Rat seinen Standpunkt für die *Ökodesign Verordnung* als Allgemeine Ausrichtung fest; mit Ausnahme von Altfahrzeugen wird sie für fast alle Produktkategorien gelten und einen digitalen Produktpass einführen. Gleichzeitig wird ein direktes Verbot der Vernichtung von Textilien und Bekleidung eingeführt.

Mit einer Richtlinie für ein *»Right to Repair«* verabschiedete die Europäischen Kommission am 22. Mai auch einen Vorschlag zur Vermeidung von *Greenwashing*. Das Gesetz für das Recht auf Reparatur (für viele Produktgruppen) wird Anfang 2024 vom EU-Parlament beschlossen.

5.2.6 Corporate Sustainability Reporting

Die wachsende Bedeutung eines verantwortlichen Umgangs mit der Umwelt und mit Ressourcen führt dazu, dass Nachhaltigkeit zum übergeordneten Ziel und das Akronym CSR bald nicht mehr für (fakultative) Corporate Social Responsibility, sondern für (verpflichtendes) *Corporate Sustainability Reporting* steht.

Die CSRD-Richtlinie erweitert den Kreis der berichtspflichtigen Unternehmen: Mit Ausnahme von Kleinstunternehmen müssen, beginnend mit 2023 und spätestens bis 2026, etwa 50.000 an einem EU-regulierten Markt notierende Unternehmen mit mehr als 20 Mio. Euro Bilanzsumme, mehr als 40 Mio. Nettoumsatzerlösen und mehr als 250 Mitarbeitenden ihr mit dem 1,5-Grad-Ziel kompatibles Geschäftsmodell und ihre nachhaltigkeitsbezogenen Ziele und Maßnahmen vorstellen. Nach dem *Prinzip der doppelten Wesentlichkeit* (*»double materiality«*) legen sie neben substanziellen finanziellen Ergebnissen alle Sachverhalte mit wesentlichen Auswirkungen auf Menschen und Umwelt dar. Der CSR-Bericht umfasst außerdem Angaben zu gesellschaftlichen Aspekten und zur Governance des Unternehmens.

Die Darlegung der Nachhaltigkeitsaspekte erfolgt nach den Kriterien der *EU-Taxonomie,* die laufend die aktuellen berichtsrelevanten EU-Gesetze und Verordnungen integriert.

5.2.7 Weitere Initiativen

Etliche Gestaltungsfelder des European Green Deal sind noch in der Konzeptions- oder Willensbildungsphase; das sind vor allem die *sektorbezogenen Strategien,* die allgemeingültige Verordnungen bündeln und mit spezifischen Programmen oder Vorgaben ergänzen.

Ein Beispiel ist die geplante *Textilstrategie.* Die Herstellung von Textilien steht an fünfter Stelle als Verursacher von Treibhausgasemissionen. Weltweit werden weniger als 1 % aller Textilien zu neuen Textilien recycelt. Pfeiler einer Textilstrategie sind die Sanktionierung von Fast Fashion, der Umstieg auf eine Kreislaufwirtschaft, die Verantwortung der Hersteller, einen Markt zur Wiederverwendung von Textilien zu schaffen, und die Förderung neuer Geschäftsmodelle.

Ähnlich umfassend wird die *Plastikstrategie* werden; die zweite High-Level-Verhandlungsrunde für einen globalen Vertrag gegen Umweltverschmutzung durch Plastik fand Ende Mai 2023 in Paris statt.

Die *Biodiversitätsstrategie* umfasst ein Bündel von Maßnahmen, um die biologische Vielfalt Europas bis 2030 »auf den Weg der Erholung« zu bringen. Dazu gehören u. a. eine Waldstrategie und die Förderung des ökologischen Landbaus. Am 23. Juli 2023 wurde das *Renaturierungsgesetz* beschlossen, für 20 % der europäischen Wald- und Meeresgebiete werden bis 2030 »Wiederherstellungsmaßnahmen« wie Wiederaufforstungen, Stadtbegrünungen, Wiederanlegung von Mooren durchgeführt.

Die Strategie *Vom Hof auf den Tisch* (*»farm to fork«*) für ein faires, erschwingliches, umweltfreundliches Lebensmittelsystem greift hinsichtlich des zu regulierenden Geltungsbereichs über die gesamte Lebensmittel-Wertschöpfungskette ähnlich umfassend aus.

Geografisch abgegrenzt ist die Strategie der *Blue Economy* in der EU mit der Agenda, den Schutz der Ozeane und eine grüne Infrastruktur für Küstenregionen zu etablieren, Offshore-Aktivitäten wie

Fischerei, Aquakulturen, Dekarbonisierung und Erneuerbaren-Energiegewinnung, Transporte usw. zu regulieren und mit bestehenden EU-Initiativen bei Biodiversität, Ernährung, Mobilität, Sicherheit usw. zu integrieren.

Einzelne Maßnahmen im Rahmen dieser Strategien können bedeutende Folgen für Unternehmen haben. So schreibt z. B. die EU-Verordnung über *entwaldungsfreie Lieferketten* vom Dezember 2022 Händlern von Palmöl, Rindfleisch, Holz, Kaffee, Kakao, Soja und Folgeerzeugnissen wie Schokolade, Möbel, Druckpapier, Körperpflegeprodukte (Derivate auf Palmölbasis) vor nachzuweisen, dass die Erzeugnisse auf Flächen erzeugt wurden, die nicht nach dem 31. Dezember 2020 entwaldet wurden; damit diese Angaben überprüfbar werden, sind Unternehmen verpflichtet, genaue geografische Informationen über die landwirtschaftlichen Nutzflächen zu erheben. Die Liste der betroffenen Roh- und Verarbeitungsstoffe und Informationen über Entwaldung werden regelmäßig aktualisiert. Bei etlichen Maßnahmen werden sich technische Probleme in der Umsetzung ergeben, wie bei der Gebäudesanierung die Sanierung der Asbestverseuchungen.

Neben diesen inhaltlichen Initiativen, die direkte Beiträge zu den Klimazielen setzen, enthält der European Green Deal eine Reihe von Maßnahmen, die förderliche Rahmenbedingungen für eine grüne Transition schaffen. Das sind einmal die verschiedenen *Finanzierungsmaßnahmen,* die die Kapitalströme aus der Dekarbonisierung in nachhaltige Investitionen lenken sollen. Viele Initiativen haben eine EU-Sockelfinanzierung und setzen für die weitere Mittelaufbringung auf private und öffentliche Investoren. Das *Neue Europäische Bauhaus* (NEB) bringt Architekten, Künstler, Studierende, Ingenieure und Designer zusammen, um ästhetische, nachhaltige und inklusive Lösungen in verschiedenen Wirtschaftszweigen (wie Bauwirtschaft und Textilindustrie) auszuloten. Der im Klimagesetz vorgesehene *Klimapakt* (siehe S. 182) soll den Dialog verschiedenster Bevölkerungsgruppen über klima- und energiepolitische Fragen fördern und »eine europäische Klimaschutzbewegung dabei unterstützen, zu wachsen und sich zu festigen«.

Die europäischen Maßnahmen für die Große Transformation stehen längst nicht mehr allein da. Auf der 28. UN-Klimakonferenz (COP 28)[55] in Dubai finden sich Ende November 2023 über 70.000

55 COP: United Nations Framework Convention on Climate Change, 28th Conference of the Parties.

Teilnehmer und Teilnehmerinnen aus Staaten der ganzen Welt ein. Den Vorsitz führt Sultan Ahmed al-Dschaber, Minister für Industrie und Fortschrittstechnologien in den Vereinigten Arabischen Emiraten und CEO des weltweit zwölftgrößten Ölkonzerns ADNOC. Im Schlussdokument vom 13. Dezember wird das 1,5 Grad Ziel bestätigt und die beschleunigte »Abwendung« von fossilen Energieträgern und eine »deutliche, schnelle und nachhaltige« Reduzierung der Treibhausgasemissionen beschlossen. Bis 2030 soll der Anteil erneuerbarer Energien verdreifacht, die Energieeffizienz jährlich verdoppelt und auf emissionsfreie oder -arme Technologien umgestiegen werden, um 2050 Treibhausgasneutralität zu erreichen.

5.3 Leadership – Management – Führung

Entscheidungsträger stehen vor der grundsätzlichen Wahl, zu reagieren oder zu agieren: Sie können im Camp auf die Wettervorhersage und die Route für die jeweils bevorstehende Etappe warten, sich dann rüsten und mit den anderen aufbrechen; oder sie können sich ein Bild vom 8.000er machen und bergsteigermäßig vom Gipfel abwärts einen Weg für den Aufstieg erkunden. Konkret heißt das: Sie können schrittweise, nach Entwicklungen in Weltpolitik, Klimaereignissen, Gesetzgebung, Digitalisierung u.a.m., ihr Business-Modell anpassen, oder sie können eine Vision entwickeln, die den Rahmen für ein neues Business-Modell setzt, und zu den Kundschaftern gehören.

Der Begriff der Vision ist vieldeutig und ideologiebefrachtet. Im Zeitalter des Übergangs zur klimaneutralen Gesellschaft ist damit definitiv keine metaphysische Erweckung, keine heiße-Luft-Spiegelung und keine solitäre Welterschaffung gemeint. Der Berg ist verortet und in Grundzügen vermessen, auch wenn weite Bereiche noch in den Wolken liegen und die Wolken ziehen. Bei dieser Vision geht es vielmehr um die Fertigkeit, aus einem Farbfoto-Negativ ein positives Abbild herauszulesen, konkret: In der Gemengelage von orange-roten Flächen mit grünen Einsprengseln und Farbaussparungen ein buntes, konturiertes, ausgeleuchtetes, »gutes« Foto zu erkennen, noch bevor man das Negativ in die verschiedenen Entwicklungslösungen taucht zu dem Zweck, zu verstehen, wie genau es zu entwickeln sei. Ein Bild, auf dem Betrachter Topografie, Routen und Aufstiegswege erkennen.

Egal welche Grundhaltung Führungskräfte einnehmen, Reaktion oder Aktion – für die allermeisten Business-Modelle bringt der Übergang zu einer klimaverträglichen Wirtschaft wesentliche Veränderungen mit sich; in etlichen Branchen wird kein Stein auf dem anderen bleiben. Die Fragen: Was machen wir? Wie? Für wen? werden über Jahre die Agenda füllen. Sie werden Entscheidungsträgern zahlreiche Problemlösungen und schwierige Entscheidungen abfordern und eine Menge Führungsarbeit auslösen.

Was konkret steht kurz- und mittelfristig auf der Führungsagenda? Das Thema Klimawandel muss über die Unternehmensbereiche gemainstreamed werden und in Entscheidungsprämissen einfließen; dabei muss das Kriterium der Nachhaltigkeit der Effizienz bei Kosten, Zeit und Qualität zur Seite gestellt oder übergeordnet werden. Viele Unternehmen müssen unmittelbar eine neue Funktion für CSR einrichten, möglicherweise bald eine ähnliche für Kreislaufwirtschaft. Was aussehen mag, wie weitere kleine Fachabteilungen, wird in vielen Fällen einem Trojanischen Pferd gleichkommen, aus dem, einmal innerhalb der Mauern aufgestellt, Expertise und Befugnisse ausschwärmen. Die neuen Regulierungen ziehen einen massiven Eingriff in die Governance-Architektur nach sich: Vom Einkauf bis zur Fertigung sind die Leistungsprozesse zu überarbeiten und teils neu zu designen. An den Schnittstellen der Organisation nach außen, zu Lieferanten, Eigentümern und Kunden, vor allem zur öffentlichen Hand, entsteht ein hoher Aufwand für Kommunikation, Abstimmungen, Verhandlungen; neue Partner, Allianzen, neue Gefüge von verteilten Leistungen können die Folge sein. Welche bestehenden Verträge, welche Produktionsanlagen, welche anderen Arten von Strukturremanenz werden neue Initiativen einschränken oder blockieren? Wie wird sich der Wettbewerb im eigenen Geschäftsbereich verändern, und wo liegt das eigene Unternehmen im Feld der Mitbewerber, wo kann es liegen? Finanzmittel müssen deinvestiert, umverteilt, beschafft werden.

Eine große Baustelle liegt bei den Mitarbeitenden: Woher sollen die benötigten Fachkräfte kommen? Wo braucht es Schulungen und Neuqualifizierungen? Wie lässt sich das Engagement der Mitarbeitenden wieder gewinnen, wie lassen sich die kollektiven Handlungsmuster umstellen auf geänderte Werthaltungen und Routinen? Und: Wie versteht sich Leadership, Management, Führung selbst in diesem neuen Paradigma des Wirtschaftens?

5.3.1 Führung als Profession

Wirtschaft, Organisationen und Führung waren immer in den Rahmen gesellschaftlicher Entwicklungen gestellt und haben, umgekehrt, diesen bestimmt. Jede der verschiedenen paradigmatischen Entwicklungsperioden hat Rollenstereotype geliefert für die Fragen: Was machen wir eigentlich? Was ist heute »gute«, »richtige« Führung?

In den Frühzeiten der Industrialisierung waren es die Captains of Industry, die, autokratisch, riesige Tanker durch die Weltmeere steuerten; später kam der Ingenieur dazu, der Arbeitsprozesse normierte, standardisierte und zu funktionierenden Fließbändern verband; ihm zur Seite stellte sich der Sozialingenieur, der Arbeitsmotivation, Gruppen und Beziehungen produktiv zu stellen vermochte. Im Konsumzeitalter waren es die »Macher«, die mittels Operations-Research-Methoden jedes Problem mit kantigem Denken in Teile schnitten, und die Experten, die für jedes Problem eine immer fortschrittlichere Lösung hatten. An ihre Stelle trat im Change-Zeitalter der charismatische Visionär, den es in Zeiten der Bedrängnis in die leuchtende Zukunft trägt und der Kraft seiner Fähigkeiten alle dahin mitnimmt, um ungezügelt aus- und überzugreifen, auf den Globus, die eigene Organisation, die Leistungsfähigkeit der Mitarbeitenden, ja auf die eigene Seele und Spiritualität; weil die große Bremse in der mentalen Trägheit der Mitarbeitenden lag, stellte sich ihnen der Manager als Coach zur Seite. In der Postmoderne, nach der Entzauberung der Narrative von Leadership und Neoliberalismus, sollten Führungskräfte sich – bitte postheroisch! – als Sozialarchitekten verstehen, um die sozialen Strukturen so zu designen, dass die Organisation von selbst Entscheidungen baut. Was ist das Rollenstereotyp für die kommenden Jahre der Transition zur klimaneutralen Wirtschaft und Gesellschaft?

So lang diese Frage nicht beantwortet ist, ist es hilfreich, sich die Grundfesten des Geschäfts der Führung zu vergegenwärtigen. Schon Peter Drucker verstand Führung als *Profession,* die ihre Praxis gezielt immer weiter professionalisieren müsse. Der Begriff Profession leitet sich aus dem lateinischen *professio* – »ich bekenne« – ab. Es ist die lebenslange Ausübung einer Tätigkeit, angetrieben von und im Einklang mit wesentlichen Werthaltungen und Überzeugungen, die die Profession vom erlernten Beruf und dem Job für den Lebenserwerb unterscheidet. Klassische Professionen sind z. B. Ärzte, Juristen, Wirtschaftstreuhänder, Ziviltechniker, Architekten, Wissenschaftler usw.

Die Professionssoziologie definiert eine Reihe von Kriterien, damit ein Tätigkeitsfeld als Profession gelten kann:

- Eine Profession verfügt über eine eigene spezialisierte Expertise, die wissenschaftlich begründet ist und über lange, üblicherweise akademische Qualifikationswege erreicht wird. Sie zeigt sich u.a. in einer eigenen Fachsprache, eigenen Methoden und Instrumenten.
- Professionsträgern werden aufgrund ihrer Expertise und ihrer Berufsnormen persönliche und sachliche Gestaltungs- und Entscheidungsfreiheiten und ein eigenständiges, sozial unabhängiges Urteil zugeschrieben.
- Sie erbringen ihre Leistungen in der Interaktion am und mit dem Menschen; ihre Leistungen haben die Qualität von Rat, Beratung oder Anleitung. Wesensmerkmal von Professionen ist die Übersetzung von Fachexpertise in praktische Handlungskontexte, d.h., erst in der Interaktion mit Menschen konkretisieren sich ihre Leistungen.
- Für Praktiken und Leistungen gibt es Evaluierungsverfahren.
- Professionen haben eine erkennbare Professionskultur und -ethik und unterhalten Interessen- und Standesvertretungen.
- Eine Profession hat in der Regel ein hohes gesellschaftliches Prestige. Das resultiert aus der Tatsache, dass sie für die Gesellschaft Problemlösungen von grundsätzlicher Bedeutung erbringt.

Die Kriterien der Professionssoziologie lassen sich eins zu eins auf das Geschäft der Führung übertragen, sodass man mit wissenschaftlicher Begründung von *Führung als einer Profession* sprechen kann.

Praktisch jede leitende Führungskraft verfügt über eine akademische, in der Regel mit Studienaufenthalten im Ausland verbundene Ausbildung, die im Laufe der Managementkarriere durch hausinterne Führungsseminare ergänzt wurde. Management ist heute eine wissenschaftliche Disziplin: Die 1936 gegründete US-amerikanische Academy of Management hat sich der Förderung des Managements – in 25 Spezialdisziplinen – verschrieben; sie hat über 18.000 Mitglieder in mehr als 110 Staaten. Management bedient sich eigener Methoden, Systeme, Instrumente und einer eigenen Fachsprache mit Termini, die weltweit die gleiche Bedeutung haben.

Schon für untere Managementebenen gilt, dass Führungstätigkeit weite Handlungsräume und soziale Unabhängigkeit voraussetzt. Ab dem mittleren Management unterliegen Führungskräfte nicht mehr den Regelungen des Tarifvertrags; sie werden außertariflich bezahlt. Vorstände einer Aktiengesellschaft haben per Gesetz umfassende Leitungsmacht; bei anderen Rechtsformen unterliegen die Leitungsorgane zwar gewissen Weisungsrechten, in jedem Fall aber verfügen sie über weite Handlungsräume und das Recht bzw. die Pflicht, die Organisation nach außen zu vertreten. Führungsleistungen werden evaluiert: Die Personen werden in Assessment-Centern, Managementaudits, 360-Grad-Feedbacks verglichen, ihre Artefakte in Gestalt von Prozessen, Strategien, Systemen immer wieder mit Benchmarks.

Management wird häufig als globaler Kulturstil bezeichnet, Leitbilder explizieren die Führungskultur in der eigenen Organisation. Ethische Verpflichtungen sind in Compliance-Regeln und Policies dargestellt; nach außen sind sie Thema in gesellschaftlichen Foren, Managementjournalen, Fernsehsendungen und eigenen Interessenvertretungen.

Wesentliches Merkmal von Führung ist die Arbeit am und mit dem Menschen: Im Management steht die Mitarbeiterführung im Mittelpunkt, und zwar als Anleitung und Beratung, als Übersetzung von Organisationszielen in praktische Handlungskontexte.

Was sind nun die Problemlösungen von grundsätzlicher Bedeutung für die Gesellschaft, die die Profession Führung erbringt und die ihr ein hohes gesellschaftliches Prestige sichern? Die moderne, pluralistische Gesellschaft zeichnet sich nach Niklas Luhmann durch differenzierte Funktionsbereiche aus, die zum Operieren Organisationen benötigen. In Organisationen werden gesellschaftliche Ereignisse selektiv beobachtet, Expertisen gesammelt, die Planungen ermöglichen, Entscheidungen getroffen, die Entwicklungspfade unumkehrbar prägen. Organisationen zu führen, gute Entscheidungen zu treffen ist deshalb von zentraler, grundsätzlicher Bedeutung für eine moderne pluralistische Gesellschaft.

Nicht zu Unrecht hat Führung, jedenfalls Führung in börsennotierenden Wirtschaftsorganisationen, am Ende des Change-Zeitalters massiv an gesellschaftlichem Prestige verloren (siehe S. 108) und sich in der Postmoderne selbst weitgehende Unsichtbarkeit verordnet. Im Rückenwind des Neoliberalismus hat der Funktionsbereich Wirtschaft die Gesellschaft jahrelang vor sich hergetrieben (siehe S. 108); nun ist diese Gesellschaft in keinem guten Zustand: sozial fragmentiert und polarisiert, in Vereinzelung ohne verbindende Narrative, in ihrem politischen Fundament unterspült, hypnotisiert und immobilisiert vor digitalen Medien.

Genau diese Verhältnisse sollen jetzt umgedreht werden: Haben bislang Organisationen aus allen gesellschaftlichen Funktionsbereichen Maß genommen am Rollenmodell der (börsennotierenden) Wirtschaftsorganisation, sollen Wirtschaftsorganisationen nun Maß nehmen am Modell der klimaneutralen Gesellschaft; nur so lassen sich bedrohte und gefährdete Lebensräume auf dem Planeten friedlich erhalten. Zu den konstitutiven Kriterien von Effektivität und Effizienz kommt das der Nachhaltigkeit, und die Währung wird reformiert: Nicht der Profit, sondern die Erreichung der notwendigen Klimaziele zahlt sich aus. Neben der Wirtschaft rücken andere Funktionssysteme ins Rampenlicht: das Gesundheitswesen (auch bedingt durch demografischen Wandel), Bildung und Erziehung; eigentlich müsste die Politik im Ranking vorn stehen. Sektoren, die Versorgungsaufgaben erfüllen, bekommen ungeachtet mangelnden Profitbeitrags und hoher Kosten gesellschaftliche Priorität: vom EVU über das Verkehrswesen, die öffentliche Hand zu Betrieben der Landnutzung, die Kohlenstoffsenken erhalten und ausbauen u. a. m.

Vor diesem Hintergrund sind Entscheidungsträger aus allen gesellschaftlichen Bereichen gefordert, sich von überkommenden Rollenmodellen für Führung zu lösen und ein eigenes professionelles Selbstverständnis zu entwickeln. Dieses muss sich niederschlagen in einer neuen Professionsethik, in explizierten und nach außen und organisationsintern vertretenen Professionswerten und Standards für Führung im Übergang zur klimaneutralen Gesellschaft.

5.3.2 Führungspersonen als Entscheidungsprämissen

Führung als Profession versteht sich als lebensausrichtende Verankerung des eigenen Tuns und Nichttuns in persönlichen Überzeugungen und Werten.

Eine Kernaufgabe von Führung ist das Treffen von *Entscheidungen;* Entscheidungen ermöglichen es Organisationen, Unsicherheit zu absorbieren,[56] sozusagen durch weichenstellende Festlegung aus dem Verkehr zu ziehen. Für Niklas Luhmann sind Entscheidungen eine spezifische Art von *Kommunikation*. Wie alle Kommunikationen

56 Bedingt durch ihre Selbstbezüglichkeit und ihr Rekurrieren auf die Vergangenheit befinden sich Organisationen in einem »Dauerzustand der Unsicherheit über sich selbst im Verhältnis zur Umwelt« (Luhmann 2000, S. 47).

in sozialen Systemen sind sie selbstreferenziell, rekursiv und selbstbestätigend, d. h., Entscheidungsträger beziehen sich beim Treffen ihrer Entscheidungen auf vorherige Entscheidungen, die hinreichend lebbare Folgen hatten, treffen Entscheidungen, die an diese vorherigen Entscheidungen anschließen, womit sie die Legitimität der vorangegangenen Entscheidungen bestätigen. So ergeben sich Ketten konsistenter Entscheidungen. Konsistente Entscheidungen machen eine Führungskraft für ihre Umwelten berechenbar; Letztere geben ihr in Folge Vertrauen; dies wiederum verstärkt den Mechanismus der Rekursivität, d. h. die Dynamik, bei Entscheidungen an hinreichend bewährte, vorangegangene und deshalb erwartbare Entscheidungen anzuschließen. Menschen, die jeden Tag anders entscheiden, wären unberechenbar und würden keinen Führungsauftrag bekommen; solche Führungskräfte gibt es nur in Gestalt autokratischer Inhaber.

Maßgeblich dafür, dass Entscheidungen konsistent aneinander anschließen, sind nach Luhmann *Entscheidungsprämissen,* die die »Kanäle« oder Bahnen für Entscheidungen vorgeben. Sie stellen schnelle Daumenregeln dafür auf, was in einem gegebenen sozialen System zulässige Entscheidungen sind, ohne diese im Einzelnen inhaltlich festzulegen, und entlasten die Organisation von überfordernder Einzelfall-Informationsverarbeitung. Luhmann (2000) unterscheidet drei Arten von Entscheidungsprämissen: Entscheidungsprogramme, Kommunikationsstrukturen und Personen.

- *Entscheidungsprogramme* sind alle formalisierten und impliziten Regelwerke, Pläne, Ziele, Strategien oder Prinzipien; sie definieren, was an Vorgangsweisen oder Outputs verbindlich zu erwarten ist.
- Mit *Kommunikationsstrukturen* sind die in der Organisation angelegten sozialen Räume gemeint, die für die Regelkommunikation in der Aufbau- und Ablauforganisation sowie für die Projektarbeit angelegt sind. Sie legen fest, wer wann mit wem über was kommuniziert, und spuren so den Möglichkeitsraum von Entscheidungen und die Bahn der Anschlussmechanik vor.
- Luhmanns dritte Kategorie von Entscheidungsprämissen betrifft *Personalentscheidungen* und Stellenbesetzungen einerseits und die dadurch rekrutierten Entscheidungsträger als *Personen* andererseits.

Kriterium für Personalauswahl und Stellenbesetzung ist zum einen, dass Personen sich für bestimmte Aufgaben eignen. Entscheidungskompetenzen und erwartbares Entscheidungsverhalten sind durch das Anforderungsprofil für einen Job vorgebahnt; das Personal Recruiting ist angewiesen, einen guten Fit zwischen dem Anforderungsprofil und einer Person zu finden. Zum anderen ist die Zukunft ungewiss, und gerade Personen gelten als »greifbare Symbole für das Unbekanntsein der Zukunft«. Ihre Personenmerkmale, z. B. ihre *persönlichen Entscheidungsstile,* machen sie zu einer Art »vorgeschalteten Kompetenz« für das »Erkennen von Gelegenheiten«[57]. So fungiert aus Perspektive der Organisation die Persönlichkeit einer Führungskraft wie eine Entscheidungsprämisse, d. h., sie setzt über ihre persönlichen Werte und Entscheidungsstile und Entscheidungsbahnen ab.

Wenn Entscheidungen nicht mehr aneinander anschließen und Entscheidungsketten brüchig werden, gehen kollektiv Erwartbarkeit und Vertrauen verloren. Wenn Unsicherheit und Volatilität in den Umwelten der Organisation steigen, Entscheidungsprogramme, z. B. Strategien, sich immer wieder, immer schneller ändern, wenn bestehende Kommunikationsstrukturen neuartige Probleme nicht prozessieren können, kurz: Wenn die Entscheidungsfähigkeit der Organisation zum Thema wird, steigt die Bedeutung von Personen als Entscheidungsprämissen. Dies hat sich im Change-Zeitalter im Hype um die charismatische Führungspersönlichkeit und in den vielen personenbezogenen Systemen und Policies – Talent Management, Performance-Management, Gender und Diversity Policies etc. – gespiegelt.

Deshalb ist es in Zeiten umbruchartiger Veränderungen für Organisationen von existenzieller Wichtigkeit, ihre *strukturelle Kopplung* vorrangig über geeignete Führungspersonen bzw. Persönlichkeiten in Führungsverantwortung auszubauen. Jobanforderungsprofile können dann nicht rekursiv weitergeschrieben, kein Best-Fit gesucht werden; stattdessen sollen Führungspersönlichkeiten ans Ruder kommen, die ihren persönlichen Sinnvorrat in die Organisation hineintragen. Denn Sinn ist die wirksamste Art, Unsicherheit zu absorbieren, weil über das Medium Sinn Bewusstsein – der Autopoiesismodus von Personen – und Kommunikationen – der Autopoiesismodus von Organisationen – miteinander verbunden sind.[58]

57 Luhmann (2000), S. 282.

58 Ansonsten fungieren diese lebenden Systeme – Personen und Organisationen – autark und unabhängig voneinander; jedes ist auf den eigenen Modus der Autopoiesis verwiesen: Personen können nicht kommunizieren, das können nur soziale Systeme; Organisationen können nicht denken, fühlen oder sonstige Bewusstseinszustände annehmen, das können nur Personen.

Was kompliziert klingt, manifestiert sich für Organisationen in einem einfachen Dilemma: Wie sollen die »Männer des Jahres« von gestern, die Kinder und überhaupt billige Arbeitskräfte ausgebeutet, verwüstete Rohstoffförderstätten, Berge von Industrieschrott, Schwerölemissionen und Plastikmüll in den Ozeanen hinterlassen, den Staaten über Jahrzehnte bindende Gaslieferverträge mit Russland beschert, sich selbst über die Maßen bereichert haben, wie sollen die »Söldner des Kapitals« glaubwürdig Unternehmen in eine nachhaltige Wirtschaft führen?

Anders gefragt: Wer wird ihnen abnehmen, dass sie, deren Handlungen Gesellschaften weltweit in Reich-versus-Arm-Lager gespalten haben, nun für eine inklusive, klimaneutrale Gesellschaft eintreten? Wie können nach dem verheerenden Vertrauenskahlschlag des entgleisten Wirtschaftsliberalismus Führungskräfte in allen gesellschaftlichen Funktionsbereichen glaubwürdig werden? Was können, was sollen Führungskräfte tun, um das allgemeine Misstrauen gegenüber Entscheidungsträgern abzubauen und Vertrauen aufzubauen?

Vertrauen kann nur in der Zusammenarbeit von Menschen entstehen, in der unmittelbaren Arbeit von Führungskräften am und mit dem Menschen, im konkreten Beratungsprozess. In der Transition zur nachhaltigen Wirtschaft der klimaneutralen Gesellschaft geht es dabei aber weder um magisches Mitreißen noch um Sozialtechniken. Für Ed Schein, den Begründer der Prozessberatung, geht es dabei um einen »Prozess des Helfens«, in dem sich Vertrauen bildet durch wechselseitiges Geben und Nehmen von Aufmerksamkeit (*»paying [with] attention«*). Auch die neurobiologischen Führungsansätze belegen, dass allein die »gehirngerechte« Gestaltung dieser Beratungssituation durch wertschätzende, positive Kommunikation (siehe S. 120 f.) Vertrauen und Führungswirkung hervorbringen kann.

Angesichts einer erodierten Vertrauenslage und berechtigter Angst vor der Erderwärmung geht es mehr denn je darum, in Kontakt und Begegnung zu gehen. Eine stabile Vertrauenslage ist aber lediglich notwendige Bedingung »guter« Führung im neuen Paradigma. Hinreichende Bedingung für das Gelingen der Transformation ist es, miteinander kompromisslos faktenbasierte Informationen zu ergründen und als Führungsperson für deren Glaubwürdigkeit greifbar zu sein.

Vor diesem Hintergrund ist es zu erwarten, dass Unternehmen und andere Organisationen sich von etlichen ihrer früheren Entscheidungsträger distanzieren, dass sie, ohne viel öffentliches Aufheben, sukzessive neue Personen an Bord nehmen, oder dass aus den eigenen Reihen Jüngere, die die Zukunft leben wollen, aufsteigen werden. Personen, die mit ihren Werthaltungen glaubwürdig für den Übergang in ein nachhaltiges Wirtschafts- und Gesellschaftsmodell stehen. Wie lassen sich solche Personen finden? Wie lassen sich Werthaltungen messen?

Sie manifestieren sich letztlich im persönlichen Lebensstil. Es werden sich nicht alle Kandidierenden tierlos ernähren oder in einem Tiny-House wohnen müssen und es wird vielleicht, außer in China, nie einen persönlichen CO_2-Fußabdruck im Personalausweis geben, aber mit einem CO_2-toxischen Lebensstil wird sich bald nicht mehr punkten lassen: Zum Golfspielen für ein Wochenende nach Sylt fliegen, zu einer Ausstellung nach Basel, zur Geburtstagsfeier in das Haubenrestaurant in Berlin einfliegen, dazwischen auf ein Wochenende nach Venedig, zur Ayurveda-Kur nach Indien, zum Abschalten auf eine Kreuzfahrt nach Vietnam und die schnellen Wege ungestört mit dem Privatflugzeug – das wird beim Gegenüber keine begierigen Kommunikationsanschlüsse, sondern bald nur noch Stirnrunzeln, Konsternierung und Fremdschämen auslösen.

5.3.3 Organisationen als Orte des Klimapakts

Eine tiefgreifende Veränderung des allgemeinen Lebensstils ist für den Übergang zur klimaneutralen Gesellschaft genauso zentral wie die Schaffung rechtlicher Rahmenbedingungen.

Schon im ersten Hauptgutachten hob der WBGU, u. a. mit Bezug auf die Längsschnitterhebungen der World Values Surveys hervor,

> »dass in großen Teilen der Weltbevölkerung Werthaltungen vorliegen, die dem Schutz der natürlichen Umwelt einen zentralen Stellenwert einräumen. Es gibt einen unerwartet breiten, kulturübergreifenden Konsens, die vorherrschende Wirtschaftsweise zu transformieren und in den nachhaltigen Umgang mit der Umwelt einzubetten.«

Gleichzeitig konstatierte der WBGU:

> »Es zeigt sich ein wachsendes Repräsentationsdefizit politischer Systeme, die nicht in der Lage sind, umwelt- und klimapolitisch motivierte Ansprüche und Erwartungen wachsender Wählerschichten zu erkennen, zu bündeln und programmatisch umzusetzen. Gleichzeitig steigt die Bereitschaft der Bevölkerung ›von unten‹ und vornehmlich außerparlamentarisch tätig zu werden. Stimmungslagen zugunsten einer nachhaltigen

Umwelt- und Klimapolitik [...] bleiben daher häufig im ›vorpolitischen‹ Raum.«[59]

Der WBGU plädierte damals für die Stärkung vorpolitischer Räume in Gestalt von Parteien, Verbänden und Bürgerinitiativen, in denen sich Standpunkte herausbilden, weiterentwickeln und, gebündelt in konsensfähiger Artikulation, an staatliche und politische Akteure weitergegeben werden können. Dies mag für die Legitimierung bestimmter Gesetzesvorhaben unverzichtbar sein; damit in der Move-Phase einer Transition viele Impulse emergieren, braucht es grundsätzlich aber keine solche Kanalisierung in politische Mandate. Es muss einfach genug Bewegung entstehen, indem Stimmungslagen sich so weit konkretisieren und Momentum generieren, dass sie zu vielen Handlungen »von unten« führen können.

Hier sollte der im Europäischen Klimagesetz verankerte *Klimapakt* eigentlich einhaken und einen »lebendigen Raum« für den Austausch von Gebietskörperschaften, Organisationen der Zivilgesellschaft, Wirtschaft, Investoren, und der Allgemeinheit bereitstellen, in dem zivilgesellschaftliches Engagement für die Klimaziele entsteht. Im Dialog sollen sich Menschen und Gemeinschaften am Klimawandel beteiligen, Wissen erwerben, Lösungen entwickeln und umsetzen und sich dabei mit anderen vernetzen können. So steht es im Gesetz.

Tatsächlich wurde die Vorgabe des Klimapakts in den Mitgliedsstaaten bislang lediglich so umgesetzt, dass repräsentativ zur Bevölkerung ein *Klimarat* gebildet wurde, der *einmal* klimarelevante Vorschläge ausgearbeitet und an das jeweilige Parlament übergeben hat. Von einem dauerhaften »lebendigen Raum« für den gesellschaftlichen Dialog über Klimaziele, Wertewandel, von einem zivilgesellschaftlichen Engagement, von breiter Beteiligung kann keine Rede sein. Hier springen bestenfalls ab und zu die Medien ein.

Vor diesem Hintergrund sollten Organisationen aus allen Funktionssystemen *Stimmungslagen* Stimme geben und einen Dialog über Klimawandel, nachhaltiges Business und individuelle Lebensstile führen. Statt die Mitarbeitenden sukzessive zur Umsetzung neuer gesetzlicher Vorgaben, neuer Ausrichtungen im Business-Modell zu veranlassen, kann – wie im Strategizing (siehe S. 127) – ein ständiges Forum über Klimawandel und Beiträge zu Klimazielen

59 Siehe WBGU 2011, S. 8 und S. 203.

eingerichtet werden. In einem solchen Raum, in dem Mitarbeitende Wissen erwerben, Gesellschaft und Business beobachten, Lösungen entwickeln, umsetzen und sich dabei mit anderen vernetzen, werden Initiativen entstehen, von denen etliche direkt dem Business, andere der Verbindung untereinander und manche der Verbindung zu anderen Organisationen und Initiativen zuträglich sein werden. Organisationen waren immer auch Orte der Erwachsenen-Sozialisation und Prägung von Lebensstilen; genau über diesen Weg hat die Wirtschaftsorganisation im neoliberalen Paradigma die Gesellschaftsordnung ökonomisiert, d.h., auf individuelle Nutzenkalküle als handlungsprägende Deutungsmuster zugerichtet (siehe S. 154).

5.3.4 Führung als Arbeit am und mit dem Menschen

Organisationen sind nicht mehr die zentralen Bezugspunkte im sozialen Leben der Mitarbeitenden. Neben Organisationen, Familie und Freundeskreis haben die Menschen vielfältige lose soziale Bindungen, die zu Zugehörigkeit, Selbstwert, Identität und Werthaltungen beitragen, die ihnen Gesicht und Ansehen geben, wo sie Anerkennung und Unterstützung finden können. Auch wenn soziale Medien genauso ihre Fratze von Ausgrenzung, Mobbing, schwersten Beleidigungen und Kränkungen zeigen können, bleibt das Faktum, dass wesentliche Dimensionen sozialer Zugehörigkeit inzwischen nicht mehr allein von Organisationen besetzt sind.

Für die gesellschaftlichen Gewinner sind Aufstieg und Karriere längst nicht mehr die zentralen Lebensthemen. Das zeigt sich nicht nur daran, dass es etliche der einstigen Wochen- und Monatshefte zu Wirtschaft und Management gar nicht mehr gibt; man spricht – auf gesellschaftlicher wie privater Ebene – einfach nicht mehr so oft über diese Themen. Was beschäftigt sind Beziehungs- und Familienthemen, Fragen der sexuellen Identität, Sport, Themen, die von Influencern gesetzt werden, und in letzter Zeit der Klimawandel. Mit den sozialen Medien hat sich auch die Beziehung zwischen Mitarbeitenden und Organisation in mehrfacher Hinsicht verändert: Als soziale Foren für Zugehörigkeit und Erwachsenen-Sozialisation haben Organisationen Bedeutung eingebüßt, beruflicher Erfolg hat heute für viele eine geringere Priorität im Leben.

Die geänderte Verteilung von Arbeit und Leistungen hat auch die Inhalte verändert, die in der Führungsarbeit am und mit dem Menschen prozessiert werden. Auch hier vertiefen die Entwicklungen die gegenwärtige Spaltung der Gesellschaft in Gewinner und Verlierer.

Arbeitende in Wissensberufen sind heute gut ausgebildet und informiert, in vielfältige soziale Beziehungen und Zugehörigkeiten eingebunden und gewohnt, in ihrem Leben autonom eigene Entscheidungen zu treffen. Sie können ihre Arbeit in der Regel selbst strukturieren, den Prozess bis zur Erzielung der Ergebnisse autonom organisieren und sich Hilfe bei der Lösung von Aufgabenstellungen beschaffen. Immer öfter wenden sie sich zu diesem Zweck an ihr soziales Umfeld und nicht mehr unbedingt an Vorgesetzte.

Auch andere wesentliche Komponenten der Führungsarbeit am und mit dem Menschen sind bei Wissensarbeitern heute weniger bedeutend geworden: Die Motivation zu Tätigkeiten liegt in der intrinsischen Natur des Jobs selbst und nach dem Mau der Postmoderne hat niemand so richtig Lust auf mehr Motivierung oder darauf, sich unter Selbstaufopferung von Chef oder Chefin in höhere Dimensionen des Selbst führen zu lassen. Was die Weitergabe von Wissen und Informationen betrifft – da müssen Vorgesetzte selbst oft erst ins Internet gehen. Kontrolle ist obsolet geworden, solange die Ergebnisse stimmen, Meetings gibt es auch seltener und etliche gleich nur mehr virtuell.

Homeoffice und Viertagewoche werden bei Wissensarbeitern Arbeit als Lebensbereich weiter räumlich, zeitlich und organisatorisch entgrenzen und Beruf und Privatleben weiter verschmelzen. Welche Auswirkungen wird das im Weiteren auf die Beziehung zwischen Organisation und Mitarbeitenden, auf Führungsarbeit am und mit dem Menschen haben? Wo wird die freie Zeit hingehen: in die Familie, ins Fitnesscenter, ins Internet, in soziale Medien, Metaversum, in Mobilität, Bildung, Unterhaltung, Freiwilligenarbeit? Welche Bedeutung hat es für Organisationen, wenn Mitarbeitende nicht mehr anwesend sind? Wie können Organisationen Attraktoren für Anwesenheit schaffen? Was können sie tun bei den sozialen Stellgrößen, den Bedürfnissen nach Zugehörigkeit, Ansehen, Werthaltungen, Identitätsfindung? Was *sollten* sie tun?

Für die gesellschaftlichen Verlierer treffen viele der beschriebenen Zusammenhänge ebenfalls zu. Auch hier sind Bildung und Autonomie ungleich höher als früher, was sich u. a. darin manifestiert, dass in Europa der Meisterabschluss einer Lehre seit 2020 dem Bachelor gleichgestellt ist, und gegenwärtig viele Ausbildungen, z. B.

die zu Pflegeberufen akademisiert werden. Angesichts der EU-Vorgaben für den Green Deal stehen viele Branchen vor einem nie gekannten Qualifizierungsbedarf: Für die umfassende Sanierung des Gebäudebestands und den Umstieg auf erneuerbare Energieträger, müssen kleine Handwerksbetriebe zu Ingenieurbüros werden, ihre Mitarbeitenden zu Experten und Beratern.

In Organisationen haben sich bei den meisten Jobs inzwischen die Tätigkeiten verdichtet. Diese decken eine breitere Spanne ab und fordern mehr Kompetenzen und ständige Aufmerksamkeit und Anspannung. Dazu kommt, dass viele dieser Aufgabenbereiche inzwischen auf Mindestbelegung heruntergespart wurden, so dass die Tätigen laufend unter Zeitdruck und hoher Arbeitslast stehen. Kaum ein Job, der inzwischen nicht durch die Digitalisierung verändert wurde. Alle haben ein Smartphone; elektronische Medien und Internet demokratisieren Wissenszugang und erfüllen dieselben Funktionen bei sozialen Bedürfnissen wie bei den gesellschaftlichen Gewinnern.

Die gesellschaftliche Spaltung verläuft, was die Arbeitswelt betrifft, entlang ausgeprägter ökonomischer Benachteiligung, fehlender Autonomie über Arbeitsumfeld und Zeitressourcen sowie vor allem chronischer gesellschaftlicher Ungerechtigkeit durch Ressourcenmangel und Ausgrenzung von Partizipation. Im Mittelpunkt des Lebens steht die Existenzsicherung, und da hat die Arbeit noch immer einen »langen Arm«.

Wo werden die Tausenden herkommen, die die neuen Jobs im Übergang zur klimaneutralen Gesellschaft besetzen? Wer wird sie rekrutieren, wo werden sie ausgebildet werden? Wie kann bei den Menschen auf beiden Seiten der gesellschaftlichen Spaltung das Mindset für den Übergang in die klimaneutrale Gesellschaft entstehen, und was können Organisationen, was sollen Führungskräfte zu den Zielen des Klimapakts beitragen (s. o.)?

5.3.5 Selbstführung

Das Lesen von Fotonegativen (s. o.) ist nicht trivial: Das Gehirn *kann* Negierungen und Negativinformationen nicht prozessieren, das emotionale Erfahrungsgedächtnis *mag* das nicht und wendet sich ab (siehe S. 114 f.). Wie können Führungskräfte zu einer wirksamen Affektbilanz kommen? Wie können sie sich in ihrem Wollen ankern und ein starkes inneres »Ja!« entwickeln? Denn wie in jedem Change-Prozess geht es auch beim Übergang zu nachhaltiger Wirtschaft nicht nur um eine geänderte Führungsagenda, sondern ganz wesentlich um die Änderung eigener Einstellungen.

Im Übergang zum nachhaltigen Wirtschaftsmodell der klimaneutralen Gesellschaft dürfte zwar die Agenda bis über den Rand gefüllt, der geforderte Einstellungswandel aber nicht das Problem sein. Wer sich informiert über den Klimawandel, ist danach in der Regel überzeugt und hat den starken Wunsch, zu handeln. Denn die geforderten Werthaltungen sind in hohem Maß anschlussfähig mit dem eigenen Wollen, sie sind notwendig, sinnstiftend, finden Anerkennung und Unterstützung. »Kognitive Dissonanzen«, psychologische Schwierigkeiten, solche Werthaltungen in das eigene Verhalten zu integrieren, betreffen vielleicht den eigenen Lebensstil, sind aber wohl in den meisten Fällen nicht grundsätzlicher Natur, jedenfalls nicht bei den Personen, die künftig ans Ruder kommen werden.

Die Gestaltungsfelder sind abgesteckt, aber noch gibt es kein Rollenbild für Führung in der Transition. Welche neuen Kompetenzen werden Führungskräfte nachweisen müssen? Wenn sie ihre Organisation in ein nachhaltiges Wirtschaftsmodell als Basis einer klimaneutralen Gesellschaft führen sollen, müssen sie dann – wie *Soziologen* – auch Gesellschaft und – wie Klimaforscher – Klimakennzahlen und -trends lesen können wie bislang Bilanzen? Müssen sie, um – gegen Schnelligkeit und Momentum der kommenden Aufbruchbewegung – nachhaltige, »Do-no-harm-Entscheidungen« treffen zu können, auch *Komplexitätsforscher* sein, die komplexe Wirkungszusammenhänge mit Hirn, Bauch und Herz explorieren können?[60] Wie sieht es mit dem eigenen *Lebensstil* aus, woran wird man vorbildliche Führungspersonen erkennen können? Was müssen Führungskräfte tun, was lassen, um vor sich selbst glaubwürdig zu sein?

Welche der essentiellen Führungskonzepte vom Industriezeitalter bis heute, sind überkommen und zu entlernen?[61] Welche lassen sich als Rüstzeug mitnehmen? Wie, mit wem und was, müssen Führungskräfte in Kontakt und Verbindung kommen, um sich in gegenseitiger Sozialisierung auf ein Führungsverständnis einzulassen, das im Entstehen ist?

60 … und nicht wie die sogenannten Komplexitätsforscher während der Covid-19-Pandemie nur Modellierungen bauen.

61 Das betrifft jüngste New-Work-Arbeitsformate; Entscheidungsmodelle, die auf Summeneffekte kleinteiliger, handlungsnaher Entscheidungen bauen, kommen angesichts gegenwärtiger Herausforderungen einem leichtfertigen Laisser-faire gleich.

Literatur

Agile Gesellschaft für Projektmanagement (2015): Status Quo Agile. Verfügbar unter: https://www.gpm-ipma.de/fileadmin/user_upload/Wissen/Studien/ergebnis-status-quo-agile-studie-2015-gpm.pdf [30.10.2023].

Ansoff, H. I. (1988): Corporate Strategy. London (Penguin), 2nd ed. [Erstauflage: Ansoff, H. I. (1965): Corporate Strategy. New York (McGraw-Hill).]

Antonakis, J. (2012): Transformational and Charismatic Leadership. In: D. V. Day a. J. Antonakis (eds.): The Nature of Leadership. Thousand Oaks, CA (Sage) 2nd ed., pp. 256–288.

Antonakis, J. a. R. J. House (2014): Instrumental Leadership: Measurement and Extension of Transformational-transactional Leadership Theory. *The Leadership Quarterly* 25 (4): 746–771.

Antonakis, J., N. Bastardoz, P. Jacquart a. B. Shamir (2016): Charisma: An ill-defined and ill-measured gift. *Annual Review of Organizational Psychology and Organizational Behavior* 3: 293–319.

Antonovsky, A. (1997): Salutogenese. Zur Entmystifizierung der Gesundheit. Tübingen (dgvt).

Antons, K. (1976): Praxis der Gruppendynamik, Übungen und Techniken. Göttingen (Hogrefe).

Avolio, B. J. a. B. M. Bass (1991): Full Range Leadership Model. Verfügbar unter: https://de.wikipedia.org/wiki/Full_Range_Leadership_Model [18.01.2024].

Babbage, C. (1832/2010): On the Economy of Machinery and Manufactures. Cambridge, MA (Cambridge University Press).

Barnard, C. (1938): The Functions of the Executive. Cambridge, MA (Harvard University Press).

Bass, B. M. (1985): Leadership and Performance Beyond Expectations. New York (Free Press).

Bass, B. M. u. B. J. Avolio (1997): MLQ Multifactor Leadership Questionnaire for Research: Permission Set. Redwood City (CA) (Mindgarden).

Beckhard, R. (1969): Organization Development: Strategies and Models. Reading (Addison-Wesley). [dt. (1972). Organisationsentwicklung. Strategien und Modelle. Baden-Baden/Bad Homburg (Gehlen).]

Beer, S. (1959): Cybernetics and Management. London (Engl. University Press). [dt.: (1970): Kybernetik und Management. Frankfurt a. M. (Fischer), 4. Aufl.]

Beer, S. (2003): Diagnosing the System for Organizations. Companion Volume to: Brain of the Firm, The Heart of Enterprise. Chichester (Wiley). [Erstausgabe 1985.]

Bennett, N. a. G. J. Lemoine (2014): What VUCA Really Means for You. *Harvard Business Review* 92 1/2.

Bennis, W. (2008): Das Konzept der Organisationsgesundheit. profile. Internationale Zeitschrift für Veränderung, Lernen, Dialog 15: 5–15.

Bennis, W. a. B. Nanus (1985): Leaders: Strategies for Taking Charge. New York (Harper Business).

Bennis, W. u. P. W. Biederman (1998): Geniale Teams. Das Geheimnis kreativer Zusammenarbeit. Frankfurt a. M./New York (Campus). [am. Orig. (1997): Organizing Genius. The Secrets of Creative Collaboration. Reading (Addison-Wesley).]

Berman, S. (2010): Capitalizing on Complexity. Somers: IBM Global Business Services.

Blake, R. R. a. J. S. Mouton (1964): The Managerial Grid: The Key to Leadership Excellence. Houston (Gulf).

Bleicher, K. (1991): Das Konzept Integriertes Management. St. Galler Management-Konzept. Bd. 1. Frankfurt a. M./New York (Campus).

Bohm, D. (1998): Der Dialog. Das offene Gespräch am Ende der Diskussionen. Stuttgart (Klett-Cotta).

Bolland, E. J. (2020): Strategizing. New Thinking about Strategy, Planning, and Management. Bingley (Emerald).

Bowman, E. (2016): Ein Jahr »Radical Agility«, blog.zalando.de vom 03.06.2016.

Buchstein, H. (2009): Demokratie und Lotterie. Frankfurt a. M./New York (Campus).

Buckingham, M. u. D. O. Clifton (2007): Entdecken Sie Ihre Stärken jetzt. Das Gallup Prinzip für individuelle Entwicklung und erfolgreiche Führung. Frankfurt a. M. (Campus). [am. Orig.: Buckingham, M. a. D. O. Clifton (2001): The Gallup Organization: Now, Discover your Strengths. New York (Gallup Press).]

Bürgerrat (2023): Virtuelle Welten für alle. Verfügbar unter: https://www.buergerrat.de/aktuelles/virtuelle-welten-fuer-alle/ [11.05.2023].

Bundesministerium für Arbeit und Soziales (2011): Die DIN ISO 26000 »Leitfaden zur gesellschaftlichen Verantwortung von Organisationen«. Verfügbar unter: https://www.bmas.de/DE/Service/Publikationen/Broschueren/a395-csr-din-26000.html [23.04.2023].

Burns, J. M. (1978): Leadership. New York (Harper & Row).

Cameron, K. S. (2003). Positive Organizational Scholarship. Foundations of a New Discipline. San Francisco, CA (Berrett-Koehler).

Cameron, K. S. (2008): Positive Leadership, Strategies for Extraordinary Performance. San Francisco, CA (Berrett-Koehler).

Chandler, A. D. Jr. (1962). Strategy and Structure: Chapters in the History of the American Industrial Enterprise. Cambridge, MA (MIT Press).

Chandler, A. D. Jr. (1977): The Visible Hand: The Managerial Revolution in American Business. Cambridge, MA/London (Belknap Press of Harvard University Press), 14th ed.

Capra, F. (1983): Wendezeit. Bern (Scherz).

Charan, R., S. Drotter a. J. Noel (2001): The Leadership Pipeline. How to Build the Leadership-Powered Company. New Jersey (Wiley & Sons).

Collins, J. a. J. I. Porras (1994): Built to Last: Successful Habits of Visionary Companies. New York (Harper Business).

Collins, J. (2001): Good to Great: Why Some Companies Make the Leap ... And Others Don't. New York (Harper Business).
Conger, J. A. a. R. N. Kanungo (1998): Charismatic Leadership in Organizations. Thousand Oaks, CA (Sage).
Cooperrider, D. L., P. F. Sorensen, T. F. Yaeger a. D. Whitney (eds.) (1999): Appreciative Inquiry. Rethinking Human Organization Toward a Positive Theory of Change. Champaign, IL (Stripes).
Corporate Social Responsibility: DIN ISO 26000 Leitfaden zur gesellschaftlichen Verantwortung von Organisationen https://www.bmas.de/DE/Service/Publikationen/Broschueren/a395-csr-din-26000.html [23.4.2023].
Covey, S. (2005): Die 7 Wege zur Effektivität. Prinzipien für persönlichen und beruflichen Erfolg. Offenbach (Gaba). [am. Orig.: Covey, S. (1989): The Seven Habits of Highly Effective People. New York (Simon & Schuster).]
CQ Net (2015): Strategy as Practice. Was das neue Verständnis von Strategie als »Strategizing« für die Praxis bedeutet. Verfügbar unter: https://www.ckju.net/de/blog/strategy-practice-was-das-neue-verstaendnis-von-strategie-als-strategizing-fuer-die-praxis-bedeutet/28 [19.04.2023].
Crouch, C. (2008): Postdemokratie. Berlin (Suhrkamp).
Deal, T. E. a. A. A. Kennedy (1982): Corporate Cultures. The Rites and Rituals of Corporate Life. Boston, MA (Addison-Wesley).
Downtown, J. V. (1973): Rebel Leadership: Commitment and Charisma in the Revolutionary Process. New York (Free Press).
Drucker, P. (1946): The Concept of the Corporation. New York (John Day).
Drucker, P. (1956): Die Praxis des Managements. Ein Leitfaden für die Führungsaufgaben in der modernen Wirtschaft. Düsseldorf/München (Econ). [am. Orig.: Drucker, P. (1954): The Practice of Management. New York (Harper Business).]
Drucker, P. (1969): The Age of Discontinuity: Guidelines to Our Changing Society. London (Heinemann).
Drucker, P. (1973): Management: Tasks, Responsibilities, Practices. New York (Harper & Row).
Drucker, P. (1990): Neue Realitäten. Wertewandel in Politik, Wirtschaft und Gesellschaft. Düsseldorf/Wien/New York (Econ). [am. Orig.: Drucker, P. (1989): The New Realities, In Government and Politics, In Economy and Business, In Society and World View. New York/London (Perennial).]
Drucker, P. (1992a): Managing for the Future, the 1990s and Beyond. New York (Tuman Talley).
Drucker, P. (1992b): The New Society of Organizations. *Harvard Business Review* 02: 95-104.
Drucker, P. (1993): Die postkapitalistische Gesellschaft. Düsseldorf (Econ).
Drucker, P. (1998): Peter Drucker on the Profession of Management. Cambridge, MA (Harvard Business Review Press).
Eck, C. D., J. Leidenfrost, A. Küttner u. K. Götz (2014): Führungskräfteentwicklung. Angewandte Psychologie für Managemententwicklung und Performance-Management. Heidelberg (Springer).

Elger, C. E. (2009): Neuroleadership: Erkenntnisse der Hirnforschung für die Führung von Mitarbeitenden. Planegg (Haufe).

Europäischer Rat (2023) Zeitleiste – Der europäische Grüne Deal und »Fit für 55«. Verfügbar unter: https://www.consilium.europa.eu/de/policies/green-deal/timeline-european-green-deal-and-fit-for-55/ [28.05.2023].

Europäisches Parlament und Europäischer Rat (2014): Richtlinie 2014/95/EU. Verfügbar unter: https://eur-lex.europa.eu/legal-content/DE/TXT/PDF/?uri=CELEX:32014L0095 [01.12.2023].

Europäische Kommission (2023): Europäischer Artificial Intelligence Act https://ec.europa.eu/commission/presscorner/detail/en/ip_23_6473 [Zugriff 14.012.2023] siehe auch: Neue Vorschriften für künstliche Intelligenz – Fragen und Antworten. Verfügbar unter: https://ec.europa.eu/commission/presscorner/detail/de/qanda_21_1683 [06.06.2023].

Europäische Union (2023): Ein neuer Aktionsplan für die Kreislaufwirtschaft. Für ein saubereres und wettbewerbsfähigeres Europa. Verfügbar unter: https://eur-lex.europa.eu/legal-content/DE/TXT/?uri=CELEX:52020DC0098 [29.05.2023].

Europäische Union (2019): Europäischer Grüner Deal. Verfügbar unter: https://ec.europa.eu›EGD_brochure_DE.pdf; Green Deal Industrial Plan for the Net-Zero Age: https://commission.europa.eu/system/files/2023 02/COM_2023_62_2_EN_ACT_A%20Green%20Deal%20Industrial%20Plan%20for%20the%20Net-Zero%20Age.pdf [12.05.2023].

Europäische Union (2021): Europäischer Klimapakt – Einbindung der Bürgerinnen und Bürger. Verfügbar unter: https://europainfo.at/europaeischer-klimapakt-einbindung-der-buergerinnen-und-buerger/ [28.05.2023].

Europäische Union (2021): Europäisches Klimagesetz. Verfügbar unter: https://eur-lex.europa.eu/legal-content/DE/TXT/PDF/?uri=CELEX:32021R1119&from=EN [28.05.2023].

Fayol, H. (1916): Administration Industrielle et Générale. Bulletin de la Société de l'Industrie minérale.

Felber, C. (2012): Gemeinwohl-Ökonomie. Wien (Deuticke), erw. Neuausg. [Erstausgabe 2010.]

Gemeinwohl-Ökonomie, Tabelle 5.0. https://web.ecogood.org/de/menu-header/news/die-gemeinwohl-matrix-50-ist-offiziell-veroffentlicht-fur-vereinfachte-und-optimierte-gemeinwohl-bilanzen/ [13.12.2013]. Neue Website und Matrix verfügbar unter: https://germany.ecogood.org/tools/gemeinwohl-matrix/ [18.01.2024].

Glasl, F. u. B. C. J. Lievegoed (1993/2004): Dynamische Unternehmensentwicklung, Grundlagen für nachhaltiges Change Management. Stuttgart (Freies Geistesleben), 3. Aufl. Bern (Haupt).

Glasl, Fritz u. H. v. Sassen (1983): Reformstrategien und Organisationsentwicklung. In: F. Glasl (Hrsg.) Verwaltungsreform durch Organisationsentwicklung. Bern (Haupt).

Glasl, F., T. Kalcher u. H. Piber (2005): Professionelle Prozessberatung. Das Trigon-Modell der sieben OE-Basisprozesse. Bern (Haupt).

Gosling, J. a. H. Mintzberg (2003): The Five Minds of a Manager. *Harvard Business Review* 11: 1-10.

Grawe, K. (2004): Neuropsychotherapie. Göttingen (Hogrefe).

Guerras-Martín, L. Á., A. Madhok a. Á. Montoro-Sánchez (2014): The evolution of strategic management research. Recent trends and current directions. *BQR Business Research Quarterly* 2: 69–76.

Hamel, G. a. C. K. Prahalad (1994): Competing for the Future. Cambridge, MA (Harvard Business School Press).

Hamel, G. a. B. Breen (2007): The Future of Management. Cambridge, MA (Harvard Business School Press).

Hammer, M. a. J. Champy (1993): Reengineering the Corporation. A Manifesto for Business Revolution. London (Brealey).

Handy, C. (1989): The Age of Unreason. London (Business Books).

Handy, C. (1994): The Age of Paradox. Cambridge, MA (Harvard Business School Press).

Handy, C. (1995): Die Fortschrittsfalle. Wiesbaden (Gabler). [engl. Orig. (1994): The Empty Raincoat. London (Hutchinson).]

Hersey P. a. K. H. Blanchard (1969): Management of Organizational Behavior. New Jersey (Prentice Hall).

Hickson, D. J. a. D. S. Pugh (2001): Management Worldwide. Distinctive Styles Amid Globalization. London (Penguin Books).

Hofstede, G. (1984): Culture's Consequences (abridged edition). Beverly Hills (Sage).

House, R. J. (1977): A 1976 Theory of Charismatic Leadership. In: J. G. Hunt a. L. L. Larson (eds.): Leadership: The Cutting Edge. Carbondale (Southern Illinois University Press), pp. 189–207.

Hüther, G. (2009): Wie gehirngerechte Führung funktioniert. *managerSeminare* 130.

Jantsch, E. (1979): Die Selbstorganisation des Universums. München (Hanser).

Klein, N. (2019): Warum nur ein Green New Deal unseren Planeten retten kann. Hamburg (Hoffmann & Campe).

Königswieser, R. u. C. Lutz (Hrsg.) (1992): Das systemisch evolutionäre Management. Der neue Horizont für Unternehmen. Wien (Orac).

Königswieser, R. (2001): Die Auswirkung schockierender Nachrichten: Psychische Bewältigungsmechanismen und Methoden der Überbringung. In: Beratergruppe Neuwaldegg (Hrsg.): Best of Neuwaldegg. Artikel aus 25 Jahren. Wien (Beratergruppe Neuwaldegg).

Königswieser, R. (2011): Das Überbringen schlechter Nachrichten. In: M. Hillebrand, E. Sonuc u. R. Königswieser (Hrsg.): Essenzen der systemischen Organisationsberatung. Heidelberg (Carl-Auer).

Komus, A. u. M. Kuberg (2015): Status Quo Agile. Studie zu Verbreitung und Nutzen agiler Methoden. Nürnberg (Deutsche Gesellschaft für Projektmanagement e. V.).

Kotler, P. (1967): Marketing Management: Analysis, Planning and Control. New Jersey (Prentice Hall).

Kotter, J. P. (1978): Organizational Dynamics: Diagnosis and Intervention. New Jersey (Prentice Hall).

Kotter, J. P. (1990): What Leaders Really Do. *Harvard Business Review* 68. (3): 103–111.

Kotter, J. P. (1996): Leading Change. Wie Sie Ihr Unternehmen in acht Schritten erfolgreich verändern. München (Vahlen).

Kouzes, J. M. a. B. Z. Posner (2001): Leadership Practices Inventory, Participants Workbook. San Francisco, CA (John Wiley & Sons).

Kouzes, J. M. a. B. Z. Posner (2007): Leadership Challenge. San Francisco, CA (Wiley). [dt. (2008): Leadership Challenge. Weinheim (Wiley-VCH).]

Krizanits, J. (2011): Professionsfeld Inhouse Consulting. Praxis und Theorie der internen Organisationsberatung. Heidelberg (Carl-Auer).

Krizanits, J. (2015): Der Tanz mit der Komplexität. Tools für Teams. *OrganisationsEntwicklung. Zeitschrift für Unternehmensentwicklung und Change Management* 4: 42–48.

Krizanits, J. (2016): Von der Organisationsentwicklung zur Organisationsberatung – Beratungsansätze im Spiegel der geschichtlichen Entwicklung. In: Handbuch der Unternehmensberatung 29. Erg.-Lfg. VII/2016. Berlin (Erich Schmidt)

Kunst, A. (2023): Rücksendung von Online-Bestellungen in Deutschland im Jahr 2023. Verfügbar unter: https://de.statista.com/prognosen/999860/deutschland-ruecksendung-von-online-bestellungen [15.05.2023].

Laloux, F. (2014): Reinventing Organizations. A Guide to Creating Organizations Inspired by the Next Stage in Human Consciousness. Brüssel (Nelson Parker). [dt.: (2015): Reinventing Organizations. Ein Leitfaden zur Gestaltung sinnstiftender Formen der Zusammenarbeit. München (Franz Vahlen).]

Leffingwell, D. u. D. Drew Demilo (2011): Erstveröffentlichung des *Scaled Agile Framework* (SAFe), heute: https://scaledagileframework.com [12.05.2023].

Lewin, Kurt (1947): Frontiers in Group Dynamics. *Human Relations* 1: 5–41.

Lievegoed, Bernhard (1974): Organisationen im Wandel. Bern (Haupt). [nl. Orig. (1969): Organisaties in Ontwikkeling. Rotterdam (Lemniscaat Modern Antiquariaat).]

Luhmann, N. (2000): Organisation und Entscheidung. Opladen. Wiesbaden (Westdeutscher Verlag).

Lyotard, J-F. (1982): Das postmoderne Wissen. Ein Bericht. Deutsch von Otto Pfersmann. Wien (Passagen).

Malik, F. (1984) Strategie des Managements komplexer Systeme. Bern (P. Haupt).

Marrow, A. J. (1977): Kurt Lewin – Leben und Werk, Stuttgart (Klett).

Martin, R. (2009): The Design of Business. Why Design-Thinking is the next Competitive Advantage. Boston MA (Harvard Business Review Press).

Maslow, A, (1943): A Theory of Human Motivation. *Psychological Review.* 50 (4): 370–396; siehe auch: A Theory of Human Motivation – Online-Ausgabe bei der York University.

McGregor, D. (1960): The Human Side of Enterprise. New York (McGraw-Hill).
Memo Akten (zu NFT) (2023): »The Unreasonable Ecological Cost of #CryptoArt«. Verfügbar unter: https://memoakten.medium.com/the-unreasonable-ecological-cost-of-cryptoart-2221d3eb2053 [08.06.2023].
Mintzberg, H. (1979): The Structuring of Organizations: A Synthesis of the Research. New Jersey (Prentice-Hall).
Mintzberg, H. (1983): Structure in Fives: Designing Effective Organizations. New Jersey (Englewood Cliffs).
Mintzberg, H. (1994): The Rise and Fall of Strategic Planning: Reconceiving the Roles for Planning, Plans, Planners. London (Prentice Hall).
Mintzberg, H., B. Ahlstrand a. J. Lampel (1998): Strategy Safari: A Guided Tour Through The Wilds of Strategic Management. London (Prentice Hall).
Mintzberg, H. (2000): View from the Top: Henry Mintzberg on Strategy and Management. (Interview). *The Academy of Management Executive (1993–2005)* 14 (3): 31–42.
Mintzberg, H. (2005): Managers statt MBAs. Eine kritische Analyse. Frankfurt a. M. (Campus). [am. Orig. (2004): Managers Not MBAs: A Hard Look at the Soft Practice of Managing and Management Development. San Francisco (Berrett-Koehler).
Moore, J. F. (1996). The Death of Competition: Leadership & Strategy in the Age of Business Eco-Systems. New York (Wiley Harper Business).
Moss-Kanter, R. (1989): When Giants Learn to Dance. New York (Simon & Schuster).
Neri, A. : ABC nightline – IDEO shopping cart [YouTube]. Verfügbar unter: https://www.youtube.com/watch?v=M66ZU2PCIcM [06.05.2023].
Neuberger, O. (2002): Führen und führen lassen. Ansätze, Ergebnisse und Kritik der Führungsforschung. Stuttgart (Lucius & Lucius).
Nini, M. (2015): Strategy as Practice. Was das neue Verständnis von Strategie als »Strategizing« für die Praxis bedeutet, Strategizing. Verfügbar unter: https://www.ckju.net/de/blog/strategy-practice-was-das-neue-verstaendnis-von-strategie-als-strategizing-fuer-die-praxis-bedeutet/28 [19.04.2023].
Nonaka, I. a. H. Takeuchi (1995): The Knowledge Creating Company. New York (Oxford University Press).
Ouchi, W. G. (1981): Theory Z: How American Management Can Meet the Japanese Challenge. Reading, MA (Business Horizons).
Pascale, R. T. a. A. G. Athos (1982): The Art of Japanese Management. London (Lane).
Penrose, E. (1959): The Theory of the Growth of the Firm. Oxford (Blackwell).
Peters, T. u. A. Ghadiri (2011): Neuroleadership – Grundlagen, Konzepte, Beispiele: Erkenntnisse der Neurowissenschaften für die Mitarbeiterführung. Wiesbaden (Springer).
Peters, T. J. u. R. H. Waterman (1983): Auf der Suche nach Spitzenleistungen. Was man von den bestgeführten US-Unternehmen lernen kann. Landsberg am Lech (Moderne Industrie) [am. Orig. (1982): In Search of Excellence. Lessons from America's Best-run Companies. New York (Warner).]

Podsakoff, P. M., S. B. MacKenzie, R. H. Moorman a. R. Fetter (1990): Transformational Leader Behaviors and their Effects on Followers' Trust in Leader, Satisfaction, and Organizational Citizenship Behaviors. *The Leadership Quarterly* 1 (2): 107–142.

Polanyi, K. (1944): The Great Transformation. New York/Toronto (Farrar & Rinehart).

Polanyi, K. (2001): The Great Transformation. The political and economic origins of our time. Frei zugängliche Onlineversion. Boston (Beacon Press).

Porter, M. E. (1980): Competitive Strategy. Techniques for Analyzing Industries and Competitors, New York/London (Free Press). [dt. (1983): Wettbewerbsstrategie. Methoden zur Analyse von Branchen u. Konkurrenten. Darmstadt (Wiss. Buchges.).]

Prahalad, C. K. a. G. Hamel (1990): Core Competence of the Corporation. *Harvard Business Review* 3: 79–91.

Raworth, K. (2018): Die Donut-Ökonomie: Am Scheideweg zwischen Überfluss und Mangel. München (Kunstmann).

Reckwitz, A. (2019): Das Ende der Illusionen – Politik, Ökonomie und Kultur in der Spätmoderne. Berlin (Suhrkamp).

Statista (2023): Retouren im Online-Handel. Verfügbar unter: https://de.statista.com/prognosen/999860/deutschland-ruecksendung-von-online-bestellungen [15.5.2023].

Reybrouck, D. van (2016): Gegen Wahlen. Warum Abstimmen nicht demokratisch ist. Göttingen (Wallstein).

Rifkin, J. (2011a): Die dritte industrielle Revolution. Die Zukunft der Wirtschaft nach dem Atomzeitalter. Frankfurt a. M./New York (Campus).

Rifkin, J. (2011b): Der globale Green New Deal: Warum die fossil befeuerte Zivilisation um 2028 kollabiert – und ein kühner ökonomischer Plan das Leben auf der Erde retten kann. Frankfurt a. M./New York (Campus).

Robertson, B. J. (2016): Holacracy. Ein revolutionäres Management-System für eine volatile Welt. München (Franz Vahlen).

Rock, D. a. J. Schwartz (2006): The Neuroscience of Leadership. *Strategy+Business* 43. Verfügbar unter: https://www.strategy-business.com/article/06207 [26.05.2023].

Rosa, H. (2016): Resonanz. Eine Soziologie der Weltbeziehung. Berlin (Suhrkamp).

Rosa, H. (2018): Sinnsuche und Resonanzbedürfnis. Vortrag am deutsch-amerikanischen Institut Heidelberg. Verfügbar unter: https://www.ardmediathek.de/video/tele-akademie/sinnsuche-und-resonanzbeduerfnis-hartmut-rosa/swr/Y3JpZDovL3N3ci5kZS9hZXgvbzEzOTAyMDE [19.04.2023].

Rüegg-Sturm, J. (2003): Das neue St. Galler Management-Modell. Grundkategorien einer integrierten Managementlehre: der HSG Ansatz. Bern/Stuttgart/Wien (Haupt), 2. Aufl.

Scharmer, C. O. (2009): Theorie U. Von der Zukunft her führen. Presencing als soziale Technik. Heidelberg (Carl-Auer). [am. Orig. (2007): Theory U. Leadings from the Future as It Emerges. The Social Technology of Presencing. Cambridge, MA (Berrett-Koehler).]

Schein, E. (1985): Organizational Culture and Leadership. A Dynamic View. San Francisco, CA (Jossey-Bass).

Schein, E. (2010): Prozessberatung für die Organisation der Zukunft. Der Aufbau einer helfenden Beziehung. Bergisch-Gladbach (EHP).

Schwab, K. a. T. Malleret (2020): Covid-19: The Great Reset. Genf (World Economic Forum).

Schwaber, K. a. J. Sutherland (2013): Der Scrum Guide. Der gültige Leitfaden für Scrum: Die Spielregeln. Verfügbar unter: https://scrumguides.org/docs/scrumguide/v1/Scrum-Guide-DE.pdf [26.05.2023].

Seliger, R. (2014): Positive Leadership. Die Revolution in der Führung. Stuttgart (Schäffer-Poeschel).

Seligman, M. E. P. (2005): Der Glücksfaktor. Warum Optimisten länger leben. Bergisch Gladbach (Bastei-Lübbe).

Senge, P. (1990): The Fifth Discipline. The Art and Practice of the Learning Organization. New York (Doubleday/Currency). [dt. (1990): Die fünfte Disziplin. Kunst und Praxis der lernenden Organisation. Stuttgart (Klett-Cotta).]

Shamir, B., R. J. House a. M. B. Arthur (1993). The Motivational Effects of Charismatic Leadership: A Self-Concept Based Theory. *Organization Science* 4 (4): 577–594.

Snowden, D. J. u. M. E. Boone (2007): Entscheiden in chaotischen Zeiten. *Harvard Business Manager*: 27-42.

Stangl, W. (2008): Was ist Governance? Verfügbar unter: https://www.stangl.eu/paedagogik/artikel/governance.shtml [07.12.2023].

Storch, M. (2005): Das Geheimnis guter Entscheidungen. Von somatischen Markern, Bauchgefühl und Überzeugungskraft. München (Goldmann).

Storch, M. u. F. Krause (2007): Selbstmanagement – ressourcenorientiert. Grundlagen und Trainingsmanual für die Arbeit mit dem Zürcher Ressourcen-Modell (ZRM). Bern (Huber).

Storch, M. (2009): Motto-Ziele, S.M.A.R.T.-Ziele und Motivation. In: B. Birgmeier (Hrsg.): Coachingwissen. Denn sie wissen nicht, was sie tun? Wiesbaden (Springer VS/GWV), S. 183–205.

SAP Interest Group »Strategizing Activities and Practices« of the AoM (2010): Strategy as Practice International Network: Website des Internationalen Netzwerks des SAP-in. Verfügbar unter: https://sap-in.org [19.04.2023].

Swart, T., K. Chisholm a. P. Brown (2015): Neuroscience for Leadership: Harnessing the Brain Gain Advantage (The Neuroscience of Business). Basingstoke/Hamphire (Palgrave Macmillan).

Tannenbaum, R. a. W. H. Schmidt (1958): How to Choose a Leadership Pattern. *Harvard Business Review* 36: 95 ff.

Taylor, F. W. (1911): The Principles of Scientific Management. New York/London (Harper).

Tuckman, B. W. (1965): Development Sequence in Small Groups. *Psychological Bulletin* 63: 384–399

Ulrich, D. (1997): Human Resource Champions. The Next Agenda for Adding Value and Delivering Results. Cambridge, MA (Harvard Business School Press).

WBGU (Wissenschaftlicher Beirat der Bundesregierung Globale Umweltveränderungen) (2011): Hauptgutachten »Welt im Wandel – Gesellschaftsvertrag für eine Große Transformation«. Berlin (WBGU). Verfügbar unter: https://www.wbgu.de/fileadmin/user_upload/wbgu/publikationen/hauptgutachten/hg2011/pdf/wbgu_jg2011.pdf [07.12.2023].

WBGU (Wissenschaftlicher Beirat der Bundesregierung Globale Umweltveränderungen) (2019): Hauptgutachten »Unsere gemeinsame digitale Zukunft«. Berlin (WBGU). Verfügbar unter: https://www.wbgu.de/fileadmin/user_upload/wbgu/publikationen/hauptgutachten/hg2019/pdf/wbgu_hg2019.pdf [07.12.2023].

Weber, M. (1980): Wirtschaft und Gesellschaft: Grundriß der verstehenden Soziologie (Studienausgabe). Tübingen (Mohr), 5., rev. Aufl.

WEF – World Economic Forum (2016): Future of Jobs. Verfügbar unter: http://www3.weforum.org/docs/WEF_ Future_of_Jobs.pdf [01.09.2016].

Weick, K. E. (1976): Educational Organizations as Loosely Coupled Systems. *Administrative Science Quarterly* 21 (1): 1–19.

Weick, K. E. (2016): Loose & Tight Coupling. Verfügbar unter: https://www.youtube.com/watch?v=MrHokypHelA; siehe auch:

Wikipedia: Kopplung (Organisationstheorie) https://de.wikipedia.org/wiki/Kopplung_(Organisationstheorie) [23.05.2023].

Weick, K. E. a. K. M. Sutcliffe (2001): Managing the Unexpected: Assuring High Performance in an Age of Complexity. San Francisco, CA (Jossey-Bass).

Whittington, R. (1996): Strategy as Practice. *Long Range Planning* 29 (5): 731–735.

Whittington, R. (2006): Completing the Practice Turn in Strategy Research. *Organizational Studies* 27 (5): 613–634.

Wimmer, R. (2002): Aufstieg und Fall des Shareholder Value-Konzeptes. *OrganisationsEntwicklung. Zeitschrift für Unternehmensentwicklung und Change Management* 4: 70–83.

Wohland, G., J. Huther-Fries, M. Wiemeyer u. J. Wilmes (2004): Vom Wissen zum Können. Merkmale dynamikrobuster Höchstleistung. Eine empirische Untersuchung auf systemtheoretischer Basis. Eschborn (Detecon Consulting).

Womack, J. P., D. T. Jones u. D. Roos (1991): Die zweite Revolution in der Autoindustrie. Konsequenzen aus der weltweiten Studie des Massachusetts Institute of Technology. Frankfurt a. M./New York (Campus). [am. Orig. (1990): The Machine that Changed the World. New York. (Simon & Schuster).]

World Values Survey (o. J.). Verfügbar unter: https://www.worldvaluessurvey.org/WVSContents.jsp [22.5.3023].

Zaleznik, A. (1977): Manager and Leaders? Are they different? *Harvard Business Manager* 5: 67–78.

Abbildungsverzeichnis

Über die Autorin

Joana Krizanits, Mag. phil. der Psychologie; langjährige Tätigkeit in verschiedenen Fach- und Führungsrollen und als systemische Unternehmensberaterin, Trainerin, Lehrbeauftragte und Autorin. Fachliche Schwerpunkte: Organisationsberatung, Management Development, Beraterausbildung, Organisationstheorie, Komplexität, qualitative Sozialforschung. Veröffentlichungen u. a.: *Professionsfeld Inhouse Consulting* (2011), *Einführung in die Methoden der systemischen Organisationsberatung* (4. Aufl. 2022).

Kontakt: joana@joanakrizanits.at